Walther Leisler Kiep
BRÜCKEN MEINES LEBENS

Walther Leisler Kiep

Brücken meines Lebens

Die Erinnerungen

Herbig

Besuchen Sie uns im Internet unter

www.herbig-verlag.de

© 2006 by F. A. Herbig Verlagsbuchhandlung GmbH, München
Alle Rechte vorbehalten
Umschlaggestaltung: Wolfgang Heinzel
Lektorat, Herstellung und Satz:
VerlagsService Dr. Helmut Neuberger
& Karl Schaumann GmbH, Heimstetten
Gesetzt aus der 12/15 Punkt Minion
Druck und Bindung: Ueberreuter, Korneuburg
Printed in Austria
ISBN 3-7766-2444-2

Inhalt

Vorwort 7

Jugend und Kriegsende 9
Politische Lehrjahre 46
Konstruktive Opposition 93
Finanzminister in Niedersachsen 115
Helfer der Türkei 132
Unterhändler für Deutschland 160
»Schattenaußenminister« von Strauß 185
Engagiert für Hamburg 206
Schatzmeisters Sorgen 215
Amerikas Freund 228
Im Reich der Mitte 261
Brückenbauer 278
Die Atlantik-Brücke 298
Tätiges Verantwortungsbewusstsein 322

Dank 328
Personenregister 329

Vorwort

Ein Buch zu schreiben, bedeutet auch immer, eine Art Bilanz zu ziehen – entweder über ganz bestimmte Abschnitte im Leben, die einem besonders wichtig erscheinen, oder aber über einen längeren Zeitraum hinweg, den man für andere Menschen gerne festhalten möchte. Als ich mich entschlossen hatte, dieses Vorhaben zu realisieren, habe ich mir viele Gedanken gemacht. Einer, der mich mein Leben lang begleiten wird und der ein großer Beweggrund war, ist sicherlich die Erinnerung an meinen verstorbenen Sohn Michael. Michael wurde 1951 in Kronberg geboren. Nach seinem Schulabschluss und dem Militärdienst studierte er Politikwissenschaften und widmete sich ganz seinem angestrebten Berufsziel, dem Journalismus. 1975 starb er im Alter von 24 Jahren nach langer, schwerer Krankheit. Ich möchte dieses Buch meinem unvergessenen Sohn widmen.
Der Verlust von Michael hat mein Leben und auch das meiner Familie mehr als alles andere beeinflusst. Viele Dinge, die mir in meinem »Dasein« als Person des öffentlichen Lebens widerfahren sind, waren unter dem Einfluss eines solchen Ereignisses leichter zu bewältigen. Vieles rückt in ein völlig anderes Licht, wenn man über etwas derart Fundamentales wie den Tod eines Kindes hinwegkommen muss.
Meine Familie und mich begleiten viele Gefühle aus dieser schwersten Zeit unseres Lebens bis heute. Ich bin mir sicher, dass viele Ereignisse meines Wirkens unter dem Einfluss dieser Gedanken ent-

standen und geboren worden sind. Manche unbewusst, andere sicherlich ganz bewusst daraufhin ausgerichtet. Eines der wichtigsten war sicherlich die Gründung unserer Familienstiftung, deren Hauptziel es ist, sich um die Förderung junger Journalisten auf ihrem beruflichen Lebensweg zu kümmern. In jedem Jahr an Michaels Todestag, dem 30. November, findet die Vergabe dieses Stipendiums statt. Damit wird einem jungen Journalisten ermöglicht, für eine längere Zeit in den USA zu leben und zu arbeiten.

Die Förderung junger Menschen war für mich immer ein besonderes Ziel in meinem Leben, und auch heute möchte ich diesen jungen Leuten, die unsere Zukunft bedeuten, noch so vieles mit auf den Weg geben. Sicherlich ist dieses Buch auch deswegen entstanden.

Ich möchte den Lesern, die sich darauf einlassen, die Möglichkeit geben, an meinen Erfahrungen als Mensch, Geschäftsmann und Politiker teilzuhaben. Vielleicht helfen meine Erinnerungen und Erfahrungen, die ich seit 1944 in Tagebüchern festgehalten habe, dem einen oder anderen, Fehler zu vermeiden – vielleicht geben sie aber auch Anreize, in eine ähnliche Richtung zu denken, fremde, eventuell auch unbequeme Wege zu gehen und neue Brücken zu bauen.

Jugend und Kriegsende

Kindheit in Hamburg

Ich sitze mit meinen Eltern im Auto. Wir fahren durch Hamburg. Mit einem Mal hören wir von draußen Lärm und Unruhe. An der nächsten Straßenecke sehen wir, was los ist: Männer in Uniformen und in Zivilkleidung prügeln erbarmungslos aufeinander ein. Faustschläge und Tritte! »Das sind SA-Leute und Rotfrontkämpfer«, erläutert mein Vater mit gepresster, um Ruhe bemühter Stimme. Ich erstarre, versuche, nicht zu weinen. Die Gewalt, die mir hier zum ersten Mal in meinem Leben begegnet, verstört mich zutiefst. Da spielt sich etwas vor meinen Augen ab, das in der behüteten Welt, in der ich aufwachse, keinen Platz hat. Ich bin vier Jahre alt.

Straßenkämpfe zwischen Kommunisten, SA-Schlägertrupps und Nazis gehörten damals zum Alltag im »roten« Hamburg. Auch kommunistische Aufmärsche in unserer Straße, vor den von Wohlstand und Macht kündenden Villen des Harvestehuder Weges, waren nicht selten. Die Genossen protestierten mit roten Fahnen und Parolen gegen die »Kapitalistenschweine«. Mein Vater hatte eine Angewohnheit, die gewiss nicht gerade zur Befriedung der Situation beitrug. Bei hohen Anlässen verließ er in seiner Marineuniform das Haus.

Oft wurde ich Zeuge, wie sich meine Eltern mit sorgenvollen Mienen über die instabile politische Lage unterhielten. Aus ihren Gesprächen war mir der Name Ernst »Teddy« Thälmann vertraut, der 1924 bis 1929 Vorsitzender des Roten Frontkämpferbunds war, dessen Mitglieder handgreifliche Auseinandersetzungen mit den an die Macht strebenden Nazis suchten.

Meine großbürgerlichen Eltern hatten wenig Sympathien für den Kommunisten Thälmann, der von 1924 bis 1933 Mitglied des Berliner Reichstags war, 1925 und 1932 für das Amt des Reichspräsidenten kandidierte und beide Male Paul von Hindenburg unterlag. Später wurde Thälmann im KZ ermordet. Doch mindestens ebenso sehr verachteten Vater und Mutter die Nationalsozialisten und ihre Rabaukentruppe SA. Chef der NSDAP in Hamburg war Karl Kaufmann. Seit 1929 war er darüber hinaus Gauleiter von Hamburg, ab 1933 wurde er zum Reichsstatthalter ernannt. Kaufmann galt im Gegensatz zu seinen Straßentruppen als zurückhaltend und eher ruhig.

Je mehr die Lage eskalierte, je größer die Zahl der Zusammenstöße und je höher die der Opfer, desto beunruhigter waren meine Eltern. Auch die anderen wohlhabenden, traditionell einflussreichen Anwohner der Außen-Alster wollten mit Politrowdys nichts zu schaffen haben. Im Sommer 1934 war in meinem Elternhaus die Reaktion auf den »Röhm-Putsch« zwiespältig. Im Juni ließ Hitler in einem Streich seinen einstigen Weggefährten und SA-Stabschef, den er zuvor als rauen Kämpfer und tapferen Patrioten gepriesen hatte, zusammen mit dessen Getreuen und Gefährten ermorden. Die Öffentlichkeit war zwar entsetzt, aber gleichzeitig erleichtert über diese Aktion. Denn nun war man die SA-Rabauken los, glaubte man. Dass dem Massenattentat auch der frühere Reichskanzler Kurt von Schleicher und seine Ehefrau sowie General von Bredow zum Opfer gefallen waren, befremdete meine Eltern eher.

Später hat sich mein Vater mir gegenüber immer gefragt, woher seine partielle Blindheit angesichts dieser von Hitler kühl überlegten Liquidationsaktion rührte. Jeder nachdenkliche Mensch hätte sich doch nun ein Bild machen können, wie diese Leute, Adolf Hitler und die Seinen, mit der Macht umgehen würden, die sie ein Jahr zuvor errungen hatten. Viele Bürger fanden Beruhigung in dem alten Sprichwort »Wo gehobelt wird, fallen Späne«. Die Reichswehr hingegen sonnte sich im Glanz von Hitlers Versprechen vom 30. Juni 1934: Sie sei und bleibe »der einzige Waffenträger der Nation«. Schon bald begann der wahre Sieger des 30. Juni, Heinrich Himmler, mit dem Aufbau der Waffen-SS.

Der »Röhm-Putsch«, der nichts weniger war als eine kaltblütige Mordaktion der SS mit Unterstützung der Reichswehr, ist mir auch in einer Anekdote in Erinnerung geblieben. Wir Geschwister lasen uns leidenschaftlich gern aus der Zeitung vor. In den Berichten zu Röhm und seinen Kumpanen tauchte immer wieder ein mir unbekanntes Wort auf: »Lustknabe«. Neugierig fragte ich, was es damit auf sich habe. Meine Schwester Erica, sieben Jahre älter als ich, hielt mich offenbar noch nicht für alt und gefestigt genug für die Wahrheit: »Eine Art von Zirkusclown«, antwortete sie schließlich knapp und wechselte das Thema.

Mein kosmopolitisches Elternhaus

Trotz unruhiger Zeiten genoss ich eine unbeschwerte Kindheit. Meine Eltern führten ein offenes Haus. Für damalige Verhältnisse ungewöhnlich, erlaubten sie uns Kindern immer, ihre Gäste zu begrüßen. Eines Abends im Jahr 1932 waren Edward, der Prince of Wales, und der Duke of Kent zum Abendessen zu Gast. Ich durfte den Prinzen guten Abend sagen. Den Mann kennen zu lernen, der einst den Thron Großbritanniens besteigen sollte, erfüllte mich Sechsjährigen mit großem Stolz. Britannien war mir aus den Erzählungen meines Vaters wohl vertraut, und natürlich teilte ich die große Bewunderung, die er für dieses Land hegte. Vater berichtete mir am nächsten Morgen, dass die Herren nach dem Dinner zu einer kleinen Reeperbahn-Tour aufgebrochen waren. Als die drei das

Lokal »Zillertal« betreten hätten, habe die Kapelle augenblicklich ihre Melodie unterbrochen. Die Musiker hätten sich erhoben und »God Save the King« angestimmt. Leider lag ich um diese Stunde längst im Bett.

Kaum weniger eindrucksvoll als der königliche Besuch war ein Ereignis während meiner Sommerferien in Kronberg bei den Großeltern. Ein Freund und Vorstandskollege meines Großvaters in der Luftschiffreederei wollte nach Amerika reisen. Wir begleiteten Emil Kipfmüller zum Frankfurter Flughafen. Herr Kipfmüller bestieg aber keineswegs ein Flugzeug: Er fuhr mit dem Zeppelin über den Ozean. Mit sonorem Dröhnen hob sich die »Hindenburg« in die Lüfte und schwebte langsam von dannen, während die Passagiere in der Gondel lebhaft winkten. In diesem Augenblick nahm ich mir fest vor: Wenn ich groß bin, werde ich auch nach Amerika reisen.

Meine lebenslange Zuversicht wurde entscheidend durch mein Elternhaus geprägt. Die weltoffene, großzügige Atmosphäre, der Kosmopolitismus, der dort gelebt und gepflegt wurde, die Freude an der Diskussion politischer Themen, die Lebhaftigkeit der Auseinandersetzungen und dabei die Toleranz für Andersdenkende, die verbindliche Liebenswürdigkeit meines Vaters ebenso wie die Willensstärke und Durchsetzungskraft meiner Mutter haben früh meinen Charakter geprägt.

Meine Mutter, Eugenie Kiep vom Rath, wurde 1889 in Frankfurt am Main geboren. Ihre Familie väterlicherseits stammte aus Holland. Mein Großvater, Walther vom Rath, war in Amsterdam groß geworden und hatte in Bonn studiert. Er heiratete Maximiliane Meister, eine Tochter des Hamburger Kaufmanns Carl Friedrich Wilhelm Meister. Der gründete 1863 als »Meister Lucius & Co.« eine »Theerfarbenfabrik« in Höchst. Diese war von 1867 an als »Meister Lucius Brüning« erfolgreich, später ging daraus die Farbwerke Hoechst AG hervor. In einer Blitzkarriere übernahm mein Großvater mit nur 28 Jahren den Vorsitz im Aufsichtsrat des schwiegerväterlichen Unternehmens. Auch als sich Hoechst 1925 dem Verbund der Deutschen Chemischen Industrie, der IG Farben, anschloss, blieb mein Großvater im Amt und wurde zum stellvertretenden Aufsichtsratsvorsitzenden ernannt. Diese Position hatte er bis zu seinem Tode 1942 inne.

Mein Großvater engagierte sich auch in der Politik. In den 1890er-Jahren war er der letzte Frankfurter nationalliberale Abgeordnete. Von Kaiser Wilhelm II. wurde er in das Preußische Herrenhaus berufen, dem er bis 1918 angehörte. Walther vom Rath pflegte eine persönliche Freundschaft zu Otto von Bismarck. Die handschriftliche Korrespondenz der beiden Herren verwahre ich in einem Band in meiner Bibliothek.

Wilhelm II. hingegen schätzte mein Großvater weniger. Er hielt ihn für taktlos und ungeschickt, zudem von großer Unsicherheit, die er stets durch nicht enden wollende Reden und ungezählte Briefe, Memoranden und Notizen zu bemänteln suchte. Sein schwieriger, unsteter Charakter, der ihn sich dauernd selbst im Wege stehen ließ, machten ihn in den Augen meines Großvaters untauglich zum Monarchen: »Er ist zu intelligent, um Kaiser zu sein«, drückte sich mein Großvater klug und höflich aus, wie es seine Art war.

Die Großmutter meiner Mutter war eine Tochter des bekannten Frankfurter Malers Jakob Becker, sodass im Elternhaus meiner Mutter auf Kunst und Bildung großen Wert gelegt wurde. Auch Sport wurde gepflegt, meine Mutter wie auch ihr Vater waren begeisterte Tennisspieler. Auf Grund ihrer Herkunft und Erziehung war sie eine unkonventionelle und vor allem eine selbstbewusste Frau, die dem damaligen Frauenbild der unterwürfigen Ehegattin nie entsprochen hat.

Meine Mutter Eugenie hatte einen sehr ausgeprägten Willen bis hin zum Starrsinn. Was sie sich in den Kopf gesetzt hatte, geriet zur Tat. Hierin war sie sehr viel unnachgiebiger als mein Vater. Objektivität zählte sicher nicht zu ihren Stärken. Wen sie in ihr Herz geschlossen hatte, der war ohne Fehl und Tadel, geschätzt von ihr ohne Wenn und Aber. Wer umgekehrt allerdings ihr Missfallen auf sich zog, hatte zur »Rehabilitierung« geringe Chancen. Hier konnte sie auch ungerecht sein.

Mein Urgroßvater väterlicherseits, der ursprünglich in Otterndorf im Alten Land eine Landwirtschaft betrieben hatte, ging in den Fünfzigerjahren des 19. Jahrhunderts nach Hamburg, wo er einen Kolonialwarenladen eröffnete. Sein Sohn Nikolaus Johannes kehrte der Freien und Hansestadt mit nur 16 Jahren den Rücken und suchte sein Glück und Auskommen in Schottland. Beides fand er dort in reichem Maße: Der Holzhandel, den er in Glasgow eröffnet hatte, florierte zusehends. England, ein vergleichsweise waldarmes Land, benötigte dringend Grubenholz für den Kohlebergbau, der damals einer der wichtigsten Wirtschaftszweige war. Mein Großvater erwarb Wälder in Schottland und Neufundland, mit deren Holz er rasch einen erfolgreichen Importhandel aufbaute. Er wurde britischer Staatsbürger und fungierte ab 1885 als kaiserlich deutscher Ehrenkonsul in Glasgow.

Meine Großmutter Charlotte, eine geborene von Rottenburg aus Danzig, war eine außerordentlich willensstarke Frau. Die Familie war sehr deutsch gesinnt. Ihr Bruder Franz von Rottenburg diente unter Bismarck als Chef der Reichskanzlei. Auch im schottischen »Exil« wurden deutsche nationale Feiertage, etwa Kaisers Geburtstag, hochgehalten und gefeiert. Meine Großmutter fühlte sich auf Dauer nicht wohl in Großbritannien, und dies bewog kurz nach der Jahrhundertwende meinen Großvater, mit ihr nach Deutschland zurückzukehren. Die Großeltern ließen sich in Ballenstedt im Harz nieder. Ihr großes, wunderschönes Haus, das jetzt leider verfällt, war für viele Jahre ein beliebter Ferienort der Enkelkinder. Es gilt festzuhalten, dass meine sehr national empfindende Großmutter dem Dritten Reich mit Abscheu gegenüberstand.

Im Januar 1884 wurde der Sohn Louis geboren, mein Vater. Louis war von Kindesbeinen an fasziniert von allem, was Schiffe und Seefahrt anging. Er wurde in der damals gerade eröffneten Hillhead School in Glasgow erzogen. Ich pflege noch heute die Verbindung zu dieser renommierten Institution. Mein Vater hatte mir von einem architektonischen Detail erzählt, das ihn damals sehr beeindruckt hatte und das ich mir natürlich längst selbst angeschaut habe: In einem aufgeschlagenen Buch aus Stein steht zu lesen: »Knowledge is foresight, foresight is power.« Es gibt schlechtere Motti, die ein Schüler mit auf seinen Weg bekommen kann.

Die Weltläufigkeit und Disziplin, der mein Vater dort begegnete, zusammen mit der ihm angeborenen offenen und liebenswürdigen Art, unvoreingenommen auf Menschen zuzugehen, machten seinen besonderen Charakter aus. Vaters Drang zur Seefahrt war unvergleichlich stärker als sein schulisches Pflichtgefühl. Mit 16 Jahren verließ er das Gymnasium, um 1901 als Seekadett in die kaiserliche deutsche Marine einzutreten. Da er Untertan Ihrer Britischen Majestät Queen Victoria war, benötigte er eine schriftliche Erlaubnis der Königin, um in der deutschen Marine dienen zu dürfen. Mein Vater blieb 18 Jahre bei der Marine, zuletzt im Rang eines Korvettenkapitäns. In seiner Crew diente auch Prinz Adalbert von Preußen, der Sohn des deutschen Kaisers, was zur Folge hatte, dass mein Vater auf dem Segelschulschiff »SMS Charlotte« mit seiner Mannschaft sowohl St. Petersburg und den Zarenhof als auch Konstantinopel und den Palast des Sultans Abdul Hamid in seiner ganzen Prachtentfaltung erlebte.

Im September 1918 wurde mein Vater, gemeinsam mit Erich Raeder, der 1928 Chef der Marineleitung, ab 1935 Oberbefehlshaber und ab 1940 Großadmiral wurde, in die Waffenstillstandskommission in Spa kommandiert. Ein Jahr später wirkte mein Vater aus Pflichtgefühl in der Friedenskommission in Versailles mit. Dabei wurde die deutsche Seite unter anderen mit Artikel 198 konfrontiert, der festlegte, dass die »bewaffnete Macht Deutschlands keine Luftstreitkräfte« umfassen dürfe.

Noch im selben Jahr, 1919, nahm mein Vater seinen Abschied von der Marine. Er machte das Abitur nach und schloss sein Studium der Volkswirtschaft in Frankfurt am Main mit der Promotion ab.

Seine Leidenschaft für die Seefahrt ließ Louis Kiep jedoch nicht los, und er suchte sich ein verwandtes neues Tätigkeitsfeld. Mein Vater trat in Hamburg eine Stellung im »Zentralverein deutscher Reeder« an. 1923 wechselte er in den Vorstand der Hamburg-Amerika-Linie (HAL).

Vor dem Ersten Weltkrieg war die Hamburg-Amerika-Linie, die sich das optimistische Motto »Mein Feld ist die Welt« zu Eigen gemacht hatte, die größte Schifffahrtslinie der Welt. Ihre Hauptkunden waren zunächst Zwischendeckpassagiere, Auswanderer aus Deutschland und Osteuropa, die möglichst billig nach Amerika reisen wollten, um im Land der unbegrenzten Möglichkeiten ihre Träume zu verwirklichen. Manchen von ihnen gelang die Karriere vom Tellerwäscher zum Millionär tatsächlich. Dann reisten sie wieder nach Europa, um vor ihren Angehörigen ihren Reichtum zur Schau zu stellen. Entsprechend stieg die Nachfrage nach luxuriösen Seereisen. Unter der Flagge der Hamburg-Amerika-Linie kreuzten denn auch so prachtvolle Passagierschiffe wie die »Auguste Viktoria«, die »Fürst Bismarck« und die legendären Schnelldampfer »Imperator« und »Vaterland«, die damals zu den größten und schnellsten Schiffen der Welt zählten. Die HAL, aus der die Hapag hervorging, operierte vor allem transatlantisch, aber auch auf Strecken nach Afrika und Ostasien.

Im Ersten Weltkrieg verlor die Gesellschaft alle Schiffe, wurde jedoch nach dem Krieg rasch wieder aufgebaut. 1920 erwarb die »American Ship and Commerce Corporation«, an der auch Averell Harriman beteiligt war, große Anteile der Linie. Zwischen Harriman und meinem Vater entwickelte sich rasch eine Freundschaft. Wann immer ihn seine Reisen nach Hamburg führten, war Harriman bei meinen Eltern zu Gast. Wir Kinder durften, angetan mit Matrosenanzügen und -kleidern, vor der Abendtafel unsere Aufwartung machen. Am nächsten Morgen besprachen wir den Gast aus Amerika ausgiebig mit unserem Diener-Chauffeur. Dieser teilte unsere hohe Meinung von Harriman nicht. So reich und vornehm, wie wir glaubten, konnte der nicht sein! Warum? Zum Essen habe er Bordeaux und Burgunder abgelehnt und stattdessen nach Holstenbier verlangt! Viele Jahre später, als ich 1952 mit 26 Jahren erstmals nach Amerika reiste, führte mich mein erster Weg zu Harriman, der mittlerweile eine bemerkenswerte Karriere als Politiker und Diplomat gemacht hatte. Unter anderem war er Botschafter in der Sowjetunion und in Großbritannien gewesen. Ich erzählte ihm von dem enttäuschten Chauffeur. Harriman amüsierte sich und bestätigte, dass er deutsches Bier noch immer hoch schätzte. Von nun an sandte ich jedes Jahr eine Weihnachtskiste mit Holsten über den Atlantik.

Mein Vater wirkte bis 1935 im Vorstand der Hamburg-Amerika-Linie. Eine Intrige, die später rückhaltlos aufgeklärt wurde, ließ ihn sein Amt niederlegen, ein schwerer Schlag für Louis Kiep, der sich sehr mit seiner Arbeit und der Hapag identifiziert hatte. Diese Enttäuschung führte dazu, dass die Familie Deutschland kurzfristig den Rücken kehrte. Mein Vater akzeptierte ein Angebot, als Berater für die türkische Regierung tätig zu werden, um die türkische Handelsflotte neu aufzubauen und zu reorganisieren.

Jugend am Bosporus

Der Einzige in der Familie, den die Umsiedlung nach Istanbul vollständig begeisterte, war ich. Der Orient, in dem ich mich dank meiner Lektüre von Karl May und »Tausendundeiner Nacht« gut auskannte, lag nun vor der Tür. Istanbul war Ende der Dreißigerjahre eine überschaubare Stadt mit etwa 600 000 Einwohnern. Viele Straßenzüge des alten Konstantinopel, gesäumt von eleganten Häusern, waren noch erhalten. Doch es gab auch Elendsquartiere, in denen sich Wellblechhütten aneinander reihten. Als Schiffsnarr, ein Erbe meines Vaters, war ich besonders von dem regen Seeverkehr auf dem Bosporus fasziniert. Die große Brücke über den Bosporus

stand damals noch nicht, und man musste eine der zahllosen kleinen Fähren benutzen, die auf dem Wasser kreuzten.
Ich lebte mich rasch in meine neue Umgebung ein. Denn abgesehen von all dem Neuen, Unbekannten, Faszinierenden brachte unsere veränderte Lebenssituation einen entscheidenden Vorteil für mich. Meine Mutter, die bislang von gesellschaftlichen Verpflichtungen und den vielen Reisen mit meinem Vater stark in Anspruch genommen war, hatte nun viel mehr Zeit für mich. Als Nachzügler und jüngster Sohn genoss ich ohnehin eine ganze Reihe von Privilegien. Nun in der Türkei wurde mein Verhältnis zu meiner Mutter, die wir Kinder »Minne« nannten, noch inniger.
Ab 1932 hatte ich in Hamburg die vornehme Bertram-Schule besucht. Ich erinnere mich genau an die beste Note, die man als Schüler dort erringen konnte: Bei außergewöhnlicher Leistung gab es eine »Eins mit Eichenlaub und Eisernem Kreuz«, mit Kreide auf die Schiefertafel gemalt. Vor unserer Abreise hatten meine Eltern in Frankfurt einen Privatlehrer für mich engagiert. Dr. Hermann Riefstahl aus Darmstadt, damals ein sehr junger Mann, stand mir nahezu unbegrenzt nicht nur als Lehrer, sondern auch als Gesprächspartner zur Verfügung. Er öffnete meine Augen vor allem für die Literatur und die Kultur. Ich habe mein Leben lang die Verbindung zu diesem Pädagogen gepflegt, dem ich viel zu verdanken habe. Heute lebt Dr. Riefstahl hochbetagt an der Bergstraße.
Im Rahmen seiner Tätigkeit für die türkische Regierung hatte mein Vater auch persönlich mit Kemal Atatürk zu tun, dem Präsidenten der Türkischen Republik seit 1923. Der »Vater der Türken« lud meinen Vater auf seine wunderschöne Jacht ein, die am Bosporus ankerte. Dort machten sie Politik. Mir gefiel ein Bericht meines Vaters besonders gut, nach dem Atatürk, da ihm geraten worden war, öffentlich nicht allzu schnell sein Glas wieder füllen zu lassen, einen Diener unter dem Tisch versteckt hielt, der ständig heimlich ein »Zweitglas« nachschenken musste.
Die Türken liebten ihren »Vater« mit orientalischer Leidenschaft-

lichkeit. Dies zeigte sich deutlich bei der Zeremonie nach Atatürks Tod am 10. November 1938 im Dolmabahçe-Palast. Ich lief von unserem Haus im Maçka-Viertel zum Dolmabahçe-Palast und mischte mich unter die Menschenmenge dort. Tausende ließen ihrer Trauer und ihrem Schmerz freien Lauf. Das beeindruckte mich sehr. Die Frauen klagten leise, die Männer weinten, als hätten sie alle ein geliebtes Familienmitglied verloren. Sie waren untröstlich über den Verlust nicht ihres Präsidenten, sondern ihres Übervaters. Atatürk war es gelungen, das untergehende osmanische Reich, den »kranken Mann am Bosporus« zu erneuern, zu gesunden. Er verlieh seinen Landsleuten eine neue Identität und neues Selbstbewusstsein. Atatürk öffnete und demokratisierte das Land, das seine Bestimmung in Europa finden sollte.

Auch in der Türkei bekamen wir den braunen Wind zu spüren, der jetzt in Deutschland wehte. Die NSDAP war mit einer Ortsgruppe in Istanbul vertreten. Die Nazis luden uns zu ihren Veranstaltungen ein – etwa zu den Eintopftagen. Wir quittierten die Aufforderungen mit freundlicher Ablehnung. Die Entwicklungen in Deutschland aber verfolgten wir sehr genau. Dabei kam uns zugute, dass uns natürlich außer deutschen Zeitungen auch ausländische Publikationen zur Verfügung standen. Mein Vater, auf Grund seiner britischen Erziehung lebenslanger Leser der »Times«, beobachtete die Situation in Deutschland mit der kritischen Zurückhaltung, die ihm eigen war. Meine Mutter, eine eingefleischte Patriotin, war zunächst von Hitler recht angetan – vor allem, weil es in ihren Augen nun mit der »Miesmacherei« in Deutschland ein Ende haben würde. Persönliche Tragödien, die unsere Familie im Laufe der Hitler-Diktatur und des Zweiten Weltkrieges ereilten, ließen sie jedoch bald umdenken.

Politische Gespräche waren bei uns an der Tagesordnung. Ich saß dabei, wenn Gäste aus Deutschland berichteten und mit meinen Eltern diskutierten. In späteren Jahren hat sich besonders mein Vater mir gegenüber immer wieder Vorwürfe gemacht, die Situation in Deutschland damals nicht richtig eingeschätzt zu haben. Er unterstützte sicher auch auf Grund seiner angelsächsischen Prägung voll und ganz die Weimarer Republik.

Hermann Riefstahl, der in Istanbul auch Kontakt zu deutschen Emigranten pflegte, verzweifelte fast über den kulturellen Verlust, den Deutschland erlitt, erst durch die Verbrennung der Bücher, dann durch die folgende Emigrationswelle. Viele Juden wanderten damals in die Türkei aus, die bei der Aufnahme der Hebräer sehr viel liberaler und großzügiger war als etwa die Vereinigten Staaten, Großbritannien oder Frankreich. Damit knüpfte die moderne Türkei an die tolerante Tradition des Osmanischen Reiches an. Die Hohe Pforte hatte während der spanischen Inquisition im 15. und 16. Jahrhundert verfolgten Juden Exil gewährt. Die osmanischen Herrscher hatten die Hebräer vor allem wegen deren Talente als Händler, Handwerker und Gelehrte als Bereicherung ihres Imperiums angesehen. Hermann Riefstahl vermittelte mir jungem Menschen durchaus ein Gefühl dafür, wie groß der Schaden war, der hier der deutschen Kultur zugefügt wurde.

Einen ganz unmittelbaren Eindruck von diesem irreparablen Schaden erhielt ich während der so genannten »Kristallnacht« im November 1938. Ich war zu Besuch in Kronberg bei den Großeltern. In der Nähe ihres Hauses, unweit der Straße von Kronberg nach Königstein, lag die Villa der Frau von Gans. Das Haus war in Kronberg wohl bekannt, weil es, anders als die meisten Villen, die im 19. Jahrhundert erbaut worden waren, ein modernes, im Bauhausstil gestaltetes Gebäude war. Frau von Gans war Jüdin. Am Abend brach plötzlich ein großes Geschrei auf der Straße aus. Feueralarm schrillte durch das Dunkel. Spritzenwagen brausten den steilen Hügel Richtung Königstein empor. Was war da los? Meine Großeltern erlaubten mir nicht, das Haus zu verlassen.

Am nächsten Morgen lief ich nach Kronberg hinunter, um etwas in Erfahrung zu bringen. Überall herrschte stummes Entsetzen. Hinter vorgehaltener Hand erzählte man mir, der Inhaber des

Elektrogeschäfts, der Dorf-Nazi Nummer eins, habe gestern Abend Feuer in der Gans'schen Villa gelegt. Zustimmung für diese Tat oder gar für das, was überall in Deutschland in weit schrecklicherem Maßstab geschehen war und von dem wir erst allmählich erfuhren, habe ich in Kronberg nirgendwo vernommen.

In ganz Deutschland brannten in diesen Tagen die Synagogen. In Frankfurt am Main, auf das wir von Kronberg aus an klaren Tagen hinunterschauen konnten, war die große alte Synagoge am Börneplatz bis auf ein Fragment der Fassade zerstört. Auch die Synagogen in der Friedberger Anlage und in der Schützenstraße waren verwüstet, dazu Wohnungen und Geschäfte. Bis dahin war Frankfurt nach Berlin die zweitgrößte jüdische Gemeinde Deutschlands. Wir waren entsetzt angesichts der Zerstörungen und der Unmenschlichkeit.

Mein Großvater Walther vom Rath war in zweifacher Hinsicht betroffen: Der Legationsrat in Paris, Ernst vom Rath, dessen Erschießung durch den jungen polnischen Emigranten Herschel Grynzspan den Nazis den Vorwand für die Pogromnacht geliefert hatte, war sein Neffe gewesen. Der Tod eines Verwandten hatte als Vorwand für diese Barbarei gedient.

Unmittelbar darauf reisten wir in die Türkei zurück. Leider sollte unser Aufenthalt dort nur noch von kurzer Dauer sein. 1940, ein Vierteljahr nach Ausbruch des Zweiten Weltkriegs, musste mein Vater seine Tätigkeit in Istanbul aufgeben. Auch meine Mutter drängte es zurück nach Deutschland: Meine beiden ältesten Brüder waren mit Kriegsbeginn zur Kriegsmarine eingezogen worden. Zu Hause würde es einfacher sein, Nachrichten von ihnen zu erhalten. Mir fiel der Abschied von der Türkei sehr schwer. Ich hatte dort vier glückliche Jahre genossen, viele Freunde gefunden. Eine besonders enge Freundschaft verband mich mit dem Sohn des japanischen Militärattachés. Hisanori Isomura und ich spielten mit Vorliebe Fußball und Soldaten miteinander. Ständig musste ich mir anhören, dass wir Deutschen wohl von allen guten Geistern verlassen seien, uns mit den Italienern zu verbünden. Mein Vater bestätigte mir übrigens diese Einschätzung. Lange Zeit später, in den Sechzigerjahren, war ich zu Besuch in Paris. Bei einer Einladung fiel Hisanoris Name. Er war mittlerweile Fernsehkorrespondent in Paris. Ich suchte ihn umgehend auf, und wir knüpften an unsere Kinderfreundschaft an. Als Hisanori sich um das Amt des Gouverneurs von Tokio bemühte, unterstützte ich seine Kandidatur mit einer Empfehlung. Später lud ich ihn als Redner zu einer deutsch-japanischen Konferenz ein. Hisanori Isomura sprach ein heikles Thema an: den Umgang der Japaner mit ihrer Vergangenheit. Er legte dar, wie schlimm die Konsequenzen seien, die aus der Verdrängung der eigenen Geschichte erwuchsen. Die Reaktionen auf Isomuras Vortrag verblüfften mich: Nur sehr wenige japanische Konferenzteilnehmer waren überhaupt bereit, zu seinen Ausführungen Stellung zu nehmen. Der große Rest hüllte sich in Schweigen – jenes Schweigen, das auch heute noch dafür sorgt, dass die Beziehungen der Japaner zu den früheren Opfern ihrer Politik so denkbar schlecht sind. Man denke nur an China und Korea.

Bei meinem Abschied von Istanbul stand mir noch nicht klar vor Augen, dass ich dort in einer privilegierten Atmosphäre von Liberalität und Freiheit herangewachsen war. Davon konnten meine Altersgenossen in Deutschland nur träumen. Ich bin dankbar, diese Erfahrungen dort gemacht zu haben. Bis heute stehen mir die Türkei und ihre Menschen besonders nahe.

Zurück in Deutschland

Unsere Familie kehrte nach Hamburg zurück. Mein Vater wirkte bis 1943 als Vorstandsvorsitzender der Hamburger Landesbank. Dann zog er sich aus dem Berufsleben zurück. Schon zuvor hatte er uns wegen der Bombenangriffe auf die Hansestadt in Sicherheit wissen wollen. So zog ich mit meiner Mutter nach Kronberg im

Taunus – wo denn auch prompt am 14. August 1942 Brandbomben das Haus meiner Großeltern trafen, in dem wir Unterschlupf gefunden hatten!

Nun musste ich mich mit dem Schulalltag herumschlagen. Ich sehnte mich nach den offenen, langen Gesprächen mit meinem Hauslehrer. In Deutschland war im Unterricht von einer offenen, gleichberechtigten Partnerschaft zwischen Lehrer und Schüler, geprägt von Austausch und Neugier, nichts zu spüren. Ausnahmen bestätigten auch hier die Regel: Als sehr offen und angenehm empfand ich meinen Französischlehrer Professor Dr. Müller und den Deutschlehrer unserer Klasse, Dr. Josef Kunz.

Das Leid des Krieges wurde im Herbst 1942 in unserer wie in vielen anderen deutschen Familien immer schmerzhafter spürbar. Meine älteren Brüder Claus und Jürgen waren beide Seeoffiziere. Natürlich bewunderte ich die beiden sehr, die auf U-Booten ihren Dienst taten. Doch im Herbst 1942 erreichte uns die Nachricht, dass das Boot von Claus vor Neufundland vermisst wurde. Der Altersunterschied zwischen Claus und mir betrug fast zehn Jahre. So hatten wir zwar wenige Kinder- und Jugendjahre miteinander geteilt, aber ich hing sehr an meinem großen Bruder. Ich verehrte ihn. Mit seinem Tod war meine unbeschwerte Jugendzeit vorüber. Meine Mutter war über den Verlust ihres ältesten Sohnes verzweifelt, die beiden hatten ein besonders inniges, liebevolles Verhältnis gehabt.

OTTO CARL KIEP

Der von der Propaganda und unbedarften »Volksgenossen« beschworene Endsieg rückte im Verlauf des Krieges immer ferner. Mein Onkel Otto Kiep hatte meinen Vater und mich im frühen Winter 1942 zum Mittagessen in den Gardekavallerieklub nach Berlin gebeten. Ich war damals 16 Jahre alt und ungeheuer stolz auf diese Einladung. Was ich dann aber hörte, beunruhigte mich nicht minder als meinen Vater. Mit gedämpfter Stimme gab Otto seinem Bruder und mir zu verstehen, dass sich die Dinge in Stalingrad alles andere als günstig für die deutsche 6. Armee entwickelten. Auf eine Papierserviette zeichnete Otto den aktuellen Frontverlauf und entwickelte Strategien. »Reculer pour mieux sauter« (Rückzug als Voraussetzung für neue Offensive), meinte er in ironischem Tonfall. Seine Offenheit und sein Mut, seine Meinung zu sagen, hat den Bruder meines Vaters das Leben gekostet.

Mein Onkel Otto hatte in Großbritannien und Deutschland Rechtswissenschaften studiert und war dann in den diplomatischen Dienst eingetreten. Nach Stationen in Den Haag, Budapest und Washington wurde er 1925 mit der Leitung der Presseabteilung der Reichsregierung in Berlin betraut. Ein Jahr später wechselte er als Botschaftsrat in die deutsche Botschaft Washington.

Seit 1931 amtierte Otto Kiep als Generalkonsul am East River. Im März 1933 wurde der deutsche Botschafter zu einem Gala-Dinner zu Ehren Albert Einsteins ins Waldorf Astoria Hotel eingeladen. Ein Vierteljahr zuvor wäre dies vom deutschen Vertreter in den Vereinigten Staaten als ehrenvolle Pflicht angesehen worden, der er gerne Folge geleistet hätte. Doch seit dem 30. Januar 1933 amtierte Adolf Hitler als deutscher Reichskanzler, ein fanatischer Antisemit. Alle Juden, darunter weltbekannte Künstler und Wissenschaftler wie Max Liebermann, Kurt Tucholsky und Lion Feuchtwanger, waren mit einem Mal verfemt. Dies galt auch für Albert Einstein. Der Schöpfer der Relativitätstheorie und Physiknobelpreisträger genoss weltweite Anerkennung. Die Nazis dagegen verleumdeten ihn als Vertreter einer unlauteren »jüdischen Physik«. Einstein seinerseits machte aus seiner Verachtung für die Nazis keinen Hehl. Um ihnen zu entgehen, war er nach Amerika emigriert. Unter diesen Umständen dachte der deutsche Botschafter in Washington von Prittwitz nicht daran, der Einladung zu einem Essen mit Einstein Folge zu leisten. Die Begegnung mit dem jüdischen Physiker wäre nach Berlin gemeldet worden und hätte seine Karriere beeinträchtigt oder gar das Ende seiner diplomatischen Laufbahn bedeutet.

Mein Onkel Otto wusste, dass ihm die gleichen Konsequenzen drohten. Dennoch folgte er der Einladung, denn eine andere Haltung wäre mit seiner Auffassung von Ehrlichkeit und Aufrichtigkeit nicht vereinbar gewesen. Diese Einstellung bewog ihn darüber hinaus, bei einer Tischrede das Wort zu ergreifen:

»Diese Gesellschaft ehrt nicht Sie, Professor Einstein. Im Gegenteil, Sie beehren mit Ihrer Anwesenheit diese Gesellschaft. Und ich möchte hinzufügen, dies gilt für jede Gesellschaft, an der Sie teilnehmen.« Und an die Gastgeber gewandt, sagte Otto Kiep: »Your gain is our loss.«

Diese Worte des deutschen Generalkonsuls zierten am folgenden Tag die Titelseite der »New York Times«. Einen Tag später berichtete der »Völkische Beobachter« über die Rede. Otto Kiep wurde zum Rapport ins Auswärtige Amt nach Berlin beordert. Die Behörde wurde damals noch von Konstantin von Neurath geleitet, der deutschnational gesinnt, aber kein Nazi war. Er schickte Kiep nach einer Ermahnung zurück auf seinen Posten nach New York. Doch bald wurde es meinem Onkel unmöglich, das Nazi-Regime im Ausland zu vertreten. Er schied aus Anlass des Ermächtigungsgesetzes aus dem diplomatischen Dienst aus und kehrte nach Deutschland zurück.

Auf Grund seiner Fachkenntnisse wurde Otto Kiep immer wieder gebeten, deutsche Handelsinteressen auf internationalen Missionen zu vertreten. Mein Onkel kam diesen Ansuchen nach. Doch gleichzeitig fühlte er sich immer stärker von den Nazis abgestoßen. Ein vorläufiger Höhepunkt war die so genannte Kristallnacht vom 9. November 1938.

Nach Kriegsbeginn diente Otto Kiep als Major in der militärischen Abwehr. Deren Chef, Admiral Wilhelm Canaris, versuchte vergeblich, ein Mindestmaß an Unabhängigkeit vom Hitler-Regime bewahren zu können. Im September 1943 sprach Kiep mit der Witwe des ehemaligen deutschen Botschafters in Tokio, Hanna Solf, sowie Elisabeth von Thadden über ein nach dem Krieg aufzubauendes Hilfswerk. Dabei kam zur Sprache, dass Deutschland den Krieg verlieren würde. Ein Gestapospitzel meldete das Gespräch an seine Behörde. Kiep soll gesagt haben: »Wenn nicht ein Wunder geschieht, können wir diesen Krieg nicht mehr hundertprozentig gewinnen.«

Im Januar 1944 wurde mein Onkel von der SS verhaftet. Er und seine Frau Hanna wurden in das KZ Ravensbrück gebracht. Im Juli 1944 stand Otto Kiep vor dem Volksgerichtshof. Er wusste, was ihn erwartete. Daher hatte er vor der Verhandlung versucht, sich das Leben zu nehmen. Doch ein Luftangriff der Alliierten vereitelte seinen Suizidversuch und »rettete« sein Leben. Otto Kiep wurde mit Handfesseln und verbundenen Handgelenken vor die Kammer geführt. Noch am gleichen Abend verurteilte ihn der Präsident des Volksgerichtshofs Roland Freisler zum Tode. Er begründete sein Schandurteil mit den Worten: »Otto Kiep hat … in einem Kreise ihm ganz fremder Volksgenossen schwer defätistische Äußerungen über die Kriegslage gemacht und mit anderen zusammen Verbindungen zu unseren Feinden herzustellen … gesucht.« Am 26. August 1944 wurde mein Onkel in Plötzensee hingerichtet. Zuvor war er, dessen Name auf Goerdelers Regierungsliste als Reichspressechef der neuen Reichsregierung aufgeführt war, schwersten Misshandlungen und Folterungen unterworfen worden, um ein Geständnis zu erzwingen.

Ein Unfall und seine Folgen

Im Sommer davor, 1943, hatte ich, der ich auf Grund der vielen Umzüge meiner Eltern mehrere Schulen besucht oder privat unterrichtet worden war, mein Abitur an der Liebigschule in Frankfurt gemacht. Ich war froh, endlich der Paukerei entronnen zu sein.

Noch verstand ich nicht, dass sich meine Lebenssituation damit keineswegs verbessern würde. Zunächst brannte ich darauf, in die Fußstapfen meiner älteren Brüder zu treten. Auf alle Fälle wollte ich in der Marine meinen Wehrdienst ableisten. Seeoffizier wollte ich werden, und so hatte ich mich schon vor dem Abitur als Offiziersanwärter bei der Flotte beworben. Ich wurde angenommen, musste zuvor aber meinen Dienst beim Reichsarbeitsdienst ableisten.
Was mir zum Zeitpunkt des Geschehens und danach als persönliche Katastrophe erschien, rettete mir im Rückblick wahrscheinlich das Leben: Durch eine Unachtsamkeit erlitt ich beim Arbeitsdienst einen schweren Unfall. Unsere Kolonne war zum Straßenbau abkommandiert. Meine Aufgabe war es, Loren mit Abraumschutt und Steinen zu füllen, die von einem Lkw durch einen Trichter herabgeschüttet wurden. Eines Tages döste ich bei der eintönigen Arbeit wieder einmal vor mich hin. So fiel mir nicht auf, dass da gar keine Lore bereitstand. Ich versäumte dies meinen Kameraden zuzurufen. Die schaufelten und schaufelten oben weiter in den Trichter hinein, bis durch den Druck des Abraumschutts die Bretter, die die ganze Konstruktion trugen, barsten und Lehmklumpen, Steine und Schutt auf mich herniederprasselten. Ein Kamerad, der herbeirannte, attestierte mir später, dass von mir nur noch die Stiefelspitzen zu sehen waren. Ich wurde rasch herausgezogen, trug bei diesem »Dienstunfall« aber schwere Verletzungen davon.
Über die nächsten Jahre hinweg litt ich immer wieder unter schier unerträglichen Kopfschmerzen und Ohnmachtsanfällen. Ich musste zahllose Untersuchungen über mich ergehen lassen, die kein verlässliches Ergebnis brachten.
Nach einiger Zeit glaubte ich mich wieder ausreichend hergestellt, um bei der Marine anzutreten. Doch nun musste ich unfreiwillig ein regelrechtes Pendlerdasein führen. Ich reiste nach Stralsund und begann mit meiner Grundausbildung. Hier wurde ich erstmals eingehend untersucht und einer sehr unangenehmen Prozedur unterzogen, bei der Luft in mein Gehirn gepumpt wurde. Ich glaub-

te, mein Schädel würde platzen! Der Truppenarzt schickte mich sofort wieder Richtung Heimat. Ich sollte mich in Behandlung in das Lazarett Kronberg begeben.

Seelisch war dies eine sehr schlimme Zeit für mich. Ich fühlte mich gesundheitlich geschwächt, geplagt von Rückfällen, was einen jungen Mann natürlich besonders hart ankommt. Unsere Familie war über die Tragödie um Otto Kiep, den wir alle sehr geliebt hatten, verzweifelt. Auch trauerten wir um meinen Bruder Claus und sorgten uns um meinen Bruder Jürgen, der zum Kommando »K-Verband« abkommandiert worden war. Dieser »Kleinkampfverband« hatte die Order, in Zwei-Mann-U-Booten feindliche Schiffe zu zerstören. Im Januar 1945 wurden die »Seehunde« unter Kommando von Admiral Helmut Heye, später Mitglied des Bundestags, erstmals im Ärmelkanal eingesetzt. Von 17 »Seehunden«, die sich am 1. Januar auf den Weg machten, kehrten nur zwei zurück. Es war ein menschenverachtendes Himmelfahrtskommando. Ich litt furchtbare Angst, auch noch meinen zweiten Bruder zu verlieren. Die jugendliche Psyche reagiert auf eine derartige Notlage nicht mit vermehrter Vorsicht. Im Gegenteil, Idealismus und Mut werden angestachelt. Ich wollte endlich in der Marine meine Grundausbildung beenden, die immer wieder von Lazarettaufenthalten unterbrochen wurde. Stattdessen saß ich auf einem Krankenbett herum. Mein Vater begriff meine seelische Hängepartie und sorgte für Abhilfe in Form einer geregelten Beschäftigung: Ich begann eine kaufmännische Lehre bei der Metallgesellschaft in Frankfurt am Main. Nun hatte ich zwar einen äußeren Rahmen, aber in diesem langweilte ich mich grenzenlos. Ich kam mir vor wie in einem Zahlenmuseum. Unendliche Ziffernkolonnen mussten von einem Kontoblatt auf ein anderes übertragen werden. Dann wurde her- und hin- und hin- und hergerechnet. Eine Tätigkeit schien mir sinnloser als die andere.

Seit dieser Zeit, genauer seit dem 1. Januar 1944, führe ich Tagebuch. Was vielleicht aus einer inneren Notsituation und jugendlichem Mitteilungsbedürfnis entstand, ist längst zu einem festen Bestandteil meines täglichen Lebens geworden. Manchmal schreibe ich nur wenige Zeilen nieder über das, was mir an diesem Tag widerfahren ist, was mich bewegt hat. Dann wieder füllt mein Eintrag eine ganze Seite, manchmal auch mehr. Als leidenschaftlich Geschichtsinteressierter skizziere ich auch stets das weltpolitische Geschehen. Nahezu sechzig Bände meiner Aufzeichnungen reihen sich mittlerweile in meinem Arbeitszimmer aneinander.

Im Januar 1945 war ich froh, dass ich mich wieder auf den Weg nach Stralsund machen konnte. Ein kurzer Zwischenstopp in Berlin öffnete mir jedoch schlagartig die Augen. Die Bombenschäden in der deutschen Hauptstadt waren verheerend. Das war eine andere Realität als die vergleichsweise Idylle, in der wir im Taunus lebten. Auch in Stralsund sah es übel aus. Hinzu kamen hier die nicht enden wollenden Flüchtlingsströme aus dem Osten. Nach einem weiteren kurzen »Intermezzo« als Marinerekrut wurde ich nach erneutem Rückfall zurück nach Kronberg geschickt, mit der Order, mich am 1. Juni 1945 wieder in Stralsund zu melden.

Kriegsende in Kronberg

Das Ende des Kriegs und die Befreiung erlebte ich in Kronberg. Nur wenige Tage nach der Kapitulation in Berlin beschlagnahmten die Amerikaner unser Haus. Wir krochen, mit notdürftiger Habe versehen, bei der uns befreundeten Familie ter Meer unter.
Die Zeit unmittelbar nach Kriegsende war ein Wechselbad der Gefühle und Gedanken. Wir alle waren froh, dass der Krieg, das Schlachten, die Zerstörung von Ländern und Städten, endlich ein Ende hatte. Doch gleichzeitig blickten wir besorgt in die Zukunft. Wie sollte es mit unserer Familie, wie mit Deutschland weitergehen? Würden wir unser zerstörtes Land, die Gesellschaft in Scherben, wieder aufbauen können? Würden wir je wieder die Chance

erhalten, eine Demokratie zu errichten? Würde es uns gelingen, sie mit mehr Leben und Dauerhaftigkeit zu füllen, als wir das in der Weimarer Republik vermocht hatten? Noch schwerer wog freilich, dass allmählich das ganze Ausmaß der Barbarei des Hitler-Regimes, seiner Mittäter und Mitläufer offenbar wurde. Wie sollten wir die moralische Katastrophe, die durch unser Land und die im Namen Deutschlands über die ganze Welt gekommen war, je wieder gutmachen? Die Bilder aus den befreiten Konzentrationslagern führten uns auf schreckliche Weise vor Augen, was wir verdrängt hatten. Das Ausmaß der menschlichen Niedertracht und der Verbrechen aber war jedem Menschen unvorstellbar. Der Schwiegersohn der Familie ter Meer, Major Wilhelm Knapp, der als Fernaufklärer Dienst tat, hatte einmal angedeutet, dass nach dem, was er gesehen habe, in der Folge des Kriegs eine Menge Rechnungen beglichen werden müssten. Ein entfernter Vetter von mir, Heinz von Studnitz, der an der Ostfront war, versuchte sich, nachdem er Zeuge von Gräueltaten geworden war, das Leben zu nehmen. Uns war durchaus bekannt, dass in deutschem Namen im Osten Verbrechen begangen wurden. Doch die eiskalte Methodik, das Ausmaß und die unermessliche Gnadenlosigkeit vermochten wir uns nicht vorzustellen. Nun führten es uns die Befreier vor Augen. Hatten wir jegliches Recht verwirkt, je wieder auf der Bühne der Welt und der Menschlichkeit mitzuwirken?
Das Verhalten mancher Landsleute gab wenig Anlass zur Hoffnung. Viele dichteten die eigene Geschichte rasch um. Ein geflügeltes Wort damals lautete: »Und als man sich dann wieder fand, war jeder Mann im Widerstand.« Und wer nicht offen gegen Hitler gekämpft hatte, der gab vor, dies in der inneren Emigration getan zu haben. Wo waren die Massen geblieben, die noch vor wenigen Jahren Hitler zugejubelt hatten? Als besonders widerlich empfand ich die Geschichten über persönliche Hilfsaktionen für Juden, die gerne erzählt wurden. Bei nüchterner Überlegung konnten diese so und

in diesem Umfang gar nicht möglich gewesen sein. Nun gab es plötzlich mehr Helfer als Juden. Dem Massenverbrechen folgten die Massenlügen. Später stieß ich auf ein passendes Talmud-Zitat: »Eine Sünde zieht die nächste nach sich.«
Dass man in der Tat helfen konnte, hatten wir im nächsten Bekanntenkreis erfahren. Anton Weck, den wir aus unserem Tennisklub gut kannten, war mit einer Jüdin verheiratet. Eines Tages kam Herr Weck zu uns. Er war völlig verzweifelt. Seine Frau hatte einen »Gestellungsbefehl« zu einem »Arbeitseinsatz« im Osten erhalten, ein Euphemismus für die Deportation. Wir überlegten, wie wir Frau Weck rasch helfen konnten. Wir entschieden uns, einen fernen Bekannten aufzusuchen und ihm die Angelegenheit vorzutragen. Professor Luer war Reichstagsabgeordneter, NSDAP-Mitglied und Treuhänder von General Motors im Deutschen Reich. Meine Schwester Herthamarie, zwölf Jahre älter als ich, und ich liefen sofort los. Wir trugen Professor Luer unser Anliegen vor und baten ihn, etwas für Frau Weck zu tun. Er nahm den »Gestellungsbefehl« an sich und versprach uns, das ihm Mögliche zu unternehmen. Am übernächsten Tag kam Herr Weck überglücklich zu uns: Seine Frau war zur Arbeit in einem kriegswichtigen Betrieb in Frankfurt verpflichtet worden. Ein kleines Beispiel. Es gab Möglichkeiten, den bedrängten Juden zu helfen – mehr, als davon Gebrauch gemacht wurde.
Es gab auch viele Lichtblicke in dieser unmittelbaren Nachkriegszeit. Wir waren überglücklich, als mein Bruder Jürgen aus dem Krieg zurückkehrte. Mangels anderer Verkehrsmittel hatte er sich in Hamburg aufs Fahrrad geschwungen und war die 400 Kilometer nach Kronberg gefahren.
Auch konnte ich dem »Umzug« unserer Familie in die Villa der ter Meers eine sehr positive Seite abgewinnen. Viele Jahre zuvor, ich war gerade 13 Jahre alt, hatte ich mich nämlich in Charlotte verliebt, die einzige Tochter des Hauses ter Meer. Ob Charlotte, die et-

was älter ist als ich, meinen Seelenzustand erahnte, weiß ich nicht. Ich glaube, sie hat ihn geflissentlich übersehen. Dass ich bereits fest beschlossen hatte, sie eines Tages zu heiraten, hätte sie damals wahrscheinlich sehr belustigt. Doch ich war von Kindesbeinen an mit einer gewissen Beharrlichkeit gesegnet. Bevor ich alt genug war, Charlotte meine Absichten kundzutun, hatte sie sich zu meinem Kummer bereits für einen anderen entschieden. Charlotte heiratete den Luftwaffenoffizier Wilhelm Knapp, aktiver Offizier, Träger des Ritterkreuzes und Aufklärungsflieger. 1944 verunglückte Knapp mit seinem Flugzeug tödlich. Mit den bescheidenen Möglichkeiten, die mir unmittelbar nach Kriegsende zur Verfügung standen, bemühte ich mich, Charlotte und ihrem kleinen Sohn Edmund zu helfen.

Neuanfang

Lebhaft in Erinnerung geblieben ist mir die große Offenheit, mit der damals in unserer Familie und in unserem Umfeld alles beredet und diskutiert wurde. Unentwegt sprach, stritt und rang man um den richtigen Weg miteinander. Diese Offenheit und Lust an der Auseinandersetzung ist unserer Gesellschaft leider im Laufe der Jahre verloren gegangen. Doch damals wurde ständig debattiert: über die Vergangenheit, die Zukunft und wie wir uns bis dahin über die Runden zu bringen gedachten. Das Schicksal, in dem wir uns bewegten, war völlig offen. Was würde aus Deutschland, aus uns, werden? Würden wir auf den Weg in die Demokratie, in ein Leben in Frieden, Freiheit und Wohlstand zurückfinden? Oder war uns der Pfad vorgezeichnet in neue totalitäre Unterdrückung, in den Kommunismus?
Die große Solidarität in unserem Leben und die grenzüberschreitenden Diskussionen gerade nach Kriegsende sind mir lebendig in Erinnerung geblieben. Nicht nur an Meinungen, die leicht zu ha-

ben waren, sondern auch an wie auch immer schwierig erworbenen »irdischen Gütern«, sprich hauptsächlich Esswaren, ließ man andere gerne teilhaben. Not war keine Schande. So zeigte der Kölner Erzbischof Joseph Frings, der während der Adenauer-Jahre zu einem der wichtigsten Berater des Bundeskanzlers werden sollte, Verständnis für Notdiebstähle, um die Existenz zu sichern, etwa das Kohle- und Essenklauen auf den Feldern. Prompt nannte dies der Volksmund »fringsen«.

Während wir noch zwischen Vergangenheit und Zukunft schwebten, begannen die amerikanischen Besatzungsbehörden, sich auf die ideologische Spurensuche in deutschen Köpfen zu machen. Die Entnazifizierung, von den Alliierten noch während des Krieges beschlossen und im Potsdamer Abkommen vom August 1945 bekräftigt, begann unmittelbar nach Kriegsende. Die Amerikaner gingen hierbei zunächst besonders streng vor. Sie sortierten nach fünf Kategorien: Hauptschuldige, Belastete, Minderbelastete, Mitläufer und Entlastete. Ein ausgeklügelter Fragebogen, 131 Fragen insgesamt, suchte der Gesinnung der Deutschen auf den Grund zu kommen. Bis Frühjahr 1946 kümmerte sich die amerikanische Militärregierung um die Auswertung der Bögen und eine entsprechende Kategorisierung. Mit dem »Gesetz zur Befreiung vom Nationalsozialismus« fiel dies ab Mai 1946 in die Zuständigkeit der deutschen Behörden.

Sicher hat die Entnazifizierung zur Überführung einiger Täter beigetragen. Doch sie trieb mitunter auch unsinnige Blüten. Unser ehemaliger Lehrer, Dr. Wilhelm Michels, den wir als Schüler recht gern gemocht hatten, trat eines Tages mit der Bitte an uns heran, vor einer Spruchkammer zu seinen Gunsten auszusagen. Lehrer gehörten selbstverständlich zu den Gruppen, die besonders genau unter die Lupe genommen wurden. Wir hatten noch gut in Erinnerung, dass Michels gelegentlich in Zwischensätzen die Lektüre der verfemten Dichter empfohlen hatte. Einer seiner Empfehlungen verdanke ich meine lebenslange Vorliebe für den Schriftsteller

Stefan Zweig. So traten ein Klassenkamerad und ich vor eine der fast 500 Spruchkammern der amerikanischen Zone, schilderten in bewegten Worten und mit großer Gestik das unermüdliche Engagement unseres Lehrers für die verbotenen Dichter. Unsere schauspielerischen Fähigkeiten schienen die Kammer zu beeindrucken. Unser Lehrer erhielt seinen »Persilschein« und wurde als »Mitläufer« klassifiziert. Dies bedeutete, dass er weiterhin als Lehrer wirken durfte. Mitläufer war er in der Tat gewesen, und eben dieses Mitläufer- und Wegschauertum hatte die Naziherrschaft bis zuletzt stabilisiert.

Zu diesem Zeitpunkt ergriff mich eine Leidenschaft, die mich mein Leben lang nicht mehr losgelassen hat. Allein die Vernunft zwang mich, ihr zu entsagen – nach vielen Jahren. Aus britischen Armeebeständen erwarb ich 1946 eine Ariel W/NG. Das 350er-Motorrad hatte als Militärmaschine brave Dienste geleistet – der berühmte Motorradhersteller Ariel aus Birmingham hatte 1939 seine Produktion auf robuste Maschinen für Meldegänger umgestellt. Nun brauste ich, gleich dem Geist aus Shakespeares »Sturm« und Namensgeber der Maschinen, durch die Lande. Es war ein königliches Gefühl, über die Straßen zu flitzen. Ich war augenblicklich begeistert. Weniger königliche Arbeit bescherten mir die endlosen Reifenpannen, die ich mit meiner Ariel erlebte – schlechte Straßen und reichlich abgewetztes Material ließen jede Fahrt zu einem Abenteuer werden.

Kurswechsel

Das amerikanische Engagement in der Entnazifizierung nahm mit dem aufziehenden Kalten Krieg rapide ab. Schnell, allzu schnell für die geistige Gesundheit unseres Landes, wurde umgedacht, vergessen, vergessen gemacht. Es gab zunächst nicht genug unbelastete Personen für den Aufbau eines demokratischen deutschen

Justizwesens. So einigten sich die Amerikaner auf das Kröpfchen-Töpfchen-Prinzip: Für jeden unbelasteten Richter wurde ein belasteter Jurist in Kauf genommen. Bis heute entsetzt es mich, dass von den mehr als 250 Richtern, die am Volksgerichtshof ihre grausamen Urteile sprachen, kein einziger verurteilt wurde. Damit nicht genug, 90 von ihnen übernahm die Bundesrepublik in ihr Justizsystem. Ein einziges Verfahren ist zwar angestrebt worden, in dem die verhandelnden Richter den Angeklagten mit »Herr Kollege« ansprachen. Es kam aber nie zum Urteil. Dieses Versäumnis ist immer mit dem Argument entschuldigt worden, dass eine rückwirkende Verurteilung nicht möglich sei. Eine Rechtsbeugung müsse innerhalb der jeweils gültigen Gesetze erfolgt sein. So kam es zu der schändlichen Tatsache, dass ehemalige Richter des Volksgerichtshofes nicht nur der Strafe entkamen, einige machten sogar hervorragende Karrieren in der Bundesrepublik, bis hin zum Senats- und Oberlandesgerichtspräsidenten.

Doch auch manche Kriegsverbrecher, die zunächst zum Tode verurteilt worden waren, wurden nach oft kurzer Zeit begnadigt. Nach meinen damaligen Beobachtungen war nach 1955 die »Aufarbeitung« der braunen Vergangenheit zumeist vorbei. Erst nach dem Eichmann-Prozess von 1961 in Jerusalem fühlte sich auch die deutsche Justiz genötigt, die schlimmsten Verbrechen zu verfolgen, beispielsweise im Frankfurter Auschwitz-Prozess Mitte der Sechzigerjahre, der zuvor immer wieder unterdrückt worden war. Ohne den bewundernswerten und überaus hartnäckigen Einsatz des hessischen Generalstaatsanwaltes Fritz Bauer wäre dieses Verfahren nie zu Stande gekommen. Der Ex-Parteigenosse Trend marschierte in Richtung Schlussstrich, und es kam zu einer Reihe unglückseliger Missgriffe. So knüpfte die Bundeswehr an die »guten Traditionen der Wehrmacht« an. Damals wollte man an eine Wehrmacht ohne Gräueltaten glauben, obwohl es genügend Menschen gab, die aus eigenem Erleben und frischer Erinnerung anderes wussten und bezeugen konnten.

Bereits im Frühjahr 1948 ließ der Eifer in den Entnazifizierungsmaßnahmen erheblich nach. Immer öfter gingen die Kammern zu Schnellverfahren über. Der amerikanische Militärgouverneur Lucius D. Clay begründete dies später damit, dass sich »früher oder später ein ernsthafter politischer Unruheherd« in Deutschland entwickelt hätte, wäre den Millionen nominellen Parteimitgliedern eine Rückkehr ins bürgerliche Leben mit all seinen Rechten verwehrt geblieben. Doch mindestens ebenso schwer wie dieses Argument wog, dass man die Deutschen, die in Windeseile vom besiegten Verbrechervolk zum umworbenen, weil notwendigen Partner mutiert waren, im beginnenden Kalten Krieg nicht vergrätzen wollte. Mehr noch, man brauchte sie dringend, weil man neue deutsche Streitkräfte aufbauen wollte.

Berufsstart

Während unsere Landsleute noch mehr oder minder wahrheitsgetreu die Fragebögen ausfüllten, gewann das politische und öffentliche Leben längst an Fahrt. Die Amerikaner hatten sich mit der »Reeducation« der Deutschen, also der Etablierung eines demokratischen Systems, hervorgetan, die natürlich in den Köpfen der Deutschen zu beginnen hatte. Das ganze öffentliche Leben, vom Schulsystem über das kulturelle Geschehen, Zeitungen, Rundfunk – all dies sollte vom Geist der Demokratie und der Freiheit getragen sein. Bis dahin war ich nie ein Schüler gewesen, der durch übertriebenen Fleiß und Eifer aufgefallen wäre. Doch bei dieser neuen »Education« war ich mit Feuereifer dabei. Alles war neu, anders und aufregend, und allmählich begann sich der braune Mief zu verflüchtigen.
Bereits im August 1945 ließen die Amerikaner politische Parteien auf Kreisebene offiziell zu. Im Oktober 1945 setzte die US-Militärregierung die erste hessische Landesregierung ein; bereits Janu-

ar 1946 fanden erste Wahlen auf Gemeindeebene statt, im April und Mai durfte in den Landkreisen gewählt werden. Hier lag die SPD vorn, die übrigens allgemein als Hoffnungsträger galt, auch wegen ihrer Unterdrückung durch die Nationalsozialisten. Im Dezember 1946 fand die erste hessische Landtagswahl statt. Auch in der Presse kam der Neubeginn. Im August 1945 lizenzierten die Amerikaner die »Frankfurter Rundschau«. Schlag auf Schlag folgten weitere Zeitungen. Zur Jahresmitte 1946 gab es bereits 35 Zeitungen in der amerikanischen Zone. Ebenfalls 1946 wurde in Frankfurt das erste der vielen »Amerikahäuser« eingerichtet, die den kulturellen Austausch zwischen Deutschen und Amerikanern fördern sollten. Sicher waren diese »Amerikahäuser« auch Propagandaeinrichtungen. Gleichzeitig aber gab es dort auch Zeitschriften, Zeitungen, Vorträge und Bücher von Literaten und Experten, die uns viele Jahre lang vorenthalten worden waren.

All dies war natürlich ungeheuer spannend und entfachte in mir, dem 19-Jährigen, den brennenden Wunsch, mitzutun und mitzugestalten. Kurz nach dem Krieg hatte ich darüber nachgedacht, Deutschland den Rücken zu kehren und auszuwandern. Südafrika und Kanada erschienen mir geeignete Länder, mein Glück zu versuchen. Doch daran verschwendete ich nun keinen Gedanken mehr. Hier in Deutschland gab es genug, übergenug zu tun und für mich alle Chancen für eine erfolgreiche Zukunft.

Zunächst musste ich mich um mein persönliches Fortkommen kümmern. Ich hatte begonnen, Volkswirtschaft und Geschichte zu studieren, beides war meine Leidenschaft. Doch schon nach einem halben Jahr war mir klar, dass ich mit der grauen Hochschultheorie wenig anfangen konnte. Und noch etwas anderes störte mich ganz gewaltig: In unseren Geschichtsvorlesungen klaffte ein Vakuum. Der Nationalsozialismus fand dort nicht statt. Warum, fragte ich mich.

Hier war eine Zeitspanne, die gerade dabei war, Geschichte zu werden, und die uns mehr als der Dreißigjährige Krieg, der dreihundert Jahre zurücklag, unter den Nägeln brannte. Meine Kommilitonen und ich wollten uns dringend mit der Hitler-Zeit auseinander setzen. Wir alle hatten sie miterlebt, und doch blieben für uns Tausende von Fragen: Wie konnte geschehen, was geschehen war? Wie konnte unser Land einen derartigen moralischen Tiefpunkt erreichen? Wie waren die Männer des 20. Juli einzuschätzen? Warum hatte es gegen das Terrorregime nicht mehr Widerstand gegeben? Warum hatten die einfachsten zwischenmenschlichen, nachbarschaftlichen Verbindungen plötzlich versagt? Wer war dieser Mensch Hitler gewesen, jenseits der Propaganda, die wir alle noch in den Köpfen hatten, dass es ihm gelungen war, ein Volk dergestalt in den Abgrund zu führen? Wir hatten Fragen über Fragen. Doch die Hochschullehrer ließen sie aus den schlechten Gründen von persönlicher Verwicklung und Feigheit unbeantwortet.

Zudem wollte ich endlich etwas tun, nicht darüber reden, was man in welcher Situation tun könnte, um dies im Anschluss mit Buchzitaten zu untermauern. Erst Jahrzehnte später »entdeckte« ich in Karl Poppers Werken die Philosophie der Falsifikation. Nicht der mühsam gezimmerte Beweis war entscheidend, sondern die Überprüfung anhand von Wirklichkeit und Empirie.

Obwohl ich ohne Begeisterung meine kaufmännische Lehre bei der Metallgesellschaft »abgesessen« hatte, dachte ich mir, es wäre vernünftig, die Sache zu Ende zu bringen. Dann würde ich weitersehen. Ich nahm meine Lehre in Frankfurt wieder auf. Ich schrieb weiter unwillig an meinen Zahlenkolonnen und legte zum Abschluss meine »Handlungsgehilfenprüfung« ab. Nun drängte es mich mächtig in die Produktion. Ich ging als Werkstudent zu Ford nach Köln.

Hier, am Fließband in der Motorenfertigung, fand ich mich in einer ganz anderen, sehr viel aufregenderen Welt als jener der abgeschiedenen Behäbigkeit meiner kaufmännischen Lehre. Im Werk wurde gearbeitet und etwas vollbracht, nicht darum herumgerechnet. Am Band wurden zwei verschiedene Typen von Lastwagen zusammengebaut. Die Dreitonner wurden an die amerikanische und die britische Armee geliefert.

Auch die menschlichen Begegnungen aus dieser Zeit waren sehr lehrreich für mich. Zum zweiten Mal in meinem Leben – jene erste Begegnung, als ich mit meinen Eltern im Auto saß, schien mir nun allerdings aus einem anderen Leben zu stammen – war ich mit Kommunisten konfrontiert. Der Betriebsrat des Werkes war »rot« – nun, da man auch das wieder sein durfte. Welche politische Richtung unser Land einschlagen würde, war damals keineswegs eine abgemachte Sache. Im Kölner Ford-Werk war das kommunistische Intermezzo allerdings rasch vorüber – nicht etwa auf Grund eines Wettbewerbes politischer Ideen, sondern, damals mindestens ebenso zugkräftig, wegen der Verpflegung.

Denn wir bekamen die begehrten Schwerstarbeiterzuteilungen, sodass ich noch manches von meinen Rationen am Wochenende mit nach Hause nehmen konnte. Und nach einem Besuch von Henry Ford II. wurde das Kantinenessen schlagartig besser. Damit waren auch die Tage der Roten gezählt. Bei der nächsten Betriebsratswahl übernahm die Christliche Arbeitnehmerschaft das Kommando.

Ein neuer Weg

Zum Ende meiner Zeit bei Ford bot man mir an, im Verkauf zu arbeiten. Dies hörte sich einfacher an, als es war. Denn die Lkw waren rationiert. Genügend Geld war zweifelsohne vorhanden, nur an der Ware mangelte es. Es gelang mir, einen Bezugsschein zu ergattern, der für die Ford-Niederlassung F. K. Mettenheimer & Co. in Frankfurt am Main bestimmt war. Für 9800 Reichsmark war ein Lkw zu haben. Eine Stange Zigaretten gab es damals für stolze 1000 Reichsmark.

1948 lag es geradezu greifbar in der Luft, dass sich auf dem »Geldmarkt« etwas tun würde. Am Dienstag, dem 15. Juni 1948, konnte ich meinen »genehmigten« Lastwagen abholen. Ich fuhr damit nach Frankfurt, um ihn dort zu verkaufen. Am Sonntag, 20. Juni, trat die Währungsreform in Kraft. Welchen Preis nun für den Lkw verlangen? Eine Rücksprache mit Ford in Köln ergab, dass sich der Preis auf 11 000 D-Mark belaufen würde. Mein Interessent für den Lkw, ein Metzger aus dem Frankfurter Stadtteil Praunheim, hatte rasch die Summe beisammen – in bar natürlich. Mit nigelnagelneuen 11 000 D-Mark in der Tasche – in Noten zu 20 und 10 Mark – war ich stolz auf meine geglückte Transaktion.

Wir begannen im größeren Umfang gebrauchte Pkw aufzukaufen. Kredite mussten uns anfangs bei der Finanzierung helfen. Personenwagen schienen uns nun die bessere Option. Hauptsächlich verkaufte ich amerikanische Autos: Fords, Mercurys, Lincolns. Käufer waren GIs, amerikanische Soldaten in Deutschland. Bald gingen die Geschäfte glänzend. Allein fast 350 neue Wagen aus der amerikanischen Ford-Produktion konnten wir an US-Soldaten verkaufen. Mit Beginn der Berlin-Blockade eröffneten wir eine »Niederlassung« in Celle, wo wir alsbald glänzende Geschäfte mit der US-Air Force machten, die dort einen großen Stützpunkt während der Blockade Berlins unterhielt. Mir war nicht verborgen geblieben, dass zu einem Auto auch eine Versicherung gehörte. Es erschien mir sinnvoll, mit dem Auto zugleich eine Versicherung als »Paket« zu verkaufen. Nun brauchte ich eine Versicherungsfirma, mit der ich zusammenarbeiten konnte. Durch einen amerikanischen Bekannten wurde ich auf die »Insurance Company of North America« aufmerksam und trat im Jahre 1949 dort ein. Charlotte blieb bei Ford Mettenheimer.

Familiengründung

Die Sache ließ sich gut an. Doch bei aller Freude an meiner Tätigkeit schielte ich immer mit einem Auge auf die Politik, der meine wahre Leidenschaft galt. Wir durchlebten rasante Zeiten. Im September 1948 war in Bonn die Verfassungsgebende Versammlung unter Vorsitz von Konrad Adenauer zusammengetreten, im Dezember hatte sich die FDP unter Theodor Heuss für die Westzonen gebildet. Damals liebäugelte ich mit den Liberalen. Im April 1949 war die NATO ins Leben gerufen worden, im Monat darauf wurde das Grundgesetz beschlossen. Am 14. August fanden die Wahlen zum ersten Deutschen Bundestag statt. Die CDU hatte mit 31 Prozent einen knappen Zwei-Prozent-Vorsprung vor der SPD. Die von mir favorisierte FDP erreichte fast zwölf Prozent der Stimmen. Zwei Monate später, am 7. Oktober 1949, wurde die Deutsche Demokratische Republik gegründet. Die Teilung unseres Landes, die nach Kriegsende 1945 keineswegs als Lösung für alle Zeit vorgesehen war, schien so vollzogen.

Die politischen Parteien, aber auch die westdeutsche Gesellschaft insgesamt nutzten die Chance zur Demokratie. Nur wenige Jahre zuvor hatten wir daran gezweifelt, sie je wieder zu erhalten. Mir war immer bewusst, dass die erste deutsche Demokratie der Weimarer Republik vor allem auch gescheitert war, weil sie nie den Rückhalt in der bürgerlichen Mitte fand. Gerade diesen hätte sie zu ihrem Gelingen benötigt. Dies durfte kein zweites Mal geschehen. So war ich hin- und hergerissen zwischen aktivem Mittun und Gestalten sowie der Notwendigkeit und dem Wunsch, mir zunächst eine gesicherte Existenz aufzubauen, die auch in der politischen Arbeit meiner Unabhängigkeit Gewähr leisten würde. Zunächst überwog mein »Sicherheitsdenken«.

Das hatte sicher auch damit zu tun, dass Charlotte und ich beschlossen hatten, zu heiraten. Die Reaktion unserer Eltern war nicht unbedingt die, die sich ein zur Heirat entschlossenes Paar wünscht. Meine Mutter war, wie erwartet, am meisten angetan von der Entscheidung ihres jüngsten Sohnes. Mein Vater reagierte zurückhaltend. Aber da er Charlotte seit langem kannte und sie sehr schätzte, schmolzen seine Bedenken bald dahin – auch dank des wie üblich beherzten Einflusses meiner Mutter und meines Bruders Jürgen.

Eine Probe anderer Art musste ich bei meinem zukünftigen Schwiegervater bestehen. Wie für die meisten Männer meiner Generation war für mich eine Hochzeit undenkbar, ohne dass ich beim Vater meiner Braut um deren Hand angehalten hätte. So reiste ich 1949 nach Landsberg am Lech. Dort war mein zukünftiger Schwiegervater Fritz ter Meer nach einem Urteilsspruch der Nürnberger Prozesse inhaftiert.

Fritz ter Meer, 1884 als Sohn einer alteingesessenen Krefelder Fabrikantenfamilie in Uerdingen geboren, hatte Chemie studiert. Unter Emil Fischer, der 1902 mit dem Nobelpreis für Chemie ausgezeichnet worden war, promovierte er in Berlin. Danach trat er in das väterliche Unternehmen Dr. E. ter Meer & Co. in Uerdingen ein. Nach seiner Teilnahme an den Verhandlungen zur Gründung der Interessengemeinschaft der deutschen Teerfarbenindustrie gelangte er in den Aufsichtsrat der väterlichen Firma. Als das Unternehmen 1925 in die IG Farbenindustrie AG eingegliedert wurde, rief man Fritz ter Meer in den Vorstand. Im Prozess der Restrukturierung des Unternehmens übernahm er die organische Sparte des Unternehmens, wenig später auch die Leitung des Technischen Ausschusses.

Auf Grund der engen Zusammenarbeit der IG Farben mit dem nationalsozialistischen Regime wurde Fritz ter Meer in den Nürnberger Prozessen wegen Kriegsverbrechen zu sieben Jahren Haft verurteilt. Dieses Urteil wurde allerdings revidiert und Fritz ter Meer wegen guter Führung bereits 1950 entlassen. 1956 wurde mein Schwiegervater zum Aufsichtsratsvorsitzenden der Bayer AG berufen. Die Fritz-ter-Meer-Stiftung zur Förderung des Studiums naturwissenschaftlich-technischer Fachrichtungen sowie des Studiums der Humanmedizin erinnert an das Wirken meines Schwiegervaters.

Für jeden jungen Mann ist der Gang zum Vater seiner – hoffentlich – zukünftigen Frau ein banges Unterfangen. Für mich war es doppelt schwierig, weil ich Charlottes Vater, den ich bislang nur flüchtig kennen gelernt hatte, im Gefängnis aufsuchen musste. Fritz ter Meer willigte schließlich in mein Anliegen ein, nicht ohne zunächst mahnende Worte an mich zu richten.

1950 haben Charlotte und ich geheiratet. Unser Sohn Michael wurde 1951 geboren, zwei Jahre später folgte Walther. Mit Edmund, Charlottes Sohn aus erster Ehe, waren wir nun zu fünft. Unsere Töchter Charlotte und Christiane kamen 1956 und 1962 zur Welt. Zu Anfang unserer Ehe waren Charlotte und ich zugleich »Geschäftspartner«: Sie unterstützte mich in unserem Verkaufsbüro, während ich Kunden akquirierte.

Berufliche Neuorientierung

Nach sehr erfolgreichen Jahren bei der »Insurance Company of North America« entschloss ich mich 1954, meinen Arbeitgeber zu wechseln. Die Konzernleitung hatte mir unmissverständlich zu verstehen gegeben, dass eine weitere Laufbahn in ihrem Hause nur in den Vereinigten Staaten möglich wäre. Dies hätte natürlich eine Übersiedelung dorthin bedeutet. Doch dazu verspürten weder ich noch meine Familie irgendeine Neigung. Die Zusammenarbeit mit der »Insurance Company« war eine geschäftlich ergiebige Zeit gewesen. Meine Arbeit hatte mich in die Vereinigten Staaten geführt. Damit war der Grundstein gelegt für viele spätere Kontakte und Tätigkeiten. Doch nun suchte ich mir ein neues Aufgabengebiet. Mittlerweile war Christian Holler auf mich zugekommen, einer der Chefs des erfolgreichen Versicherungsmaklerduos Grad-

mann & Holler. Wir waren uns sogleich sympathisch. Die 1926 gegründete Firma entsprach meinen Vorstellungen. Bei guter Zusammenarbeit würde es Chancen geben, Partner zu werden. Größter Kunde zu jener Zeit war das Volkswagenwerk in Wolfsburg.
Im Rückblick wechselte ich genau zur rechten Zeit zu Gradmann & Holler. 1954/55 begann der Boom der VW-Käfer-Exporte in die Vereinigten Staaten. Hier war also mein Know-how in der Auto- sowie der Versicherungsbranche gefragt. Meine Kontakte nach Amerika, die ich während meiner Tätigkeit für die »Insurance Company of North America« geknüpft hatte, erwiesen sich ebenfalls als ausgesprochen vorteilhaft. Meine Aufgabe war die Schadensregulierung der beim Transport über den Atlantik entstandenen Transportschäden an Neufahrzeugen. Dafür mussten zunächst an den Häfen, in denen die Transportschiffe anlandeten, Anlaufstellen eingerichtet werden. Hier wurden die Autos auf mögliche Schäden untersucht. Bedenkt man, dass zu Spitzenzeiten, etwa 1970, jährlich fast 600 000 Käfer in die Vereinigten Staaten verschifft wurden, kann man den Umfang dieser Tätigkeit leicht ermessen.
Auch nachdem der Käfer-Boom abflaute, blieb ich Gradmann & Holler treu. Im Jahre 1968 wurde ich zum persönlich haftenden Gesellschafter ernannt. Unsere Geschäfte in Deutschland gingen glänzend. Doch bereits Mitte der Siebzigerjahre mussten wir auf das sich vereinigende Europa und die sich abzeichnende Globalisierung reagieren. Wir waren nicht in der Lage, den Service, den wir den Mutterhäusern in Deutschland gewähren konnten, auch im Ausland zu bieten. Nach diversen Verbesserungsüberlegungen begann ich mit der amerikanischen Firma Marsh & McLennan, mit der wir zusammenarbeiteten, zu verhandeln. Marsh & McLennan war damals die größte Versicherungsdienstleistungsgruppe weltweit. Zunächst beteiligte sie sich als Kommanditist mit 15 Prozent bei Gradmann & Holler. 1990 schließlich arrangierten wir einen Tausch: Anteile von Gradmann & Holler gegen Aktien von Marsh & McLennan. Somit gelangte ich in das Board von Marsh & McLennan in

New York. Im Jahre 1990 fand dann der Merger von Marsh & McLennan und Gradmann & Holler statt.

Diese Fusion war in gewisser Hinsicht die Krönung meiner Tätigkeit im Versicherungswesen. Ich war nun 64 Jahre alt, verspürte aber keinerlei Bedürfnis, mich in die Pensionsecke zurückzuziehen. Ich freute mich vielmehr, dass mir in der Versicherungsbranche wieder eine neue Aufgabe erwuchs. Im Jahre 1993 trat Marsh & McLennan an mich heran mit der Bitte, ein »International Advisory Board« zusammenzustellen, das sich auf die globale Vernetzung der Firma konzentrieren sollte. Diesen Beirat einzurichten, war eine spannende Aufgabe, die mir viel Freude bereitete. Mir gelang es schließlich, ein Gremium mit Mitgliedern aus elf Ländern – darunter auch ein Vertreter der Volksrepublik China, Wei Ming Yi – zusammenzubringen, in dem Politik, Wirtschaft, Industrie und Finanzwesen gleichermaßen vertreten waren.

Politische Lehrjahre

Einstieg in die Politik

1964 war für mich beruflich ein außerordentlich erfolgreiches Jahr. Unsere Versicherungsfirma Gradmann & Holler expandierte, auch international knüpften wir gute Kontakte, und ich reiste viel. Ende Juni 1964 traf ich zufällig am Frankfurter Flughafen Berthold Martin, von Beruf Theologe und Nervenarzt, dazu Mitglied des Bundestags für den Kreis Obertaunus-Usingen, in dem auch mein Wohnort Kronberg lag. Völlig unvermittelt fragte Martin mich, ob ich mich nicht für den Bundestag bewerben wolle. Er trage sich mit Umzugsgedanken, werde also seinen Wahlkreis verlassen.

Ich war ziemlich perplex. Natürlich hatte ich mir immer wieder eingehend überlegt, ob ich nicht auch parteipolitisch aktiv werden wollte. Doch die endgültige Entscheidung darüber mussten die Kreis- und Ortsverbände im Wahlkreis 135 fällen.

Lange Jahre hatte ich meine politische Heimat in der FDP gesehen, der ich bei den Wahlen auch immer meine Stimme gegeben hatte. Zwei Begebenheiten ließen mich umdenken. Am 13. August 1961 begann der Bau der Berliner Mauer. Ich war entsetzt, ja, ich fühlte mich, wie viele Deutsche, verletzt von der Tatsache, dass die Teilung unseres Landes im wahrsten Sinne des Wortes fest betoniert wurde. Keiner, schon gar kein politisch engagierter und interessierter Mensch, durfte nun länger untätig den Entwicklungen zusehen. Die Instabilität und letztlich der Untergang der Weimarer Republik hatten uns vor Augen geführt, wohin solches Abseitsstehen führte. Ich wandte mich mit meinem Anliegen an meinen Freund Dieter Fertsch-Röver. Er war damals FDP-Vorsitzender des Obertaunuskreises und Vorsitzender des hessischen Landesfachausschusses Wirtschaft. Doch Fertsch-Rövers Idee, mich durch ein Treffen mit Erich Mende, dem Bundesvorsitzenden der FDP, endgültig für die Liberalen zu gewinnen, war sozusagen ein Schuss, der nach hinten rechts losging. Entmutigt verließ ich am Ende unseres gemeinsamen Essens Erich Mende. Ich lehnte den Kommunismus und seine Verbrechen ab. Kaum weniger verabscheute ich jedoch den deutschnationalen Habitus. Das Vokabular, die kernigen Worte und die Tatsache, dass Mende als Zivilist das Ritterkreuz trug, waren mir zutiefst zuwider. Eine Partei, die einen Deutschnationalen zum Bundesvorsitzenden machte, war nichts für mich.

Ich suchte weiter nach meiner politischen Heimat. Der SPD gegenüber verspürte ich keinerlei Abneigung, aber ihr Programm behagte mir wenig, solange sie ihr Godesberger Programm noch vor sich hatte. Die Zukunft unseres Landes sah ich in unserer Rückkehr in die demokratische Völkerfamilie des Westens. Diesen Weg schien mir Kurt Schumacher, so ehrenwert ich seine Opposition gegen die Regierung Adenauer fand, nicht energisch genug zu beschreiten.

So trat ich im Herbst 1961 in die CDU ein. Bald nahm ich Aufgaben auf Kreisebene wahr. Am 25. Oktober 1964 verzeichnete die CDU ein Plus von 3000 Stimmen bei der Kreistagswahl Obertaunus. Ich wurde zum Kreistagsabgeordneten gewählt, eine Tätigkeit, die ich noch gut mit meinem Beruf verbinden konnte. Bei einem Bundestagsmandat wäre dies nicht mehr möglich gewesen. Trotzdem beschäftigte mich der Gedanke an eine Kandidatur zunehmend. Zum Jahreswechsel 1964/65 häuften sich die Anzeichen, dass die CDU mir die Kandidatur für den Wahlkreis 135 Obertaunus antragen würde, und ich nahm mir ein paar Tage Zeit, mich in Ruhe mit dem Gedanken auseinander zu setzen.

Der Moment eines Eintritts in die Bundespolitik erschien mir günstig, weil sich in meinen Augen die CDU in einer Phase der Ver-

jüngung und Besinnung befand. Gleichzeitig aber schätzte ich die Lage der Partei und ihre Aussichten auf einen Erfolg bei der Wahl zum dritten Bundestag im Herbst 1965 eher gering ein. Doch für mich stand von vornherein fest: Ich wollte die Politik nicht auf Zeit betreiben; zu verlockend schien mir diese neue Welt, die sich mir hier auftat, die mich mächtig anzog und mir, davon war ich überzeugt, Herausforderung und Befriedigung werden würde.
Wenige Tage später wurde ich 39 Jahre alt. Vor Vollendung des vierten Jahrzehnts meinem Leben noch einmal eine Wende geben zu können, war eine Versuchung, der ich weder widerstehen wollte noch konnte. Meine Geschäftspartner Erich Gradmann, Christian Holler und Kurt Stroh waren von meinen Überlegungen, für den Bundestag zu kandidieren, zunächst alles andere als angetan. Unsere Firma expandierte, wir arbeiteten gut zusammen, da schien ihnen mein »politischer Ehrgeiz« nur Sand im Getriebe zu sein. Hier musste ich allerhand Überzeugungsarbeit leisten – letztlich mit Erfolg.
Ende Januar 1965 trug mir der Ortsvorstand der CDU offiziell die Kandidatur an. Jetzt gab es kein Zögern mehr. Am 18. Februar erhielt ich auf der Kreisdelegiertenversammlung im Bad Homburger Kurhaus 43 von insgesamt 60 Stimmen. Mein Gegenkandidat Kurtz bekam 15. Ich war der Bundestagskandidatur einen Schritt näher gerückt.
Am 12. März fand in Weilmünster die entscheidende Delegiertenversammlung des Wahlkreises 135 statt. Dieses Mal hatte ich mich gegen zwei weitere Kandidaten durchzusetzen. Einer davon war das AEG-Vorstandsmitglied Matthias Schmitt. Schließlich wurde eine Stichwahl erforderlich, aus der ich mit sieben Stimmen Mehrheit als Sieger hervorging. Ein neuer Lebensabschnitt begann!

Wahlkampf zum Ersten

Nun galt es, rasch eine Wahlkampfstrategie zu entwickeln. Wie man Wahlkampf führt, hatte ich in Amerika gesehen. Auch beriet ich mich mit meinem Londoner Freund Peter Walker, der als Abgeordneter im britischen Unterhaus saß. Er erklärte sich gerne bereit, mich bei meiner Kandidatur mit Rat und Tat zu unterstützen. Natürlich ließen sich amerikanische und englische Wahlkampfstrategien nicht eins zu eins auf Deutschland übertragen. Aber manch Neues und Reizvolles, was die Aufmerksamkeit auf mich lenkte, den noch recht unbekannten Kandidaten, konnte ich bestimmt daraus ableiten.

Ich entschied mich von vornherein für einen Persönlichkeitswahlkampf. Nicht gegen meinen Opponenten Kurt Gscheidle, SPD-Abgeordneter und Vorsitzender der Postgewerkschaft, würde ich zu Felde ziehen, sondern in eigener Sache: für Kiep. Auf persönliche Angriffe – übrigens eine Strategie, die mir bei Adenauer immer missfallen hatte – wollte ich verzichten. Ich würde sachlich gegen Willy Brandt argumentieren. In wichtigen Städten meines mit 200000 Wählern recht großen Wahlkreises wie Bad Soden, Bad Homburg, Kronberg und Weilburg wollte ich persönliche Auftritte recht groß aufziehen. Die Medien sollten darüber berichten. Ansonsten wollte ich einen persönlichen Pro-Kandidaten-Wahlkampf führen, viele Gespräche mit den Bürgern von Angesicht zu Angesicht suchen, typisches »Canvassing« (politische Hausbesuche) eben.

Im Mai stand fest, dass ich auf Platz 17 der Landesliste stehen würde – nicht gerade eine »Poleposition«, eher ein recht unsicherer Platz. Nun riss die Kette der Versammlungen nicht mehr ab. Mal stritt ich mit Kurt Gscheidle, den ich als sehr sympathischen Mann mit geradezu pietistischen Zügen und außerordentlich fairen Gegner empfand, und Hans-Werner Staratzke, den die FDP ins Rennen schickte, mal sprach ich auf Parteiebene, mal trat ich allein auf.

Zwischen den Veranstaltungen reiste ich geschäftlich in die USA. Zufällig erfuhr ich, dass Bundeskanzler Ludwig Erhard zu dieser Zeit New York einen Besuch abstattete. Wir waren uns persönlich bislang noch nicht begegnet, doch es gelang mir, ein Treffen mit dem Kanzler zu arrangieren. Erhard sagte mir mit Freuden seine Unterstützung meines Wahlkampfs zu Hause zu.

Am 13. August konnte ich tatsächlich meinen »amerikanischen Freund« Ludwig Erhard am Weilburger Bahnhof empfangen. Er war mit einem Sonderzug aus Bonn angereist. »Im Gepäck« hatte er einen imposanten Mercedes, einen 600er Landaulet. Nach einer heiter-fulminanten Veranstaltung auf dem Weilburger Schlossplatz fuhren wir darin – mit offenem Verdeck – zu diversen Auftritten in meinem Wahlkreis.

Als Gegenprogramm zu diesen sehr publikumswirksamen Auftritten – Ludwig Erhard hatte gerade die Spitze seiner Popularität erklommen – arbeitete ich mit großem Einsatz und viel Freude an den »grassroots«. Ich absolvierte unzählige Hausbesuche und klingelte an Tausenden von Türen, auch und gerade in Gegenden, die bisher der CDU eher abhold waren. Dort stellte ich mich vor und erläuterte meine politischen Ziele. Obwohl diese Art des Canvassing sehr mühsam war, lernte ich die Wähler meines Wahlkreises mit ihren Hoffnungen, Befürchtungen, Ängsten und Sorgen sehr genau kennen.

Mein Wahlkreis galt damals bei Demoskopen als eine »Bundesrepublik im Kleinformat«. Die soziologische Struktur entsprach in etwa der der Gesamtbevölkerung: hauptsächlich Arbeiter und Angestellte, eine ganz kleine Schicht sehr wohlhabender Familien wie auch eine stark ländlich verwurzelte Bauernschaft. Viele menschliche Begegnungen aus dieser Zeit sind mir lebhaft im Gedächtnis geblieben. Generell nahmen die Menschen meine Besuche mit erstauntem Interesse, aber wohlwollend zur Kenntnis. Niemals habe ich erlebt, dass mir eine Tür vor der Nase zugeschlagen wurde. Ich erinnere mich gut an eine besonders nette Begegnung: In der

Wohnsiedlung der Farbwerke Hoechst, die mein Großvater ja maßgeblich mitgestaltet hatte, bat mich ein Arbeiter herein. In der »guten Stubb« unterhielten wir uns ausführlich. Ich schien ihm nicht unsympathisch, meine politischen Programmpunkte maß er mit wiegendem Kopf. Wir verabschiedeten uns, er hob fast entschuldigend die Hände: »Aber ich bin doch eingeschriebenes SPD-Mitglied ...«

Neben dem direkten Gespräch hielt ich unzählige Veranstaltungen ab, sprach im Kindergärtnerinnenseminar, im Altenheim, vor Unternehmern und Gewerbetreibenden – Politalltag eben, längst war ich Feuer und Flamme dafür. In den vereinzelten Momenten, in denen mir der Sieg doch entfernt schien – wie einmal bei einer Veranstaltung mit Christian Schwarz-Schilling in Friedrichsdorf, zu der nur sechs Zuhörer erschienen waren –, gestand ich mir ein, dass ich mir gar nicht mehr vorstellen konnte, was ich im Falle einer Niederlage tun würde.

Für solche Grübeleien blieb glücklicherweise wenig Zeit. Unversehens entwickelte sich der Wahlkampf zum Politkrimi. Am 11. September, eine Woche vor dem Wahlsonntag, sprach ich in Kelkheim auf einer Veranstaltung. Auf einmal schob man mir einen Zettel mit einer Schreckensnachricht zu. Der Kandidat der AVD, einer extrem rechten Gruppierung, hatte sich das Leben genommen. Dadurch musste die Wahl im Kreis 135 um 14 Tage verschoben werden. Ich benötigte ein paar Augenblicke, um mich zu fassen.

Als der erste Schock überwunden war, zeigten sich meine Gegner müde und zermürbt von den Strapazen des Wahlkampfes. Ich begriff sofort, dass der Zeitgewinn für mich durchaus eine Chance sein könnte. Der neue Wahltermin für unseren Kreis war der 3. Oktober 1965.

Am 19. September fand die Bundestagswahl statt – ohne uns 135er! Trotzdem verfolgten wir mit äußerster Spannung den Wahlabend. Persönliche Freunde und neue politische Weggefährten hatten sich bei uns eingefunden. Ich erinnere mich gut an die unzähligen Brote, die wir verzehrten, die vielen Gläser, die wir leerten. Gebannt verfolgten wir die ZDF-Wahlparty. Ergebnis: Die CDU erhielt 47,6 Prozent und hatte sich im Vergleich zu 1961 um mehr als zwei Prozent verbessert. Die SPD kam auf 39,3 Prozent, die FDP auf 9,5 Prozent. Das Fernsehen interviewte die Kandidaten. Ich gratulierte meinen 135er-Gegnern Kurt Gscheidle und Friedrich Staratzke, die beide bereits über die Landesliste im Bundestag waren.

Noch in der Nacht notierte ich in mein Tagebuch: »Erler und Wehner verständlich bitter. Brandt gefasst und tapfer. Gerstenmaier windet sich wie ein Wurm, um nicht zugeben zu müssen, dies sei Erhards Sieg ... SPD konnte weder sachlich noch personell Alternativen bieten. Wahlprogramm war demoskopische Fleißarbeit. Jedem alle Wünsche erfüllen. Das Ergebnis solch einer demoskopischen Arbeit ist mir stets wie der idiotische Wahlspruch: ›Sicher ist sicher ...‹ erschienen.«

Am Montag nach der Wahl nahm ich meine politischen Hausbesuche und meine Veranstaltungsreisen wieder auf. Die Kundgebungen waren voller Menschen. Das machte mir ungeheuren Mut: Die Bundestagswahl war gelaufen, und trotzdem strömten die Menschen herbei, die noch nicht hatten wählen dürfen. Das war nicht Weimar, wo die Bevölkerung resignierte, sich von der Politik abwendete. Nein, hier waren sie interessiert, beteiligt, dachten nach und gestalteten mit.

Ende September kam mir nochmals Ludwig Erhard, gerade erneut zum Bundeskanzler gewählt, zu Hilfe. Er versicherte einer Menge von 6000 Menschen in Oberursel, dass er sich für mich »verbürge«, ein Wort, das nicht ohne Wirkung blieb.

Am 2. Oktober sorgte eine große Anzeige in allen wichtigen Zeitungen für ein Störfeuer: »CDU-Wähler aufgepasst« hieß es dort; es wurde selbigen nahe gelegt, mich mit der Erststimme, mit der Zweitstimme aber die FDP zu wählen. Die Anzeige war unsigniert, aber es lag nahe, dass die FDP der Urheber war. Ich machte den ganzen Tag noch Wahlkampf. Spätnachts versicherte ich meinem Tagebuch: »Ich glaube, wir haben nichts unversucht gelassen.« Sicherheitshalber bereitete ich »Sieges- und Niederlagenerklärungen« vor.

Gegen halb zehn Uhr am Abend des 3. Oktober 1965 war es sicher: Sofort brach ich zu einer kleinen Tour zu meinen Getreuen im Wahlkampf auf, dankte ihnen für ihren übergebührlichen Einsatz, und zusammen feierten wir den Sieg. Am nächsten Tag erfuhr ich das Erststimmenergebnis für den Wahlkreis 135: Ich lag mit 6521 Stimmen vor dem Kandidaten der SPD. Am 6. Oktober erhielt ich ein Schreiben vom Deutschen Bundestag, das unter anderem eine Bahnfreifahrtkarte für Abgeordnete enthielt. Meine ungewisse Reise in die Politik konnte beginnen!

Im Bundestag

An ihrem Anfang stand die Verzögerung auf Grund der besonderen Situation in meinem Wahlkreis. So traf ich mit zwei Wochen Verspätung in Bonn ein. Auf dem Weg in meine erste Fraktionssitzung irrte ich mich in der Tür und stolperte in ein SPD-Treffen hinein. Großes Hallo: »Kommen Sie nur rein, Herr Kiep!« Trotz der freundlichen Aufforderung kehrte ich um und suchte die richtige Tür.

Kurz darauf bat mich der CDU/CSU-Fraktionsvorsitzende Rainer Barzel zu einem Gespräch. Er eröffnete es mit der Frage, ob ich gesund sei. Da ich mit so viel Fürsorge in Kollegenkreisen nicht gerechnet hatte, muss ich wohl ein etwas verdutztes Gesicht gemacht haben. Barzel verstand. Ob ich tropentauglich und reiseerprobt sei, habe er wissen wollen. Beides konnte ich bejahen. Barzel bot mir an, den Vorsitz des entwicklungspolitischen Ausschusses zu übernehmen.

Ich war glücklich über diese Herausforderung. Ich bekam ein eigenes Zimmer zugewiesen, Assistentin und Assistent zur Seite gestellt. Ich verstand schnell, dass dies eine Chance für mich war. Denn eines war mir in Bonn umgehend klar geworden: Man musste sich profilieren, um in die vorderen, gar ersten Reihen der Parteipolitik zu gelangen. Über die Landeslisten kam sozusagen eine »facettenreiche Masse« an den Rhein: Vertriebene, Landwirte, Arbeitnehmer aller Couleur, Lehrer, Vertreterinnen der Frauenverbände. Aus dieser Masse musste und wollte sich jeder hervorheben, der ein wenig Ehrgeiz besaß und das Bundestagsmandat nicht als Ruhekissen ansah. Ein Ausschussvorsitz war ein geeigneter Start.

Entwicklungspolitik

Die Entwicklungspolitik ist in der Bundesrepublik immer ein wenig stiefmütterlich behandelt worden. Gemessen am Bruttosozialprodukt unseres Landes ist sie nur eine Marginalie. 0,7 Prozent wollten die Deutschen damals für Entwicklungshilfe ausgeben, heute sind wir gerade einmal bei 0,28 Prozent angelangt! Ganz anders begriffen die USA die entwicklungspolitische Zusammenarbeit. So hatte Präsident John F. Kennedy bereits 1961 das »Peace Corps« ins Leben gerufen. In diesem Programm können junge freiwillige Entwicklungshelfer ihre Fähigkeiten und ihr Wissen in Regionen der Welt einbringen, die Unterstützung nötig haben. Abgesehen von konkreter Hilfe vor Ort wird so auch das Verständnis füreinander geweckt und gepflegt.
In Deutschland war zu dieser Zeit Entwicklungspolitik ein Anhängsel der Außenpolitik. Übrigens ist dieser Konflikt bis heute nicht ganz gelöst. Noch immer müht sich das Bundesentwicklungsministerium, nicht vom ungleich mächtigeren Außenministerium allzu heftig dominiert zu werden.
In den Jahren der Hallstein-Doktrin war Entwicklungshilfe strikt an politisches Wohlverhalten geknüpft. Staaten, welche die Bundesrepublik als einzigen legalen deutschen Staat anerkannten, wurden

dafür mit Unterstützung belohnt. Wer aber die DDR ebenfalls akzeptierte, zog sich den Unwillen der Bundesregierung zu: Die Beziehungen wurden kurzerhand abgebrochen.

Mitte der Sechzigerjahre, als ich meine entwicklungspolitische Arbeit aufnahm, freute sich Deutschland, dass es aus eigener Kraft, wenn auch mit fremder Hilfe, einen Neuanfang geschafft hatte. Entwicklungspolitische Brennpunkte gab es genug. Seit Beginn der Fünfzigerjahre beteiligte sich die Bundesrepublik an der Entwicklungszusammenarbeit, zunächst mit finanzieller Unterstützung des »Erweiterten Beistandsprogramms der Vereinten Nationen«. In den ersten Jahren der Bundesrepublik kümmerten sich die Ministerien, in deren Ressort das zu bearbeitende Projekt fiel, »nebenbei« um den entwicklungspolitischen Aspekt.

Diese Aufteilung war umständlich und ineffektiv. So entstand im November 1961 das Bundesministerium für wirtschaftliche Zusammenarbeit. Walter Scheel stand als Erster dem neuen Ministerium vor. Bis 1966 leitete er dessen Geschicke. Walter Scheel und ich kamen ausgezeichnet miteinander aus. Wir teilten das gleiche Ziel: Wir mussten unabhängige Politik machen können. Ich schätze Scheel sehr als einen pragmatisch denkenden Mann mit einer positiven Grundeinstellung, wie sie hier zu Lande selten ist.

Meine internationalen Kontakte sollten mir in meiner entwicklungspolitischen Arbeit zugute kommen. In meinen Gesprächen mit amerikanischen Kollegen erhielt ich viele Anregungen und brachte einen Hauch von fortschrittlicher Entwicklungspolitik ins kolonial denkende Bonn. Ich organisierte Zusammenkünfte von internationalen Entwicklungsexperten am Rhein. Meinem Ansehen in der Partei tat dies keinen Abbruch – im Gegenteil.

Ich lehnte mich noch weiter aus dem Fenster. In einem Papier legte ich dar, dass der Nord-Süd-Gegensatz zu einem beherrschenden Thema der nächsten Jahre werden würde. Die friedensgefährdende Brisanz, die dieser Gegensatz enthielt, würde eines Tages den Ost-West-Konflikt als Hauptquelle der Spannungen ablösen. Nur eine effektive Zusammenarbeit konnte dem einen Riegel vorschieben. Meines Erachtens durfte sich diese Zusammenarbeit nicht auf unsere derzeitigen Partner in Europa und der Welt beschränken. Wir mussten auch die DDR und die anderen osteuropäischen Staaten, auch die Sowjetunion, einbeziehen. Ein Aufschrei ging durch die Fraktionsreihen. Da propagierte einer eine Zusammenarbeit mit einem Staat, den man noch nicht einmal anerkennen wollte, zu Gunsten von Ländern, von denen mancher noch nicht einmal genau wusste, wo sie lagen.

In den Sechzigerjahren war noch so manche Nachwehe des kolonialen Zeitalters zu spüren. Auf der einen Seite hatten viele Länder ihre Kolonien wie »heiße Kartoffeln« fallen gelassen – nicht ohne sich vorher der reichen Rohstoffquellen zu versichern. Auf der anderen Seite wurde aufs Neue »kolonialisiert«. Die Niederlande hatten ihre Ländereien in Übersee wieder erhalten, die USA traten nach Dien Bienh Phu die Nachfolge der Franzosen in Indochina an. Meine Tropentauglichkeit konnte ich auch bald unter Beweis stellen. Einige Begegnungen auf meinen Reisen sind von bleibender Erinnerung: Im April 1966 flog ich nach Kenia. Im »State House«, dem ehemaligen britischen Gouverneursgebäude in Nairobi, wurde ich von Jomo Kenyatta empfangen, dem mutigen Kämpfer für die Unabhängigkeit seines Landes von der britischen Krone. Für seine Beteiligung im Mau-Mau-Aufstand hatten die Briten den »Mzee«, den Vater und Ältesten, ins Gefängnis gesteckt. 1960 entlassen, reiste Kenyatta 1962 nach London, um dort die Konditionen für die Entlassung Kenias in die Unabhängigkeit auszuhandeln. Nun saß er mir gegenüber – ein Berg von einem Mann. Jomo Kenyatta, seit 1963 Premierminister von Kenia, war ein äußerst witziger, scharfsinniger Gesprächspartner. Er strahlte Weisheit, Realismus und Selbstbeschränkung aus. Kenyatta berichtete mir von den Schulungskursen, welche die Briten ihm in Sachen Unabhängigkeit und Demokratie angedeihen ließen. Der britische Gouverneur hatte ihm lichtvolle Vorträge gehalten: Wir übergeben euch die Regierung. Dann müsst ihr als Erstes wählen. Du wirst die Regierung bilden. Aber du musst dich auch um die Opposition kümmern. Her Majesty's most loyal opposition – graue Theorien eines blassen Kolonialherrn.

Unsere Delegation reiste weiter. Wir informierten uns vor Ort über die großartige Arbeit der »Flying Doctors«. Mit den Landwirtschaftsexperten unserer Abordnung fuhren wir anschließend zu einigen der riesigen Farmen, die die Engländer hinterlassen hatten. Die Aufgabe der Experten bestand darin, die afrikanischen Farmer bei der Bewirtschaftung dieser großen Areale zu beraten.

Im Mai 1968 reiste ich zusammen mit Eugen Gerstenmaier und einer Bundestagsdelegation nach Südostasien. Wir wollten dort die Möglichkeiten einer wirtschafts- und agrarpolitischen Zusammenarbeit ausloten. Nebenbei führte uns diese Reise durch die Kolonialvergangenheit hin zur blutigen Gegenwart. In Djakarta suchten wir den Sultan von Djogdjakarta auf. Er hatte als einer der ersten Regionalfürsten früh den Kampf gegen die Holländer aufgenommen. Er war ein Volksheld, den viele Menschen gerne als Nachfolger von Präsident Achmed Sukarno gesehen hätten. Stattdessen riss General Hadji Mohamed Suharto das Ruder an sich.

Ich setzte mich von der Delegation ab und besuchte auf eigene Faust Laos und Kambodscha. In der laotischen Hauptstadt Vientiane traf ich Prinz Souvannah Phouma, der ein erschreckendes Bild von der Lage der Region zeichnete. In Laos hatte die US-Luftwaffe die »Ebene der Tonkrüge« und den dort verlaufenden Ho-Chi-Minh-Pfad bombardiert. Inzwischen bekämpften sich im Land drei Fraktionen: die von Nordvietnam politisch und militärisch unterstützte Pathet-Lao-Bewegung, die Neutralisten unter Prinz Souvannah Phouma und die rechtsgerichteten Kräfte. Nordvietnam, so der Prinz, sei wirtschaftlich und militärisch inzwischen am Rande seiner Möglichkeiten. Südvietnam fehle eine einigende Persönlichkeit auf Führungsebene. Die USA dürften auf keinen Fall einfach abziehen. Laos befinde sich im Kampf gegen

40 000 Mann nordvietnamesischer Truppen. Seufzend sprach Souvannah Phouma vom »guerre oubliée«, dem vergessenen Krieg. Er bat dringend um wirtschaftliche und politische Unterstützung. Das leuchtete mir ein, der ich hier nur einen Steinwurf entfernt vom Kampfgeschehen saß. Aber mit dem Waffenstillstand 1972/73 zogen Amerika und Thailand alle ihre Berater ab. An deren Stelle traten 1975 solche aus dem Ostblock, was letztendlich zum Sieg der laotischen Kommunisten führte.

Unsere Reise mussten wir übrigens vorzeitig abbrechen. Hals über Kopf wurden wir nach Deutschland zurückberufen. Da unsere Delegation bei einem Empfang von der prompten Rückreise erfuhr, stiegen wir noch im Smoking ins Flugzeug. Nach 29 Stunden waren wir, mittlerweile umgezogen, in Bonn. Dort fand die dritte Lesung der Notstandsgesetze mit anschließender namentlicher Abstimmung statt.

Konrad Adenauer

Noch bevor ich Mitglied des Bundestags geworden war, hatte ich Gelegenheit, den großen »Alten« der deutschen Nachkriegspolitik kennen zu lernen: Konrad Adenauer, auf den Tag genau ein halbes Jahrhundert älter als ich, war ein Mann aus einem anderen Zeitalter. Ein erster Höhepunkt seiner politischen Karriere war seine Wahl zum Oberbürgermeister von Köln im Jahre 1917 gewesen, im letzten Jahr des Kaiserreichs. Er führte Köln durch die bewegten Weimarer Jahre. 1926 erwog er eine Kandidatur für das Amt des Reichskanzlers.

Aus dem gleichen Jahr stammt eine der bekanntesten Fotografien von Konrad Adenauer: Seite an Seite mit Reichspräsident Paul von Hindenburg fährt er im offenen Wagen durch Köln. Für Hindenburg, der lange Zeit dem »böhmischen Gefreiten« Hitler mit größtem Argwohn und tiefstem Misstrauen gegenübergestanden hatte, empfand Adenauer in gewisser Beziehung nur Verachtung. Er erzählte, dass am Vorabend des 21. März 1933, dem Tag des Staatsaktes von Potsdam – Adenauer war zu diesem Zeitpunkt noch Präsident des Preußischen Staatsrats – ein Zentrumsmitglied ihn habe wissen lassen, dass Hindenburg nicht nach Potsdam zu fahren gedachte. Am nächsten Morgen beobachtete Adenauer, wie Hindenburg und sein Sohn mit großem Bahnhof aufbrachen: nach Potsdam. Derartige Prinzipienlosigkeit war Adenauer sein Lebtag fremd.

Wenige Tage später erzwangen die Nazis Adenauers Rücktritt von seinem Kölner Amt, unter anderem weil er sich geweigert hatte, den frisch gekürten Reichskanzler Adolf Hitler zu einer Wahlkampfrede in Köln zu empfangen. Zudem hatte Adenauer die Hakenkreuzfahnen von der Deutzer Brücke entfernen lassen. Die Jahre der nationalsozialistischen Herrschaft verbrachte er teils im Versteck im Kloster Maria Laach in der Eifel, teils zurückgezogen in Rhöndorf. Während dieser Zeit starb seine Frau. Im Mai 1945 setzte ihn die amerikanische Militärregierung wieder als Kölner Oberbürgermeister ein.

Seit seiner politischen Karriere nach 1945 hat Konrad Adenauer nicht vergessen, welche Mächte Deutschlands Freiheit, Demokratie und Sicherheit in erster Linie garantierten. Er wollte die junge Bundesrepublik fest in der westlichen Völkerfamilie verankert sehen. Jeglicher Ausflug in eine nationalistische Richtung war Adenauer zutiefst abhold. So lehnte der Kanzler die so genannte Stalin-Note von 1952 ab, welche die Wiedervereinigung im Tausch gegen die politische Neutralität Deutschlands anbot. Anders als Nationalisten wie Rudolf Augstein oder Paul Sethe durchschaute Adenauer sogleich die Taktik des sowjetischen Diktators. Deutschland sollte als unsicherer Kantonist aus dem westlichen Bündnis herausgebrochen werden. Ob am Ende dieser Entwicklung tatsächlich die Vereinigung gestanden hätte, wäre allein vom Gutdünken Stalins abhängig gewesen. Dies wollte Adenauer mit allen Mitteln verhindern. Zudem fürchtete er – wie später übrigens auch Helmut Kohl – den latenten deutschen Nationalismus. Eine stabile Einbindung der Bundesrepublik erschien ihm das beste Rezept gegen Revanchismus und Militarismus.

In unseren langen Gesprächen betonte Konrad Adenauer immer wieder die Wichtigkeit der deutsch-französischen Allianz. Aus allen seinen Worten über Charles de Gaulle sprach seine tiefe Bewunderung für den General und Staatsmann. Geradezu verklärend schilderte er mir de Gaulle als großen Offizier des freien Frankreich, den Einer und Stabilisator der Nation. Adenauer war der felsenfesten Überzeugung, dass ein gutnachbarliches freundschaftliches Verhältnis zwischen Frankreich und Deutschland unabdingbare Voraussetzung für den Frieden in Europa sei.

Bereits 1923 hatte er sich bei Verhandlungen mit den Franzosen, die das Rheinland besetzt hielten, für eine Aussöhnung zwischen den verfeindeten Ländern ausgesprochen. Als 1950 Frankreichs Außenminister Robert Schumann Adenauer ein Konzept für eine gemeinschaftliche Organisation der französischen und deutschen Kohleförderung und Stahlproduktion vorlegte, war der Bundeskanzler außerordentlich angetan. So wurde die Montanunion ein erstes Bindeglied auf dem Weg der deutsch-französischen Annäherung.

Die Unterzeichnung des Deutsch-Französischen Freundschaftsvertrags am 22. Januar 1963 krönte Adenauers Einsatz für die gutnachbarlichen Beziehungen. In Anwesenheit des »sehr verehrten Herrn Staatspräsidenten, verehrten Generals, lieben Freunds« verlieh Adenauer wenig später seiner »sehr großen Freude und sehr großen Genugtuung« Ausdruck. Er war der festen Überzeugung, dass dieses Vertragswerk rückblickend als eines der wichtigsten und wertvollsten der Nachkriegszeit bezeichnet werden würde.

Adenauer musste sich wiederholt den Vorwurf gefallen lassen, der deutsch-französischen Annäherung Priorität gegenüber der deutsch-deutschen Vereinigung eingeräumt zu haben. Doch Adenauer war, neben seiner prinzipiellen Festigkeit, auch Taktiker und Schlitzohr genug, das eine zu tun und dabei das andere nicht aus den Augen zu verlieren. Schmunzelnd erzählte er mir, dass auch de Gaulle entgegen anders lautenden Befürchtungen kein Interesse daran habe, dass Deutschland geteilt bleibe. Der General habe im kleinen, inoffiziellen Kreis verlauten lassen: »Ich bin für die Wiedervereinigung Deutschlands. Ich habe nämlich keine Lust, eines Morgens aufzuwachen und zu hören, dass die Russen am Rhein stehen.« »Ich bin keineswegs gegen die Vereinigten Staaten«, versicherte Adenauer mir, »obwohl mit denen auch nicht alles so einfach ist.« Aber ohne eine solide deutsch-französische Freundschaft werde sich Europa nicht entwickeln. »Das ist doch auch im amerikanischen Interesse: Deutschland und Frankreich als Säulen Europas«, resümierte Adenauer nicht ohne Stolz auf seine Arbeit.

Als ich Adenauer kennen lernte, war er fast 90 Jahre alt. Ein Olympier, doch mit ganz pragmatischem Realitätssinn. In seinen Ausführungen – die Rollen waren so verteilt, dass ich eine Frage stellte, die Adenauer dann ausführlich beantwortete – hat er nie den Faden verloren oder sich gar in Episoden aus der »guten alten Zeit« geflüchtet, wie ältere Herren dies gelegentlich gerne tun. Adenauer antwortete und entwickelte seine Argumente stets stringent und deutlich.

Adenauer hielt Linie – in jeder Hinsicht. Er vertrat klare Werte. Er konnte und wollte seine Lebensprinzipien wie Gebote in wenigen Maximen einfach und für jedermann verständlich niederlegen. Immer wieder fiel mir in unseren Gesprächen seine Gabe auf, Denken und Handeln dem Gebot der Stunde anzupassen. Dazu kam sein phänomenales Gedächtnis, die rare Gabe, zuhören zu können, und die Fähigkeit, Vergangenes anschaulich und lebhaft zu schildern. Dies zusammen mit der wahrhaft erstaunlichen Physis Adenauers war eine fast unschlagbare Kombination.

Diese absolute Priorität der Sache, auch des Prinzips, bei Adenauer hatte auch ihre Schattenseiten. So fragte ich Adenauer einmal, woher seine Entscheidung für Hans Globke und später sein unbeirrbares Festhalten an ihm rühre. Globke zählte zu den umstrittensten Persönlichkeiten, die in der jungen Bundesrepublik ein öffentliches Amt bekleideten. Seit 1932 im Reichsinnenministerium beschäftigt, war er dort bis 1945 für Staatsangehörigkeitsfragen verantwortlich gewesen. Zudem hatte er den Kommentar zu den so genannten Nürnberger Rassegesetzen herausgegeben, durch welche die Juden quasi legal zu Menschen minderen Werts herabgestuft wurden. Sie markierten den Beginn einer Entrechtung, die mit dem Massenmord endete.

1953 ernannte Adenauer Hans Globke zum Staatssekretär im Kanzleramt, nachdem er ihn bereits 1949, vier Jahre nach Ende der NS-Herrschaft, zum Ministerialdirigent im Bundeskanzleramt und 1950 zum Leiter der Hauptabteilung für innere Angelegenheiten berufen hatte. Adenauer erklärte mir: »Soweit ich weiß, hat der Globke keinen Juden umgebracht. Ich brauchte ihn einfach. Er ist so gut in seiner Arbeit.« Der »Alte von Rhöndorf« konnte auch zynisch sein.

Genauso unbeirrbar war Adenauer in seiner Beurteilung von Politikerkollegen, deren Arbeit er für unzureichend hielt. So war Außenminister Gerhard Schröder ein rotes Tuch für Konrad Adenauer. Schröder und dessen Politik, so Adenauer, seien ihm unverständlich. »Was den zu seiner antifranzösischen Haltung gebracht hat«, konnte er sich nicht erklären. Er habe de Gaulle gebeten, besonders freundlich zu Schröder zu sein. Bei nächster Gelegenheit sei der Franzose dieser Bitte gefolgt. Doch, so Adenauer, »das hat auch nichts genützt. Schröder setzt alles auf England und Amerika. Sollte er, Gott behüte, Kanzler werden, zerbricht die deutsch-französische Freundschaft.«

Konrad Adenauer fürchtete nationalistische Alleingänge der Deutschen – aus eigener bitterer Erfahrung. Der »Alte« misstraute seinen Landsleuten gründlich. Während seines 91. und letzten Geburtstags dachte er laut darüber nach, ob die Deutschen aus der NS-

Vergangenheit viel gelernt hätten. Seine Analyse ließ manchem Gast an der Tafel das Blut in den Adern stocken: »Ob [das deutsche Volk] viel gelernt hat – ich bin etwas skeptischer … als unser verehrter Herr Bundeskanzler Kiesinger. Ich bin etwas skeptischer und würde nicht unbedingt darauf schwören, dass es wirklich klug geworden ist … wenn ich von den Kanzlern sprechen sollte, den Nachfolgern, … und wenn ich von Hindenburg sprechen sollte, … kläglichere Versager habe ich in meinem Leben nicht kennen gelernt.« Doch die Unbelehrbarkeit, die er dem deutschen Volk, seinem Volk, bescheinigte, ging für Adenauer noch weiter: Was er ebenso fürchtete, war, im Falle der Wiedervereinigung, eine »rote« Bundesrepublik: »In Sachsen wählen die doch immer rot«, sagte er zu mir. Mit dem Tod Adenauers ging ein politisches Zeitalter zu Ende: Kaiserreich, Weimarer Republik, Drittes Reich und die erste Stabilisierungsepoche der Bonner Republik – fast ein Jahrhundert deutscher Geschichte. Am 25. April 1967 trauerte Deutschland offiziell um Konrad Adenauer in einer Feierstunde im Bundeshaus und einem Gottesdienst im Kölner Dom. Während der Feierstunde saß ich unten im Plenarsaal. Vertreter fast aller Staaten mit Ausnahme des Ostblocks erwiesen dem ersten Kanzler der Bundesrepublik die Ehre. Israels Staatsgründer David Ben Gurion und Jerusalems Außenminister Abba Ebban waren gekommen, ebenso der britische Premier Harold McMillan, der ehemalige amerikanische Geheimdienstchef Allen Dulles, der frühere US-Hochkommissar in Deutschland John McCloy, Österreichs Bundeskanzler Josef Klaus und Italiens Premier Aldo Moro sowie der große Freund und Bündnispartner Adenauers, Charles de Gaulle, und der amerikanische Präsident Lyndon B. Johnson. Bundespräsident Heinrich Lübke, Parlamentspräsident Egon Gerstenmaier und Bundeskanzler Kurt Georg Kiesinger hielten die Traueransprachen. Natürlich, und das muss Musik in den Ohren von de Gaulle gewesen sein, spielten die deutsch-französischen Beziehungen eine herausragende Rolle in allen Reden.

Im Anschluss fand im Kölner Dom ein Pontifikalrequiem statt, zelebriert von Josef Kardinal Frings. Dort, wo Adenauer als Vierjähriger an der Hand seines Vaters Kaiser Wilhelm I. bei dessen Besuch anlässlich der Fertigstellung des Doms gesehen hatte, wurden nun die Staatsoberhäupter de Gaulle, Lübke und Johnson einzeln hereingeleitet. Die würdevolle Zeremonie, untermalt von feierlichen Chören, war außerordentlich bewegend. Ich rekonstruierte die Lebensstationen des großen Politikers: das Köln des wilhelminischen Zeitalters, an dessen Ende er seiner Vaterstadt vorstand, die Weimarer Republik, der Kampf um Demokratie in der Weimarer Republik, in dem er aktiv mitgewirkt hatte, schließlich das Scheitern dieses Kampfs, die Herrschaft der Nationalsozialisten, die Zeit der Verfolgung und des Versteckens, schließlich der vollkommene moralische Zusammenbruch des deutschen Volkes. Dann, nach zwölf Schreckensjahren, die Besinnung auf humane, demokratische Werte, die schrittweise Rückführung Deutschlands in die Völkergemeinschaft, die Reisen nach Washington, Moskau, Paris, zu Charles de Gaulles Privathaus in Colombey-les-deux-Eglises, nach New York, um Israels Staatschef David Ben Gurion zu treffen, nach London und nach Jerusalem. Am Ende des politischen Werdegangs stand der erzwungene Abgang, die Querelen in der eigenen Partei – eine Fülle von Bildern, Impressionen, Gedanken, die kaum in Einklang zu bringen waren.

Hermann Josef Abs

Meine Einführung bei Adenauer hatte ich auch einem Freund unserer Familie zu verdanken. Als sich meine Pläne, in die Politik zu gehen, immer weiter konkretisierten, beriet ich mich gelegentlich mit Hermann Josef Abs, wie ich meine finanzielle Unabhängigkeit während meiner politischen Tätigkeit sichern konnte. Abs war im Umgang sowohl mit der Macht als auch mit dem Geld versiert wie kein anderer Deutscher. Ich konnte mir keinen besseren Ratgeber wünschen.

Ich habe Hermann Josef Abs als einen durch und durch rationalen Menschen erlebt. Er war eine vollständig in sich geschlossene, autonome Persönlichkeit, die niemals auch nur annähernd die Contenance verlor, sondern mit vollkommener Selbstbeherrschung agierte. Emotionale Aufwallungen und verbale Eruptionen, vom Gefühl gesteuert, gehörten nicht zum Repertoire seiner Verhaltensweisen. Seine ganze Persönlichkeit war geprägt von Macht und Verantwortung. Hermann Josef Abs war ein Multitalent. Er sprach ausgezeichnet Englisch, Französisch, Spanisch und Holländisch und besaß ein ausgeprägtes Faible für den Wortwitz. Bonmots und Aperçus übten eine unwiderstehliche Anziehungskraft auf ihn aus. Abs konnte nie einer solchen Versuchung widerstehen, auch wenn sein Wortwitz andere kränken mochte – frei nach dem Wiener Peter Altenberg: Für einen Witz war Abs bereit, eine Freundschaft aufs Spiel zu setzen.

In eigener Sache spiegelten Abs' Bonmots sein bemerkenswertes Selbstbewusstsein wider: So buchstabierte er seinen Namen wie folgt: »A wie Abs, B wie Abs, S wie Abs.« Im Gespräch war er außerordentlich geistreich und schlug sein Gegenüber mit kühlem Charme in seinen Bann. Persönlich war Abs übrigens durchaus bescheiden. In seinem Haus in Kronberg, einst das Elternhaus meiner Frau Charlotte, das Abs von meinem Schwiegervater gekauft hatte, prägte große Sparsamkeit das Interieur. Protz, kostbare Antiquitäten als Schaustücke oder deutsche Behäbigkeit suchte man hier vergebens. Abs und Adenauer blieben beide lebenslang geprägt von ihrem Hintergrund: Rheinland, Katholizismus, Bürgertum. Ein enges Vertrauensverhältnis verband die beiden Patriarchen. Konrad Adenauer suchte bald in seiner Kanzlerschaft den Rat des versiertesten Finanz- und Wirtschaftsfachmanns, den die Bundesrepublik damals aufzuweisen hatte. Abs verdrängte schnell Adenauers Weggefährten aus Kölner Tagen, den Bankier Robert Pferdmenges. Doch anders als im Falle Pferdmenges verband Adenauer mit Abs nie eine freundschaftliche Beziehung.

Abs agierte als Emissär Adenauers in weichenstellenden Verhandlungen der jungen Bundesrepublik, erstmals in den Verhandlungen um die Entschädigungen für die jüdischen Opfer des Naziterrors. Vorausgegangen war ein Interview Konrad Adenauers mit der »Allgemeinen Wochenzeitung der Juden« vom 11. November 1949, in dem der Kanzler unmissverständlich die Absicht Deutschlands kundtat, dem jüdischen Volk und dem Staat Israel materielle Entschädigung für die unter NS-Herrschaft geraubten Vermögen zu leisten – nicht, wie in polemischer Weise von den nationalistischen Gegnern des Abkommens in Deutschland und Israel behauptet, als Ablass für die ermordeten Juden. »Das deutsche Volk ist gewillt, das Unrecht, das in seinem Namen durch ein verbrecherisches Regime an den Juden verübt wurde, so weit wieder gutzumachen, wie dies nur möglich ist, nachdem Millionen Menschen unwiederbringlich vernichtet sind. Diese Wiedergutmachung betrachten wir als unsere Pflicht.«

Dieses Bekenntnis wurde von verantwortlicher Seite im Judentum auch entsprechend gewürdigt. So bekannte der Präsident des Jüdischen Weltkongresses, Nachum Goldmann, Israel und die jüdischen Organisationen hätten keinen gültigen Rechtstitel besessen, um Entschädigungszahlungen einzuklagen. Die deutschen Finanzleistungen seien freiwillige Leistungen, die von ethischen Beweggründen bestimmt seien, nicht von juristischen Notwendigkeiten. Das alles macht deutlich: Es waren Entschädigungsleistungen, keine »Wiedergutmachung«, wie man damals sagte. Unrecht, Leid und Mord gar lassen sich nicht »wieder gutmachen«.

Von 1951 an vertrat Hermann Josef Abs auf der Londoner Schuldenkonferenz die Interessen der Bundesrepublik Deutschland. Der Bankier konnte sich einmal mehr ein Bonmot nicht verkneifen und stellte seine Mission dort gerne bildlich-drastisch dar: »Mache ich meine Sache schlecht, werde ich an einem Birnbaum aufgehängt. Mache ich sie gut, an einem Apfelbaum.« Weder das eine noch das andere Holz musste für Abs' Hals herhalten.

Formale Ausgangslage der Verhandlungen war eine Erklärung der Bundesregierung vom März 1951, die besagte, dass die Bundesregierung anerkenne, für die Auslandsschulden des Deutschen Reichs zu haften, also für Schulden, die noch aus der Zeit der Weimarer Republik bestanden. Das war nicht gerade die beste Ausgangslage bei Verhandlungsbeginn.

Als ich Abs fragte, wie aus einer derartigen Position zu verhandeln sei, antwortete er mir: »Alle Verhandlungspartner waren Profis. Berufsbankiers. Und jedermann weiß, dass Boxkämpfe zwischen Profis sehr viel unblutiger ablaufen als Kämpfe zwischen blutigen Amateuren.«

Durch großes Verhandlungsgeschick – und sicher die eine oder andere brillant gesetzte verbale Finte – gelang es Abs, die Ansprüche an die Bundesrepublik um die Hälfte auf circa 14 Milliarden Mark zu reduzieren. Von diesen 14 Milliarden war die Pauschalsumme von 7,3 Milliarden Mark zu zahlen. Eine weitere wichtige Bestimmung des Londoner Abkommens bestand darin, dass ein Moratorium für Reparationsforderungen bis zum Abschluss eines Friedensvertrags erstellt wurde. Durch dieses Abkommen wurde die Bundesrepublik wieder international kreditwürdig.

Die Unterzeichnung des Londoner Abkommens machte Deutschland »hoffähig« – dies war nicht zuletzt ein Verdienst von Hermann Josef Abs. Aber nicht minder wichtig war die Einsicht der alliierten Siegermächte. Denn die Reparationszahlungen des Versailler Vertrags in der Folge des verlorenen Ersten Weltkriegs, die dem deutschen Volk von nationalistischer Seite immer wieder als Schmach und Schande vorgehalten wurden, hatten nicht unerheblich zum Scheitern der Weimarer Republik und zu Hitlers Siegeszug beigetragen. Dieser historische und politische Fehler konnte sich nun nicht wiederholen.

Abs war auch, wie bereits erwähnt, maßgeblich an den zunächst streng geheimen Verhandlungen mit Israel über die Entschädigungszahlungen beteiligt. Konrad Adenauer galt die Aussöhnung mit dem jüdischen Volk, auch in Form von monetärer Unterstützung, stets als integraler Bestandteil des rechtsstaatlichen Wiederaufbaus der Bundesrepublik. Vor dem Bundestag hatte er bereits 1951 die Verpflichtung zur moralischen und materiellen Entschädigung ausdrücklich betont. Über die Höhe der Entschädigungsleistungen kam es zu einem seltenen Dissens zwischen dem Bankier und dem Kanzler. Während Adenauer in ersten Gesprächen mit Nachum Goldmann unkonditionierte Zusagen gemacht hatte, glaubte Abs, dass allzu hohe Zahlungen an Israel die junge Bundesrepublik mit ihrer gerade aufblühenden Wirtschaft überfordern würden.

Im Luxemburger Abkommen vom 10. September 1952 einigten sich die Bundesrepublik und Israel auf einen Betrag von drei Milliarden Mark, der in Jahresraten von zunächst zwei Raten in Höhe von 200 Millionen Mark und dann von 250 Millionen Mark abzuleisten war. Die Parteien einigten sich weiterhin auf den Ankauf von deutschen Waren und Dienstleistungen durch Israel, da Deutschland die gesamten Geldmittel nicht aufbringen konnte. Im so genannten »Ölbrief« verpflichtete sich die Bundesrepublik ferner, von den ersten beiden Jahresraten 150 Millionen Mark an die British Petroleum Company zu zahlen, damit die lebenswichtigen Rohöllieferungen für Israel gewährleistet waren. Das Londoner Schuldenabkommen sowie die Übereinkunft von Luxemburg waren wichtige Schritte auf dem Weg Deutschlands vom Nazistaat zurück in die demokratische, verantwortungsbewusste Völkergemeinschaft.

Über die Rolle von Hermann Josef Abs im Dritten Reich ist viel geschrieben und noch mehr spekuliert worden. Ohne Frage, Abs war ein begabter Stratege. Abs hat die »Arisierungen« der Deutschen Bank nicht verhindert, auch nicht verhindern können. Doch seine

Mitwirkung daran erfolgte in einer Art und Weise, die aufzeigt, dass er sich bewusst war, dass hier Unrecht geschah. Er wusste jedoch auch, dass das vermeintlich Tausendjährige Nazireich nur von kurzer Dauer sein würde. Abs erläuterte mir seinen Standpunkt einmal an einem Beispiel: Die Industriellen- und Bankiersfamilie Petschek aus Böhmen war nach der Zerschlagung und Arisierung ihrer Gruppe, die hauptsächlich aus Bergbauunternehmen bestand, nach Holland emigriert. Abs fuhr dorthin und verhandelte mit der Familie – damals ein höchst ungewöhnlicher Schritt. Er sorgte anschließend dafür, dass sie ihr angemessenes Auskommen hatten. Nach Kriegsende ernannten die Petscheks Abs zu ihrem Generalbevollmächtigten.

In einem Zeitungsinterview bedauerte Abs 1966 seinen »Mangel an Eindeutigkeit und Risikobereitschaft« während des Dritten Reichs. Der ansonsten so selbstbewusste Bankier begriff auf dem Höhepunkt seiner »zweiten« Karriere, dass politisches und ökonomisches Handeln nicht allein zweckorientiert sein dürfen. Beides muss auf einem ethischen Fundament ruhen.

Ludwig Erhard

Weit weniger als von Abs hielt Konrad Adenauer von einer anderen Autorität in Wirtschaftsfragen der Fünfziger- und Sechzigerjahre. Adenauer ordnete Personen stets der Sache unter, der er zum Sieg verhelfen wollte. Ich glaube, das entsprang keineswegs persönlich motivierter Bosheit, sondern seiner ehernen Überzeugung und dem titanischen Willen, diese durchzusetzen. Ich fand, dass Adenauer Ludwig Erhard oft allzu harsch und ungerecht behandelte, sogar in der Öffentlichkeit. Ludwig Erhard war knapp ein Jahr zuvor erneut zum Bundeskanzler gewählt worden, da sagte mir Adenauer im August 1966, dass er den Franken »nicht für kanzlerfähig« hielte. »Guten Willen mag ich ihm nicht absprechen, aber eine klare Linie lässt er nicht erkennen. Er kann recht gut reden. Aber das Kabinett zusammenhalten, das die Tendenz hat auseinander zu streben, das kann er nicht. Und halten kann er die Leute schon gar nicht.« Prophetische Worte. Gerade zwei Monate nach unserem Gespräch brach die CDU/CSU-FDP-Koalition unter Ludwig Erhard auseinander. Für die FDP hatte Konrad Adenauer ohnehin wenig übrig: Der Rücktritt von Minister Walter Scheel sowie dessen liberalen Kabinettskollegen und das dadurch herbeigeführte Ende der Regierungskoalition bestärkten Konrad Adenauer nur in seiner Einschätzung.

Erhard, den ich als sehr offene und umgängliche Persönlichkeit schätzen gelernt habe, hatte sich ständig gegen das Adenauer'sche Störfeuer zur Wehr zu setzen. Ich erinnere mich an die endlosen Auseinandersetzungen um die Kartellgesetzgebung, die Erhard mit unermüdlicher Energie betrieb. Ebenso unermüdlich war Adenauer, der von Wirtschaft wenig verstand und sich nicht übermäßig dafür zu interessieren schien, in seinen Bemühungen, Erhard auch in dieser Angelegenheit zu desavouieren. Als Verbündeten wählte sich Adenauer hierzu seinen alten Freund Fritz »Fritze« Berg, einen mittelständischen Metallfabrikanten aus Altena in Westfalen und Präsidenten des Bundesverbands der Deutschen Industrie, BDI. Das Kartellgesetz, das in einem ersten Entwurf bereits 1949 vorlag, wurde 1954 in überarbeiteter Form präsentiert und 1957 in Erhards Worten »durchlöchert« verabschiedet. Für Erhard war das Kartellgesetz ein »Grundgesetz« der sozialen Marktwirtschaft. Der Verabschiedung des »Gesetzes gegen Wettbewerbsbeschränkungen« ging ein verbissener Kampf voraus. Die Differenzen zwischen Adenauer und Erhard, die seit Beginn der Fünfzigerjahre offenkundig waren, eskalierten. Adenauer machte keinen Hehl daraus, dass er Ludwig Erhard für einen unpolitischen Idealisten hielt. Keinesfalls wollte ihn der Rheinländer als seinen Nachfolger sehen. Das entlarvendste Manöver, das der sonst so füchsig schlaue und geschickte Adenauer hierzu anstellte, war der

Versuch, Erhard 1959 zu überreden, für das Amt des Bundespräsidenten zu kandidieren.

Mit tiefer Sorge erfüllten die Querelen innerhalb der CDU Adenauer nach seinem Rücktritt. »Was ist für mich das Fegefeuer?«, fragte Adenauer einmal Eugen Gerstenmaier, um gleich selbst zu antworten: »Wenn ich in die Fraktion muss.« Noch in seinem Todesjahr prognostizierte Adenauer mir gegenüber, dass die CDU »innerlich nicht in Ordnung und nicht auf der Höhe ist. Es wird der größten Anstrengung bedürfen, sie wieder auf die Höhe zu bringen.«

In einer Prognose jedoch irrte sich Adenauer. Die Wahlen des Jahres 1969 sah er als besonders ernst und wichtig an. Da seien Fritz Erler und Herbert Wehner ja wohl nicht mehr aktiv, vielleicht gar nicht mehr am Leben, und auf Deutschland käme dann eine »linke Welle« zu. Besonders hob Adenauer in diesem Zusammenhang den IG-Metall-Chef Otto Brenner hervor. Fritz Erler ist Adenauer in der Tat vorangegangen. Er starb, gerade 54-jährig, am 22. Februar 1967. Herbert Wehner allerdings überlebte Erler um 23 Jahre. Von Alterskrankheiten geplagt, starb er 1990.

Obwohl Adenauer von sich sagte, er habe sich angewöhnt, stets pessimistisch zu sein, vermittelte er im persönlichen Gespräch keineswegs eine schwarzmalerische Weltsicht, eher eine gesunde Portion Skepsis. Am Ende unserer letzten persönlichen Begegnung klopfte Adenauer mir väterlich auf die Schulter und ermahnte mich, »recht fleißig« zu sein und den Mut nicht zu verlieren.

Als Mitglied des Kreistags Obertaunus und intensiver Beobachter des Bonner Geschehens blieb mir nicht verborgen, dass in meiner Partei Unruhe herrschte: »Erhard als Bundeskanzler in dieser kritischen Zeit ist eine große Belastung für uns alle. Seine Entscheidungslosigkeit lockt Strauß und Adenauer zu ständig neuen Angriffen und Fangfragen. De Gaulle tut das Seine von Paris. Gerstenmaiers Ehrgeiz verführt ihn dazu, Außenminister Schröder persönlich schwer anzugreifen wegen der Abwicklung des deutsch-französischen Verhältnisses. Dabei sind seine außenpolitischen Ideen eher verschwommen«, analysierte ich die damalige Situation in meinem Tagebuch. Trotzdem reizte es mich, mich mit dieser Auseinandersetzung zu befassen.

Ich hatte Erhard, wie bereits erwähnt, bei meiner Wahlkampfkampagne 1965 näher kennen gelernt. Ich erlebte ihn als liebenswerten, offenen, humorvollen und genussfähigen Menschen. Natürlich war Erhard im Herbst 1965 euphorisiert, denn er hatte gerade die Wahl mit dem Rekordergebnis von 47,6 Prozent für die konservativen Schwesterparteien gewonnen und würde als Kanzler bestätigt werden. Kein Mensch wäre damals auf die Idee gekommen, dass die CDU ihn nach etwas über einem Jahr stürzen würde – übrigens ein in meiner Partei interessantes Phänomen: CDU-Führer werden fast immer von der eigenen Partei gestürzt – ohne »Feindeinwirkung«.

Vermeintlich stürzte Erhard über eine Wirtschaftskrise, die heute kaum eine Meldung in den Nachrichten wert wäre. Tatsächlich aber stolperte Erhard über eine dumme Intrige. Unterschiedliche machtpolitische Interessen führten zur Kollision. Die Koalition der Union mit der FDP erschien abgenutzt, ermüdet. Das Durchsetzen für notwendig erachteter Gesetzesvorhaben, darunter die Notstandsgesetze, von denen seither kaum mehr jemand geredet hat, ließ eine große Koalition notwendig erscheinen. Auch die soziale Komponente der Politik ließe sich, so argumentierte damals besonders der Chef der Sozialausschüsse der Christlich Demokratischen Arbeitnehmerschaft CDA und Bundesarbeitsminister Hans Katzer, in einer Verbindung mit der SPD besser durchsetzen. Dennoch respektierte Hans Katzer Erhard als Kanzler durchaus.

Hauptgrund für die Parteikrise jedoch war, dass zwei Männer um die Macht stritten: Rainer Barzel und Franz Josef Strauß strebten nach dem Kanzlersessel. Ludwig Erhard fehlte, wie Adenauer richtig erkannt hatte, tatsächlich die Kraft, die Herren in die Schranken zu weisen. Vielleicht hatte auch der jahrelange Konflikt mit

Adenauer den Durchsetzungswillen Erhards zermürbt? Hilflosigkeit, nicht Widerstand, markierte so das Ende der politischen Laufbahn eines Mannes, der die frühe Bundesrepublik entscheidend mitgeprägt und sich bleibende und entscheidende Verdienste um den deutschen Wiederaufbau erworben hat.

Am Morgen des 27. Oktober 1966 sprang mir im Auto auf dem Weg nach Bonn die Schlagzeile der »Bild«-Zeitung ins Auge: »FDP fällt wieder um.« Doch die Liberalen hielten Stand. Stattdessen spielten die Unionsparteien verrückt. In Bonn fand eine kurze Fraktionssitzung der Union statt: Die Koalition war damit beendet – auch deshalb, weil Barzel und Strauß der FDP bei den Verhandlungen wenig Spielraum gelassen hatten. Am Abend hielt ich weitere Eindrücke in meinem Tagebuch fest: »Durch Barzel und Strauß ermuntert, reagiert Erhard hart: Keine Weiterführung durch zurückgetretene Minister. Damit hat Erhard sich den Rückzug, falls die FDP hierzu bereit gewesen wäre, abgeschnitten. Seine Kanzlerschaft geht zu Ende. Die Diadochen wittern Morgenluft und sind – besonders Barzel – sehr vergnügt.«

In den nächsten Wochen erhielt ich als Bundestags-»Frischling« einige Lektionen in Sachen Machtpolitik und Personalgerangel. Am 2. November erklärte Erhard, dass seine Person bei den Versuchen, eine Parlamentsmehrheit zu finden, nicht im Wege stehen würde. Allen Anwesenden war bewusst, dass dies den Rücktritt innerhalb von 14 Tagen bedeutete. Erhard vermochte seine Verbitterung nicht zu verbergen. Die lobenden Worte, die Rainer Barzel anschließend über die menschliche Größe des Noch-Bundeskanzlers fand, muss Erhard als Ohrfeigen, ja als Anmaßung empfunden haben.

Viel später begriff ich, dass Erhard sich offenbar schon lange grundsätzlich missverstanden gefühlt hatte. Einige Zeit nach seinem Rücktritt besuchte ich ihn in seinem Haus am Tegernsee. Er bedeutete mir, dass seine eigene Partei die Marktwirtschaft falsch verstanden habe. »Die Marktwirtschaft ist doch kein Dogma, das, einmal errichtet, lebenslängliche Gültigkeit hat. Die Marktwirtschaft ist vielmehr die Antwort auf eine jeweilige konkrete Situation. Und diese Antwort muss ständig, je nach Wandel der Lage, überprüft und angepasst werden.«

Das Karussell der Namen und Koalitionsmöglichkeiten drehte sich immer schneller. Schröder, Barzel, Kiesinger, Hallstein, Gerstenmaier – wer würde der Kanzlerkandidat der CDU sein? Würde es eine große Koalition geben? Am folgenden Abend unterhielt ich mich lange mit Eugen Gerstenmaier. Mich erstaunte, dass Gerstenmaier der kleinen Koalition zuneigte, also einer Erneuerung des Bündnisses mit den Liberalen, obwohl er glaubte, die dringend notwendigen Einsparungen bei zukünftigen Sozialausgaben eher mit der SPD durchsetzen zu können.

In diese Phase der parteitaktischen Überlegungen platzten zwei Ereignisse wie Bomben: Zunächst erreichte am ersten Novembersonntag die NPD in Hessen 7,9 Prozent. Die Aufregung, auch in der ausländischen Presse, war riesig. Zwei Tage später stand Kurt Georg Kiesinger, dessen Kandidatur von großen Teilen der Partei unterstützt wurde, unserer Fraktion Rede und Antwort bezüglich seiner Vergangenheit im Dritten Reich. Besonders die jüngeren Abgeordneten fragten intensiv, geradezu inquisitorisch. Kiesingers Antworten waren offen, eindeutig, für meinen Geschmack allerdings etwas zu feuilletonistisch ausschweifend. 1933, erst nach der so genannten Machtergreifung Hitlers und der Nazis, sei er der Partei beigetreten, von 1939 an im Auswärtigen Amt tätig gewesen.

Am Abend rief ich meine Tante Hanna, die Witwe von Otto Kiep, in Amerika an. Sie leitete damals – eine einzigartige Angelegenheit – das Frauenreferat der deutschen Botschaft in Washington. Tante Hanna wusste zu Kiesingers Vergangenheit nichts zu berichten, was mir nicht schon bekannt war.

Tags darauf sprach sich der Bundestag gegen Erhard aus, einen weiteren Tag später wählte die Fraktion unter Vorsitz von Franz Josef Strauß unseren Kandidaten. Im zweiten Wahlgang erzielte Kurt Ge-

org Kiesinger 137 Stimmen, Gerhard Schröder 81 und Rainer Barzel 26. Ich war lediglich erstaunt, wie eindeutig die Niederlage von Schröder und Barzel war. In meinen Augen hatte sich Barzel zu sehr mit dem Sturz von Erhard identifiziert. Schröder wiederum hatte durch seine kühle proamerikanische Politik zu einer Polarisierung der Fraktion beigetragen. Der Kandidat Eugen Gerstenmaier hatte sich in den Augen der Fraktion auf kuriose Weise als Kanzlerkandidat disqualifiziert: Bei der Abstimmung des Antrags der SPD zum Procedere der Kanzlerwahl hatte Gerstenmaier in seiner Funktion als Bundestagspräsident eine »optische« Entscheidung ohne Stimmenzählung gefällt. Später, beim »Hammelsprung«, dem eigentlichen Wahlgang, bestätigte sich Gerstenmaiers Entscheidung als richtig. Doch seine CDU/CSU-Parteifreunde empfanden sie als Grund, ihn als Kanzlerkandidaten abzulehnen.
Ich erinnere mich, dass Rainer Barzel wütend den Plenarsaal verließ, auf Gerstenmaier deutete und mir zuflüsterte: »Der ist von Bord.« Ich verstand die ganze Aufregung nicht so recht. Was für aufgescheuchte Demokraten waren das eigentlich, fragte ich mich.

Grosse Koalition

Zu keiner Zeit hat ein heterogeneres Kabinett als das der großen Koalition die Geschicke der Bundesrepublik gelenkt. Vorweg der Bundeskanzler, der sich als junger Karrierist mit den Nationalsozialisten »arrangiert«, mehr noch, eine erfolgreiche Laufbahn im Bereich der Auslandspropaganda absolviert hatte. Der Vizekanzler dagegen war 1933 in die Emigration gegangen, um dort im Widerstand gegen die deutschen Truppen in Norwegen zu wirken. Dafür musste er als Politiker in den Jahren des Aufbaus manch bitterböse Kritik einstecken, nicht zuletzt durch den im Wahlkampf nicht zimperlichen Adenauer. Zudem stand Willy Brandt als Außenminister einem Ressort vor, das Kanzler Kiesinger immer als seine ureigene Domäne beansprucht hatte. Der Minister für gesamtdeutsche Fragen, Herbert Wehner, war mit seinem Engagement in der KPD 1933 zunächst in den Untergrund, später nach Moskau gegangen.

Plisch und Plum, wie Franz Josef Strauß und Karl Schiller genannt wurden, waren mit den Ressorts Finanzen und Wirtschaft betraut. Bundesrat und Länder unterstanden Carlo Schmid, Ernährung, Landwirtschaft und Forsten dem klugen, schlitzohrigen Hermann Höcherl. Verkehrsminister war der gestandene Gewerkschafter Georg Leber, für wissenschaftliche Forschung zeichnete Gerhard Stoltenberg verantwortlich.

Ich fragte mich oft, wie es Kiesinger gelang, diese bunt gewürfelte Mannschaft zusammenzuhalten. Größere Gegensätze als die zwischen Kanzler und Vizekanzler waren kaum vorstellbar. Mit Herbert Wehner, dem harschen Ex-Bewohner des Moskauer »Hotel Lux«, und dem bajuwarischen CSU-Chef Franz Josef Strauß saßen zwei Erz-Choleriker am Kabinettstisch. Beide waren rhetorisch ebenso brillant wie rücksichtslos und verletzend – nach dem Altenberg'schen Motto: »Warum sachlich, wenn's auch persönlich geht?« Strauß bezeichnete sich mit Wonne als »Vorsitzender des Vereins der deutlichen Aussprache«. Sein Regierungskollege Herbert Wehner hätte mit Fug und Recht den gleichen Anspruch auf dieses Amt erheben können. Carlo Schmid, der feingeistige Denker und Formulierer, und Hermann Höcherl, das bayerische Urgestein. Der »frei von der Leber« redende Verkehrsminister Georg Leber und der auf manche süddeutsche Gemüter kühl zurückhaltend, ja arrogant wirkende nordische Pastorensohn Stoltenberg. Zudem war mit der Verteilung der Ministerien von Anfang an für Zündstoff gesorgt. Die CDU/CSU hatte ein Bundesministerium mehr erhalten als die SPD, dazu das Amt des Kanzlers. Dadurch verfügte die Union über eine Mehrheit von elf zu neun Stimmen. Vor dem Hintergrund all dieser potenziell explosiven Konstellationen war die »miese Ehe«, als die Günter Grass' Unkenruf die große

Koalition vorsorglich bereits vor deren Schließung abgewertet hatte, erstaunlich erfolgreich.

Im Nachhinein mag die Regierungszeit Kiesingers etwas blass und verschwommen erscheinen. Wenige bleibende Errungenschaften scheinen im Gedächtnis verankert. Dies ist jedoch eine oberflächliche Bewertung. Die Ära Kiesinger war innen- wie außenpolitisch eine sehr bewegte Zeit. Die Jahre zwischen 1967 und 1969 waren unter globalen Gesichtspunkten sehr unruhige Jahre. Die Beziehungen zwischen der Bundesrepublik und der DDR sowie zum gesamten Ostblock erfuhren richtungsweisende Impulse. Innenpolitisch herrschte eine starke Verunsicherung, ein Aufbegehren gegen Autoritäten. In der Wirtschafts- und Sozialpolitik stellte die Regierung die Weichen neu. Nicht zuletzt markierte das Jahr 1968 für Westeuropa, vor allem für Frankreich und Deutschland, einen bleibenden gesellschaftlichen Umbruch.

Im Fernen Osten verloren die Amerikaner in Vietnam die Kontrolle. Ihre Kriegführung stieß weltweit auf heftigste Proteste. Im Nahen Osten eskalierten die Spannungen zwischen Israel und den arabischen Staaten zum Sechstagekrieg von 1967. Die Sowjetunion ließ ihre Muskeln spielen und erstickte den Keim des Prager Frühlings im August 1968 unter den Ketten ihrer Panzer. Die Vereinigten Staaten erfuhren weitere tiefe Verunsicherungen nach den Morden an Martin Luther King am 4. April 1968 und wenig später am 6. Juni an Robert Kennedy.

Doch es gab auch Lichtblicke: Am 1. Juli 1968 wurde in Moskau, Washington und London der Atomwaffensperrvertrag unterzeichnet. China schloss eines der blutigsten Kapitel seiner Geschichte: Auf dem IX. Parteitag im April 1969 beendete die Wahl Lin Biaos zum Nachfolger Mao Zedongs de facto die so genannte Kulturrevolution. »Der große Vorsitzende« Mao hatte die »Große Proletarische Kulturrevolution« vier Jahre zuvor eingeleitet, um seine Position als starker Mann Chinas zurückzugewinnen, die er Ende der Fünfzigerjahre nach dem Scheitern der von ihm erzwungenen Wirtschaftsexperimente im »großen Sprung nach vorn« eingebüßt hatte. Dabei hatte Mao versucht, mit Hilfe seiner Frau Jiang Qing und jungen Idealisten und Chaoten, die sich zu Roten Garden zusammengeschlossen hatten, die altbewährten Parteikader aus ihrer Machtposition zu drängen. Doch bald war die Kulturrevolution zum blutigen Chaos geworden. Millionen Menschen wurden umgebracht, Facharbeiter und vermeintliche Konterrevolutionäre wurden zu »politischer Umerziehung«, tatsächlicher Zwangsarbeit, in entlegene Dörfer und Arbeitslager verbannt. Das Land drohte zu kollabieren. Da griff die Armeeführung ein und schaltete Maos Frau und einige andere Mitglieder der »Viererbande« aus. Deng Xiaoping, ein Veteran des Bürgerkriegs und des wirtschaftlichen Aufbaus, wurde vom Militär wieder an die Schaltstellen der Macht gesetzt. In kurzer Zeit gelang es ihm, der Anarchie Herr zu werden und wirtschaftliche Reformen einzuleiten, deren Früchte China noch heute erntet. Der kleingewachsene Deng war ein hochintelligenter Kopf, ein Pragmatiker der Macht und der Ökonomie. Sein Lieblingsgleichnis lautete: »Einerlei, ob die Katze schwarz oder grau ist. Entscheidend ist, dass sie Mäuse fängt.«

Deng forderte die Massen auf: »Bereichert euch!« Das klingt in den Ohren jedes überzeugten Kommunisten wie blanker Zynismus. Diese Bereicherung hätte Deng, der ein herausragender Organisator und Wirtschaftslenker war, kaum gestört. In einem Punkt aber verstand der ansonsten leutselige Deng keinen Spaß: Das Monopol der Macht musste in den Händen der Kommunistischen Partei verbleiben. Alle politischen Kader und die wichtigsten Wirtschaftsmanager kommen aus der Schule des schlauen Pragmatikers Deng. Den Jungen fehlt allerdings dessen Erfahrung und Charisma, und hoffentlich fehlt ihnen auch seine rücksichtslose Härte. Denn Deng Xiaoping trug als Vorsitzender der Militärkommission auch die Verantwortung für das Massaker auf dem Platz des Himmlischen Friedens im Jahre 1989. So sehr er wirtschaftliche Freiheit und Initiative förderte, die Infragestellung des Machtmonopols der KPCh bedeutete für den Parteiveteran eine politische Kriegserklärung, die er mit einem Blutbad beantworten ließ.

In Deutschland kam nach einer kurzen Phase der Stagnation wieder Dynamik in die politische Szene. Innen-, wirtschafts- und außenpolitisch wartete man auf Signale des schwarz-roten Regierungsbündnisses. Bis auf den ökonomischen Bereich wurden diese Zeichen von großer Unruhe begleitet.
Zunächst wurde innenpolitisch ein Fass aufgemacht, in dem es noch nicht einmal gärte. Die Diskussion um die Notstandsgesetze löste bei sehr vielen Menschen große Beunruhigung aus. Sie sahen die noch junge deutsche Demokratie bereits wieder am totalitären Abgrund stehen. Es kam zu riesigen Demonstrationen, vor allem die vom DGB im Juli 1967 organisierte, und zu Sternmärschen. Man konnte den Eindruck gewinnen, unser Land sei unterwegs. Das ohnehin durch das Aufbegehren der Studenten und die Proteste gegen den Vietnamkrieg aufgeheizte Klima erhitzte sich zusehends. »SPD und CDU, lasst das Grundgesetz in Ruh'«, schallte es durch Deutschland. Die am vehementesten vorgebrachten Kritikpunkte waren die Einschränkung von Grundrechten und der Einsatz der Bundeswehr bei Unruhen. Artikel 10 des Grundgesetzes gewährt das Brief- wie das Post- und Fernmeldegeheimnis, Artikel 11 die Freizügigkeit. Beides sollte nun »im Falle drohender Gefahren für die freiheitlich-demokratische Grundordnung oder des Bestandes oder der Sicherheit des Bundes oder eines Landes« Einschränkungen erfahren dürfen. Auch in das Grundrecht der Berufsausübung sollte gegebenenfalls eingegriffen werden können. Geschichtskundige Gegner der Notstandsgesetze verwiesen mahnend auf Artikel 48 der Verfassung von Weimar. Denn auf Grund dieser Notverordnungsregelung war es Hitler Ende Februar 1933 möglich gewesen, die Grundrechte außer Kraft zu setzen. Artikel 48 hatte dem Reichspräsidenten das Recht zugesprochen, bei einer

Gefährdung der öffentlichen Sicherheit den Ausnahmezustand zu verhängen und Notverordnungen zu erlassen. Dieser Artikel entstammte einem tief verwurzelten Misstrauen gegen die Demokratie. Tatsächlich hatte bereits der zweite Reichspräsident Paul von Hindenburg den Artikel 48 missbraucht und damit die demokratische Verfassung mit ihren eigenen Waffen vernichtet. Das war der wahre Dolchstoß in den Rücken der Weimarer Republik gewesen. Einem solchen Missbrauch wollte und durfte das Grundgesetz der Bundesrepublik keinen Platz einräumen. Daher waren Maßnahmen im Falle von Krisensituationen dort nicht geregelt worden. Es hatte mehrere Vorstöße mit dem Ziel einer Regelung dieser Sonderfälle gegeben, so etwa 1958, 1960 und 1963, doch diese hatten niemals die notwendige Mehrheit zu ihrem Beschluss gefunden. Erst die große Koalition sicherte eine solche Mehrheit.

Man kann nicht behaupten, dass die Verabschiedung der Notstandsverfassung politische Priorität genossen hätte. Die Bundesrepublik war weder von innen noch von außen existenziell bedroht. So glich die ganze Auseinandersetzung einer Scheindebatte – was aber dazu führte, dass sie umso vehementer geführt wurde. Wir Deutschen lieben nun mal das Grundsätzliche.

Ende Mai 1968 erklärten die drei Westalliierten die Bereitschaft, ihre Vorbehaltsrechte aus dem Deutschlandvertrag aufzugeben. Vorbedingung war die deutsche Notstandsverfassung. Trotz anhaltender massiver Proteste passierten Verfassungsänderungen, die als Notstandsgesetze apostrophiert wurden, am 30. Mai 1968 den Bundestag. Die FDP stimmte geschlossen dagegen, außerdem 54 Abgeordnete der großen Koalition.

Im Rückblick erscheint die Aufregung, die das Notstandsgesetz verursachte, kaum nachvollziehbar. Heute spricht kaum noch jemand von diesen Gesetzen, nur gelegentlich werden die Bestimmungen bei aktuellen Debatten hervorgekramt, etwa als Mittel, um den Staat vor staatsfeindlichen und volksverhetzerischen Angriffen aus der rechten Szene zu schützen. Auch einer der lautstärksten Gegner der damaligen Anti-Notstandsgesetz-Kampagne schätzt heute die Lage ganz anders ein. So erklärte Otto Schily kürzlich, dass »unsere Opposition gegen die Notstandsgesetze … Unsinn war. Das habe ich damals völlig falsch eingeschätzt.« Übertriebene Angstphantasien, was die Zukunft der Demokratie anbelangt, hätten ihn damals umgetrieben. Immerhin hat Schily den Mut, Fehler einzuräumen. Das unterscheidet ihn von den meisten Menschen und Politikern.

Gewalt als Mittel des politischen Diskurses habe ich immer abgelehnt. Für die Klagen der Studenten und Demonstranten 1968 gegen unsere Gesellschaft hatte und habe ich jedoch teilweise durchaus Verständnis. Auch in meinen Augen war im Zuge des Wiederaufbaus, unter den Segnungen des Wirtschaftswunders sowie den tatsächlichen und vermeintlichen Herausforderungen des Kalten Kriegs allzu viel unerledigt geblieben. Die enorme Chance, ein weiteres Mal eine Demokratie aufbauen und leben zu können, hätte in meinen Augen noch umfassender genutzt werden müssen. Nicht nur unter den Talaren, auch in den Köpfen unserer Landsleute schwebte noch allerhand vom Muff einer unaufgearbeiteten Vergangenheit.

Die Studentenproteste, die Kaufhausbrände vom April 1968, die Osterunruhen infolge des Attentats auf Rudi Dutschke und schließlich die Terrorakte der RAF waren keine existenzielle Gefährdung unserer Demokratie. Eine harte Probe waren sie dennoch. Die Bundesrepublik hat diesen Test bestanden.

Auch wirtschaftspolitisch hatte die große Koalition einige Herausforderungen zu meistern. Nach Jahren des ungebremsten, schon als selbstverständlich geltenden Aufschwungs kam es Mitte der Sechzigerjahre zu einem wirtschaftlichen Einbruch. Erstmals stotterte der Motor der deutschen Wirtschaft. Die Automobilindustrie meldete Kurzarbeit an. Die Arbeitslosenzahl – damals wie heute ein sensibles Barometer der politischen Lage – war auf 700 000 gestiegen.

Die große Koalition strebte danach, die Stagnation und Regression der letzten Jahre unter Kanzler Erhard schnellstmöglich zu überwinden. »Plisch und Plum« zeigten hierbei eine geradezu mustergültige koalitionäre Zusammenarbeit. Wirtschaftsminister »Plisch« Karl Schiller rief die »Konzertierte Aktion« ins Leben, die Arbeitgeber, Gewerkschaften, Wirtschaftsfachleute und Politiker an einen Tisch brachte. Der Bundestag beschloss in rascher Folge Konjunkturprogramme und das Stabilitätsgesetz. Finanzminister »Plum« Franz Josef Strauß nahm sich derweil der Deckungslücken im Haushalt an und entwarf die mittelfristige Finanzplanung.
Die Konjunktur kam wieder ins Rollen. Anfang 1969 sank die Zahl der Erwerbslosen auf 243 000. Im gleichen Zug beschloss die Regierung wichtige sozialpolitische Maßnahmen: die Lohnfortzahlung im Krankheitsfall, ein neues Berufsbildungsgesetz und das Rentenversicherungs-Änderungsgesetz.
Auch in der Außenpolitik der großen Koalition, die oft als eher bescheiden dargestellt wird, hat man durchaus Weichen gestellt. In seiner Regierungserklärung hatte Kiesinger den Willen zur Zusammenarbeit und zur Überwindung von Differenzen betont. Kooperation, nicht Konfrontation war die Devise seiner Regierung. Insbesondere musste verhindert werden, dass »die beiden Teile unseres Volkes sich auseinander leben«.
Außen- und Deutschlandpolitik des Kabinetts Kiesinger dagegen waren nicht von großem Erfolg gekrönt. Dem Regierungschef fehlte in entscheidenden Momenten einfach der Mut. Zwar ging die Bundesrepublik auf die Staaten des Ostblocks zu. So nahm Bonn sehr rasch diplomatische Beziehungen mit Rumänien auf, ein Jahr später auch zum bündnisfreien Jugoslawien, und einigte sich mit Prag auf die Errichtung von Handelsvertretungen. Dadurch fühlte sich jedoch Ostberlin in die Enge getrieben. Denn Bonn war dabei, diplomatische Beziehungen mit osteuropäischen Ländern zu etablieren, ohne dabei seinen Anspruch zu relativieren, einziger legitimer Vertreter des ganzen deutschen Volkes zu sein. Die Antwort

des Ostblocks folgte denn auch prompt: Moskau dekretierte, dass kein weiterer Staat des Warschauer Pakts diplomatische Beziehungen zu Bonn aufnehmen dürfe, bevor die BRD die DDR nicht völkerrechtlich anerkenne. Auch der Briefwechsel zwischen Kiesinger und DDR-Ministerpräsident Willi Stoph brachte die beiden deutschen Staaten einander nicht näher. Der Bundeskanzler fühlte sich außer Stande, die DDR beim Namen zu nennen. Kiesinger referierte lieber über ein »Phänomen« oder ein »Gebilde« – aus damaliger wie heutiger Sicht Formulierungen, die dazu angetan sind, Verwunderung bis Heiterkeit zu erzeugen.

Richtungsweisender haben sich andere Schritte der großen Koalition erwiesen: In Paris und Washington war der Außenminister ein gern gesehener Gast. Frankreich und die Vereinigten Staaten schätzten Willy Brandt als ehemaligen Regierenden Bürgermeister Berlins, des westlichen Bollwerks gegen den Kommunismus. Brandt gelang es, die unter Erhard stagnierenden deutsch-französischen Beziehungen wieder in Gang zu bringen. In Washington glückte es dem Außenminister, das Ansinnen der Amerikaner nach deutschem Engagement in Vietnam mit der Entsendung des deutschen Lazarettschiffs »Helgoland« zufrieden zu stellen.

Im Juni 1968 trafen sich die Verteidigungsminister der NATO-Staaten zu Verhandlungen auf Island. Der deutsche Außenminister Brandt leitete die Konferenz. Die Signalwirkung war enorm: Es erging eine Aufforderung an Moskau, sich an Gesprächen über eine Verminderung konventioneller Streitkräfte auf beiden Seiten, West wie Ost, zu beteiligen. Die Arbeit hatte verständlicherweise dort zu beginnen, wo die meisten Truppen standen: in Mitteleuropa, also in Deutschland. Dem vorausgegangen war im April 1968 eine Gewaltverzichtserklärung der Bundesregierung an die Adresse des Kremls. Ein Jahr später erfolgte ein weiterer wichtiger Schritt in Sachen Ostpolitik: Der 1. Sekretär des polnischen ZK, Wladyslav Gomulka, ließ die Bereitschaft Polens erkennen, mit der BRD einen Vertrag über die Anerkennung der bestehenden Grenzen abzuschließen. Im Juli des gleichen Jahres erklärte der russische Außenminister Andrei Gromyko, der Kreml sei zu Gesprächen mit Bonn über einen völkerrechtlich gültigen Verzicht auf Gewaltanwendung sowie zu Verhandlungen über Berlin bereit. Dies stellte die Weichen für die Ostpolitik der sozialliberalen Koalition, die nur ein Vierteljahr später die Macht am Rhein übernehmen sollte.

Ohne Frage hatte die Regierung Kiesinger daran maßgeblichen Anteil. Für den Kanzler selbst war gerade die Ostpolitik der großen Koalition ein enormer Balanceakt: Auf der einen Seite konnte er sich den Forderungen des in dieser Hinsicht forscheren Koalitionspartners nicht verschließen. Auf der anderen Seite meinte er, seine Fraktionskollegen auf diese Weise im Zaum und bei der Stange halten zu können. Und dann gab es noch Staatssekretär Karl Carstens, der Kiesinger immer wieder in Richtung Ostpolitik drängte – was ihm Franz Josef Strauß mit ebensolcher Regelmäßigkeit wieder kaputtmachte.

Die Fraktionssitzungen zu »Ostfragen« verliefen nicht selten tumultartig. Besonders die CSU tat sich dabei hervor, zunächst bei der Frage über die Aufnahme diplomatischer Beziehungen zu Belgrad. Die Hallstein-Doktrin sei hiermit ausgehöhlt, der Ausverkauf gegenüber dem zweiten deutschen Staat und seinem mächtigen großen Bruder habe begonnen, meinten CSU-Abgeordnete. Kiesinger selbst verstand die Hallstein-Doktrin nicht als starre Richtlinie, sondern als einen Rahmen mit individuell und flexibel zu handhabendem Spielraum.

Kaum weniger groß war die Aufregung in der Fraktion im Umfeld der Unterzeichnung des Atomwaffensperrvertrags. Kurz darauf, im Frühjahr 1968, marschierten sowjetische Truppen in Prag ein. Diese Entwicklungen brachten für die konservativen Mitglieder unserer Fraktion den Beweis, dass der Versuch einer Entspannung mit dem Ostblock Makulatur war.

Den »Non-Proliferation Treaty« (NPT), also eigentlich der Vertrag zur Nichtverbreitung von Atomwaffen, hatten Washington, Moskau und London am 1. Juli 1968 unterzeichnet. Das Abkommen untersagte die Weitergabe von Kernwaffen sowie der zu ihrer Herstellung notwendigen Rohstoffe und des entsprechenden Knowhows. Die Nicht-Kernwaffenstaaten, die dem Vertrag beitreten sollten, verpflichteten sich, die Annahme von Kernwaffen oder Kernsprengkörpern abzulehnen.

Das Zustandekommen des Sperrvertrags war das Ergebnis von Erfahrungen und Verhandlungen zwischen Washington und Moskau vor dem Szenario des Kalten Krieges. Die Kubakrise von 1961 hatte deutlich gemacht, dass die Drohung mit einem Atomschlag keineswegs graue Theorie bleiben musste. Auf beiden Seiten hatten »wohlmeinende« Berater Kennedy und Chruschtschow die atomare Lösung suggeriert. Tatsächlich handelte es sich dabei um engstirnige Militärs. In Washington forderte der berühmt-berüchtigte General Curtis Le May: »Fry it!« – und meinte damit einen Atomschlag gegen Kuba. Der geniale britisch-amerikanische Filmregisseur Stanley Kubrick hat Le May in seinem tragikomischen Film »Dr. Seltsam oder wie ich lernte, die Bombe zu lieben« ein makabres Denkmal gesetzt. Der Film und seine fatale Logik sollten zum Pflichtprogramm für alle Politiker und Militärs gehören, die Verantwortung für den Einsatz von Nuklearwaffen tragen.

Kubas »Massimo líder« Fidel Castro rief damals bei Nikita Chruschtschow an und drängte darauf, die Atomwaffen, über die die Sowjetunion verfügte, nun doch einzusetzen. Chruschtschow donnerte seinen Verbündeten in der Karibik an, er habe wohl den Verstand verloren. So schrammte die Welt knapp an einer atomaren Katastrophe vorbei. Man sollte heute darüber nachdenken, da Mächte mit unberechenbaren politischen Führungen wie Iran und Nordkorea sich anschicken, entsprechende Trägersysteme einsatzfähig zu machen.

Präsident Johnson drängte Bonn, dem Sperrvertrag beizutreten. Dies schien auf den ersten Blick keinen Zündstoff zu bergen, schließlich hatte die Bundesrepublik bereits 1954 auf Entwicklung und Besitz von Atomwaffen verzichtet. Dies war eine der Bedingungen für den Beitritt Deutschlands in die Westeuropäische Union, die WEU, gewesen. Dessen ungeachtet hatte Franz Josef Strauß als Verteidigungsminister im Jahre 1957 die atomare Bewaffnung der Bundeswehr befürwortet. Die politische wie die öffentliche Meinung reagierten geteilt auf den Sperrvertrag. Es war klar, dass eine Weigerung, dem Abkommen beizutreten, nicht nur die Alliierten empfindlich verprellen, sondern auch die Bundesrepublik international ins Abseits stellen würde. Im Grunde konnte sich kein vernünftiger Mensch einer Ratifizierung widersetzen. Was wäre der Vorteil gewesen außer einem zweifelhaften machtpolitischen Gewinn? Dass dieser vermeintliche Gewinn rasch in die Katastrophe führen konnte, hatte die deutsche Geschichte zur Genüge bewiesen. Vor 1914 hatte Wilhelm II. keinen Krieg gewollt. Ihn und mit ihm manchen Deutschnationalen hatte lediglich nach internationalem Ansehen, dem »Platz an der Sonne« gedürstet. Unvernunft ist einer der schlechtesten, dafür einer der treuesten Berater. Bedeutete dieser Vertrag nicht, dass Deutschland für alle Zeiten ins zweite Glied der Mächte zurücktreten würde? Der Wunsch, bald wieder im internationalen Konzert eine führende Rolle zu spielen, war weit verbreitet. Die Deutschen neigen dazu, sich benachteiligt zu fühlen. So sah man sich durch den Vertrag dieser Hoffnung beraubt und reagierte gekränkt. Auch wollte man nicht die Option einbüßen, an einer NATO-Atomstreitmacht teilhaben zu können. Außenminister Brandt plädierte sehr eindringlich für die Unterzeichnung des Vertrags. Bei manchem Unionspolitiker und konservativen Publizisten schlugen die Wogen hoch – so hoch, dass sogar der große Alte von Rhöndorf seine mahnende Stimme erhob – und die Auseinandersetzungen damit noch weiter anheizte. Der Vertrag sei eine »verteufelte Neuauflage des Morgenthau-Plans«, witterte der immer misstrauische Fuchs Konrad Adenauer. Franz Josef Strauß wähnte noch finsterere Mächte im Spiel, als er das Abkommen als ein »Versailles kosmischen Ausmaßes« apostrophierte. Der nationale Wahn, ja ein gewisses Maß an Hysterie, steckte noch in vielen Deutschen.

Bundeskanzler Kiesinger war wieder einmal im Spannungsfeld zwischen Fraktion und Koalitionspartner gefangen. Und er reagierte nach bewährtem Muster: Als »Häuptling Silberzunge« befriedete er alle Seiten – und er spielte auf Zeit. Damit büßte er zunehmend Glaubwürdigkeit bei den Wählern ein.

Die große Koalition dümpelte weiter. Erst die neue Bundesregierung unter Kanzler Willy Brandt besaß die politische Kraft, um Ende November 1969 den Beitritt der Bundesrepublik zum Atomwaffensperrvertrag durchzusetzen. Als ganze fünf Jahre später, 1974, der Bundestag den Sperrvertrag ratifizierte, stimmten noch immer 90 Abgeordnete meiner Fraktion dagegen. Manche Irrtümer halten sich hartnäckig.

Während der großen Koalition erwarb ich viel politische Erfahrung, in Ausschüssen der Entwicklungs-, Außen- und Verteidigungspolitik sowie in den turbulenten Fraktionssitzungen nicht weniger als in der spannungsreichen Arbeit mit den Koalitionspartnern. Eines war mir, neben aller Sach- und Faktenarbeit, klar geworden: Für meinen weiteren Werdegang als Politiker würde ich mir ein sehr sehr dickes Fell zulegen müssen. Ich ahnte nicht, wie sehr und wie schnell ich es brauchen würde.

Leutnant zur See der Reserve

Während meiner ersten beiden Legislaturperioden im Bundestag nutzte ich die Sommerpausen, um mich an Reserve- und Wehrübungen der Bundeswehr zu beteiligen. In den folgenden Jahren ergriff ich gerne die mir angebotene Möglichkeit, meine »Übungen« beim Marinefliegergeschwader, bei Besuchen von NATO-Stützpunkten in Norwegen und schließlich beim Bundesnachrichtendienst in Pullach ableisten zu können.

Meine erste Wehrübung trat ich am 13. Juli 1966 in Mürwik unweit von Glücksburg beim Kommando Flotte an. Das erste Kommando führte mich zunächst nach Jagel. Ein Thema beherrschte damals die Bundeswehr: die F 104 G, landläufig als Starfighter bekannt, das erste in Lizenz gebaute Flugzeug der Bundeswehr. Der Anblick dieses Jagdbombers war atemberaubend. Doch die begeisterten Piloten mussten mit dieser »Callas«, wie sie den Jäger nannten, erst noch fertig werden. Mir gegenüber bekannten die erfahrenen Piloten, dass das Flugzeug eine echte Herausforderung sei, und klagten über das unzulängliche »Handwerkszeug«, das man ihnen zur Bewältigung ihrer Aufgabe überlassen hatte.

Prompt ereignete sich am Tag dieser Gespräche ein schrecklicher Unfall. Ein Starfighter stürzte über der Nordsee ab. Der Pilot rettete sich zunächst mit dem Schleudersitz, konnte aber nicht geborgen werden. Es war einer von zuletzt 370 Starfightern, die nicht in ihren Fliegerhorst zurückkehrten. Es war seine technische Unzuverlässigkeit, die dem Flugzeug den schrecklichen Beinamen »Witwenmacher« eintrug.

Der Gedanke, mit dieser sensationell leistungsfähigen Maschine zu fliegen, ließ mich nicht los. Genau ein Jahr später saß ich auf dem Beobachtersitz der F 104 TF. Mit eiliger Hand hielt ich gleich nach der Landung meine Eindrücke fest:

»In wenigen Minuten auf 35 000 Fuß. Vorführung, wie die 104 beim Abreißen des Luftstromes abschmiert. Mehr eine Rakete als ein Flugzeug. Tiefflug über Land und See, zum Schluss in 100 Fuß Höhe mit 450 km, dann mit Nachbrenner enorme Beschleunigung auf 0,9 Mach. In großer Höhe dann 2 Mach, die man nicht spürt! Die Kurven wirken stark auf den Körper! Schweißgebadet.«

In weniger als 40 Minuten hatten wir unseren »Rundflug« absolviert: über Wilhelmshaven, Terschelling, Helgoland, den Nord-Ostsee-Kanal, die Ostsee bei Eckernförde und retour. Ein ungeheuer eindrucksvolles Erlebnis. Diesem Erstflug folgten weitere dreißig Flugstunden in der F 104.

Bei meinem ersten Marinemanöver lernte ich zunächst die weniger spektakulären Seiten des Truppenlebens kennen. Erstmal hieß es warten, dann wieder warten. Wegen schlechten Wetters konnten wir nicht von Borkum auslaufen. Als es nach zwei Tagen endlich so weit war und wir mit fünf Schnellbooten hinausfuhren, schwand die Trägheit der totgeschlagenen Stunden sofort – bei Windstärke 5 bis 6 war die See entsprechend bewegt. Auf der Kommandobrücke der »Albatros« war ich nach kurzer Zeit völlig durchnässt. Zwei Angriffe wurden simuliert. Ob im Ernstfall auch nur eines unserer Schiffe nahe genug an den »Gegner« herangekommen wäre, möchte ich dahingestellt lassen.

Einblicke anderer Art gewann ich bei meiner Reserveübung in Pullach beim Bundesnachrichtendienst im August 1970. Im Mai hatte Egon Bahr in Moskau nach zwei Vorrunden abschließende Gespräche geführt über das Gewaltverzichtsabkommen zwischen der Sowjetunion und der Bundesrepublik. Das streng geheime »Bahr-Papier« war an die Öffentlichkeit gelangt. Das Papier war natürlich ein wichtiger Diskussionspunkt in Pullach. Man stand hier der Einigung mit Moskau eher zurückhaltend gegenüber. Diesen Eindruck bestätigte ein Gespräch mit BND-Präsident Gerhard Wessel. Nicht zu vergessen: Der Einmarsch der Sowjets in Prag war auf den Tag genau zwei Jahre her, und dieser Schrecken steckte uns allen noch in den Knochen. In einer langen Sitzung analysierten und rekonstruierten wir die Geschehnisse des Sommers 1968. Was, so fragten meine Ansprechpartner beim BND, würden die sowjetischen Gegenleistungen sein? War die Sowjetunion überhaupt zu Zugeständnissen bereit? Die Verunsicherung war deutlich spürbar. Ansonsten lernte ich eine Menge über die Auswertung von Marinemanövern und erlangte in meinen zwei Wochen beim BND Einblick in die Zusammensetzung, Ausrüstung und Taktik der DDR-Marine. Diese habe ich nur ein Jahr später sozusagen hautnah erlebt.

Als ich mich zur Wehrübung beim Kommando Flotte in Glücksburg meldete, wurde ich kurz nach Eintreffen zum Flottenchef befohlen. Nach meiner Meldung blätterte er in meiner Personalakte und meinte, ich käme gerade zur rechten Zeit. Ich hätte doch vergangenes Jahr beim BND in Pullach Dienst getan. Nun stünde der Besuch des Chefs der Militärischen Auswertung des BND bevor. Dem Flottenchef war daran gelegen, die etwas angespannten Beziehungen zwischen dem Kommando Flotte und Pullach zu verbessern. Er forderte mich auf, Vorschläge für den Ablauf des Besuches des Brigadegenerals bei der Flotte zu machen. Ohne lange nachzudenken meinte ich spontan: »Herr Admiral, für den Besuch von Herrn General empfehle ich auf jeden Fall die Einplanung einer Feindberührung!«

»Wie stellen Sie sich das vor?«, wollte der Flottenchef wissen.

»Im Rahmen einer Schnellbootfahrt Begegnung im Fehmarnbelt mit dem dort stationierten NVA Volksmarine Vorpostenboot Typ Krake, Herr Admiral.«

Mein Vorschlag wurde angenommen.

Am Tag des Besuches wurde der Gast aus Pullach nach einer nächtlichen Schlafwagenreise am Bahnhof abgeholt und mit einem deftigen Marinefrühstück begrüßt. Dann starteten drei S-Boote vom Stützpunkt Kappeln-Olpenitz mit Flottenchef, General und einer größeren Zahl von Marineoffizieren an Bord. Ich befand mich auf dem Führungsboot. Herrlichstes Wetter und glatte See empfingen uns, als wir in Dwarsformation ausliefen. Wir nahmen Kurs auf Feindberührung im Fehrmarnbelt. Der brave Volksmarine-Krake lag auf seiner Position außerhalb der Hoheitsgewässer vor Anker. Ein oder zwei Männer standen auf der Brücke, während wir in hoher Fahrt auf den Kraken zuliefen und ihn in einem großen Kreis umfuhren. Wir verursachten erheblichen Seegang. Die kleine Brücke des Kraken füllte sich, Gläser wurden auf uns gerichtet. Der Anblick einer Schnellbootbrücke plus Heeresgeneral und Admiral verfehlte nicht seine Wirkung.

Der General ließ sich durch den Läufer Brücke seine Kamera bringen und begann den Kraken zu fotografieren! Nach einer zweiten Runde liefen wir zum Stützpunkt zurück. Wir verabschiedeten einen hochzufriedenen General, der sich bedankte und meinte, es gehe doch nichts über eigene Nachrichtenbeschaffung!
Was heute als vollkommen unwirkliches Szenario erscheint, war damals deutsch-deutsche Wirklichkeit. Nur wenige Monate vor der Begegnung auf der Ostsee hatte der Bundesgrenzschutz bekannt gegeben, dass die DDR die deutsch-deutsche Grenze mit der Verlegung von 80 000 Kilometern Stacheldraht und mehr als zwei Millionen Minen »abgesichert« hatte. Kurz darauf behinderte die DDR den Transitverkehr nach Berlin. Begründung: Der Besuch von Bundespräsident Heinemann in Westberlin habe den Berlin-Status verletzt. In den deutsch-deutschen Beziehungen standen die Zeichen auf Sturm.
Den Rest dieser Wehrübung verbrachte ich in Norwegen. Ich freute mich darauf, ein Land kennen zu lernen, das einer der NATO-Partner der ersten Stunde war. Die von Norwegen ursprünglich angestrebte Neutralität hatte sich ebenso wenig verwirklichen lassen wie die erwünschte Brückenfunktion zwischen Ost und West. Die zunehmende Spannung zwischen den Machtblöcken veranlasste Norwegen 1949, der NATO beizutreten. Wir besichtigten einige Flottenstützpunkte, von denen mich Haakonsfeste unweit von Bergen besonders beeindruckte. Der Stützpunkt war zum Großteil unterirdisch angelegt. Riesige Hallen waren in die Felsen gehauen worden, die als Liegeplätze für Zerstörer dienen konnten. Auch Bundeswehrmaterialien waren hier eingelagert. Besonders interessierte mich, etwas über das Verhältnis der Norweger zu Deutschland in Erfahrung zu bringen. Obwohl ich in allen meinen Gesprächen den Eindruck gewann, dass das Interesse an einer politischen Zusammenarbeit mit Deutschland groß war und die Ressentiments gegenüber den Deutschen schwanden, war doch deutlich zu spüren, dass der Überfall der

Wehrmacht auf Norwegen im April 1940 ein tiefes Trauma hinterlassen hatte.

Vor diesem Hintergrund war ein Zwischenfall an Bord eines deutschen Schiffes besonders unangenehm. Bei einem Empfang traf ich auf einen angetrunkenen Kommandanten, der mich aufforderte, »auf das deutsche Vaterland, nicht aber auf den deutschen Bundestag« zu trinken. Ich bewahrte Ruhe und lehnte bestimmt ab. Gerade in einer so besonderen Situation auf einem deutschen Schiff vor der Küste Norwegens hätte ich bei einem Seeoffizier mehr Seriosität, eine loyalere Einstellung und vor allem bessere Manieren erwartet.

Ich habe meine Reserve- und Wehrübungen stets mit großer Freude absolviert. Nach dem manchmal recht trockenen Bonner Politikgeschäft galt es hier zu agieren.

Konstruktive Opposition

Auf der Suche nach einer neuen Aussenpolitik

1968 beobachtete ich im Auftrag meiner Fraktion den Präsidentschaftswahlkampf in den Vereinigen Staaten. Ich reiste auch mit dem Kandidaten Richard Nixon durchs Land. Bei seinen Auftritten und in unseren Gesprächen wurde mir mit großer Deutlichkeit bewusst, dass es allerhöchste Zeit war, der deutschen Außenpolitik neue Impulse und eine neue Stoßrichtung zu geben.
Mein Gegenüber Nixon besaß klaren Durchblick in internationalen Fragen. Schon zu seiner Wahlkampfzeit zeichnete sich ab, dass er sensationelle Wendungen in der amerikanischen Außenpolitik vollziehen würde. Er strebte eine Verbesserung der Beziehungen sowohl zur Sowjetunion als auch zu China an. Es galt auf der Grundlage eines nuklearen Gleichgewichts eine gleichzeitige und ausgewogene Reduzierung der nuklearen Bewaffnung zu erreichen und das hemmungslose Wettrüsten einzustellen.
»The self-assured destruction of the aggressor« war eines der Schlagworte des Kalten Krieges, und es jagt einem noch heute Schauer über den Rücken! Im Rückblick frage ich mich, wie es uns damals gelang, unter diesem nuklearen Damoklesschwert so unbeschwert vor uns hin zu leben, wie wir es taten.
Diese neue Richtung der amerikanischen Außenpolitik mussten auch wir in Deutschland zur Kenntnis nehmen. Wir mussten eine eigene, einer Mittelmacht gemäße Außenpolitik entwickeln, besonders im Hinblick auf Osteuropa. Wir durften uns nicht länger hinter der Hallstein-Doktrin verstecken. Wir mussten mit der

Deutschen Demokratischen Republik sprechen, dazu mit Warschau sowie mit Moskau. Wir mussten den Frieden stabilisieren und bei seinem Erhalt eine wichtige Rolle spielen. Von deutschem Boden durfte kein dritter Weltkrieg mehr ausgehen – eine Aussage übrigens, die uns in den Verhandlungen mit der DDR zugute gekommen ist.

Wir mussten uns öffnen. Unsere Gesprächsbereitschaft sollte umfassend sein. An einigen Bedingungen würden und mussten wir trotzdem festhalten: Die deutsche Frage musste auf alle Fälle offen bleiben. Konzessionen diesbezüglich waren nicht möglich, eine deutsche Neutralität kam jedenfalls nicht in Frage. Und wir mussten fest in unserer NATO-Partnerschaft verankert bleiben.

Die ersten Aufweichungen der Hallstein-Doktrin hatten bereits stattgefunden: Kambodscha hatte diplomatische Beziehungen zur DDR aufgenommen. Doch anders als die Doktrin es verlangte, hatte Bonn die Beziehungen zu Phnom Penh nicht abgebrochen, sondern nur eingefroren. Wenig später erkannte Ägypten die DDR an. Daraufhin beschloss die Bundesrepublik, die illegalen Waffen- und Panzerlieferungen nach Israel einzustellen. Dafür erkannte Bonn Israel an. Als Reaktion brachen auf Initiative Ägyptens hin insgesamt zehn arabische Staaten die diplomatischen Beziehungen zu Deutschland ab.

Die Welt war auf Grund dieser Entwicklungen nicht zusammengebrochen – entgegen den düsteren Prognosen der Kalten Krieger, von denen es auch in unseren Reihen viele gab. Doch die Hallstein-Doktrin bröckelte an allen Enden. Die außenpolitische Agenda eines Umbruchs war umfangreich, tief greifend und für die Union besonders schwierig zu bewerkstelligen. Es gab ideologische Denkblockaden und Stimmenkalkül, gerade mit Blick auf die Vertriebenen, die traditionell für die Union stimmten und ein eifrig gehegtes und gepflegtes Wählerpotenzial waren. Zum anderen befanden wir uns seit der Wahl zum 6. Deutschen Bundestag am 28. September 1969 in der Opposition.

Dabei zeigte sich ebenso rasch wie anhaltend, dass wir auf diese Rolle schlecht vorbereitet waren. Die Union beging prompt den Fehler, Opposition zu sehr mit dem Nahziel zu betreiben, so rasch wie möglich wieder an die Regierung zu gelangen. Das Misstrauensvotum gegen Bundeskanzler Willy Brandt und schließlich die Neuwahlen haben uns aber unserem Ziel nicht näher gebracht. Im Gegenteil, drei Jahre später fingen wir uns am Wahlsonntag eine kräftige Ohrfeige ein.

Der zweite Wahlkampf

Der Wahlkampf von 1969 war von vehementen persönlichen Angriffen und einer äußerst aggressiven Grundstimmung in einer aufgeheizten Atmosphäre gekennzeichnet. Besonders gegen Ende der Kampagne schraken alle Parteien auch vor schärfsten Attacken nicht zurück. Franz Josef Strauß beleidigte Willy Brandt, Karl Schiller beschimpfte Kanzler Kiesinger wegen seiner nationalsozialistischen Vergangenheit, FDP-Spitzenmann Walter Scheel polemisierte kräftig gegen die Union und ließ in seinem Koalitionswerben um die Sozialdemokraten an Offenheit nichts zu wünschen übrig.
In meiner persönlichen Wahlkampfplanung griff ich auf das »Canvassing« zurück, das sich vier Jahre zuvor als so erfolgreich erwiesen hatte. An einem guten Tag bewältigte ich zwischen 350 und 400 »Hausbesuche«. Andere öffentliche Auftritte fanden in turbulenter Atmosphäre statt.
Eine Veranstaltung mit Bundeskanzler Kiesinger in Weilburg mit etwa 3000 Menschen störten laute »Sieg Heil«-Rufe. In meiner Rede, die die Veranstaltung eröffnete, griff ich die Scharfmacher vehement an. Kiesinger, der nach mir das Wort ergriff, ging zu meiner Überraschung auf die vielen Unterbrechungen seiner Rede überhaupt nicht ein. Im Auto, das uns unter Sandbewurf und Heil-

Hitler-Rufen von der Veranstaltung fortbrachte, beklagte sich Kiesinger bei mir über die Bürde, »den Kampf allein führen zu müssen«. Seine Minister würden nichts ausstrahlen. Das müsse in seiner nächsten Regierung anders werden. Kiesinger prognostizierte 40 Prozent für die SPD, 44 Prozent für die CDU.

Die nächste Station unserer Wahlkampfreise bereitete uns ebenfalls einen wenig freundlichen Empfang. In Obertiefenbach, der Heimat von Verkehrsminister Georg Leber und eigentlich eine CDU-Hochburg, hatten hinter dem einzigen Telefonhäuschen des Ortes mit Wurfgeschossen bewaffnete APO-Leute Stellung bezogen. Das ganze Dorf war auf den Beinen. Kiesingers Ansprache, die er vorsorglich vom Auto aus hielt, nahmen die Zuhörer gut auf. Auch der APO-Hagel blieb aus. Ich dachte zurück an die Zeit vor vier Jahren, als ich mit einem anderen Bundeskanzler in meinem Wahlkreis Wahlkampf gemacht hatte. Wie freudig waren Ludwig Erhard und ich damals empfangen worden. Wie sehr hatten sich seither der Ton und die Gesamtsituation verändert. Am Mercedes Landaulet, in dem wir fuhren, konnte das nicht liegen: Es war das gleiche Modell.

Arbeitskämpferische Begleittöne durften im Gesamtgetöse des Wahlkampfs nicht fehlen. An Ruhr und Saar forderten Arbeiter, ausgehend von Hoesch, ohne Gewerkschaftsunterstützung trotz Montanmitbestimmung Lohnerhöhungen. Diese wurden nach langen Verhandlungen in erheblichem Umfang gewährt. Bei der Kohleindustrie einigte man sich auf 14 Prozent!

In meiner eigenen Wahlkampfstrategie hätte ich um Haaresbreite eine Riesendummheit begangen. Kurzfristig hatte ich erwogen, die Landesliste zu Gunsten eines Direktmandats aufzugeben. Meine Umfragewerte waren gut, es war mir gelungen, den Menschen meines Wahlkreises in den vergangenen vier Jahren nahe zu kommen. Das lag sicher nicht zuletzt an meinem Wahlkreisbüro in Bad Homburg, das ich unmittelbar nach meiner Wahl in den Bundestag eingerichtet hatte. Regelmäßige Sprechstunden dort waren mir eine

Selbstverständlichkeit, die Bürger nahmen das Angebot gerne an. Zwei Mitarbeiterinnen notierten die Anliegen, Sorgen, Beschwerden und Anregungen. Wir versuchten, den deutschen Bürokratie-Irrgarten möglichst zielstrebig zu durchlaufen und schnelle Hilfe, Unterstützung, Antwort zu leisten nach dem Motto: »Kiep kämpft für Sie!«

In meinen Augen hatte der direkt gewählte Abgeordnete der Ombudsmann für die Bürger seines Wahlkreises zu sein. Viele Menschen wissen nicht, an wen sie sich wenden können, wenn sie eine Auskunft, einen Rat beim Ausfüllen eines Antrags oder bei einem Behördengang benötigen. Über die Resonanz, die unser Wahlkreisbüro fand, war ich, ehrlich gesagt, erstaunt. Die Menschen kamen mit den unterschiedlichsten Anliegen. Natürlich waren auch »Beschwerdegänger« dabei, die einfach ihrer schlechten Laune oder Unzufriedenheit Luft machen wollten. In den ersten beiden Jahren des Büros konnten wir mehr als 450 Petitionsfälle bearbeiten. Dazu kamen telefonische Beratungen und Gespräche während meiner Sprechstunden.

Außerdem hatte ich auch außerhalb des Wahlkampfs immer wieder Veranstaltungen abgehalten, um den Kontakt zu den Wählern zu intensivieren. Nahezu 200 Veranstaltungen und Frühschoppen waren es in den ersten beiden Jahren. Meine Arbeit trug nun Früchte. Dies bestätigten mir die Umfragen.

Glücklicherweise entschied ich mich gegen meinen Plan, auf einen Platz auf der Landesliste zu verzichten. Der Wahlabend des 29. September 1969 brauchte den Vergleich mit einem Polit-Thriller nicht zu scheuen. Erste Hochrechnungen zeigten die CDU auf klarem Kurs hin zur absoluten Mehrheit der Mandate. Ein eiliger Anrufer gratulierte Georg Kiesinger bereits zur Wahl. Kein Geringerer als US-Präsident Nixon hatte zum Hörer gegriffen! Kiesinger sonnte sich in seinem Sieg. Zu früh, wie sich bald herausstellte. Je später der Abend, desto schlechter die Nachrichten: In der endgültigen Auszählung hatte die CDU/CSU 46,1 Prozent, die SPD 42,7 Prozent und die FDP knappe 5,8 Prozent der Stimmen erhalten. Wir waren somit zwar die größte Fraktion, aber gemeinsam hatten die Sozialdemokraten und die Liberalen eine knappe Mehrheit.

Eine große persönliche Enttäuschung war für mich, dass mein Wahlkreis verloren gegangen war. Trotz meines Engagements und der guten Umfragewerte war es mir nicht gelungen, eine Mehrheit der Wähler für die CDU zu mobilisieren. Ich dankte meinem wunderbaren, an diesem Abend aber doch sehr deprimierten Wahlkampfteam. Auf dem Weg nach Hause montierte ich sogleich mein Wahlkreisabgeordnetenschild in der Bad Homburger Ferdinandstraße ab. Ich war recht niedergeschlagen. Daran konnte auch die Tatsache nichts ändern, dass ich von allen CDU/CSU-Bundestagsabgeordneten den größten Erststimmenvorsprung von 6250 Stimmen hatte. Das war ein Rekordergebnis – freuen konnte ich mich nur bedingt darüber.

In der Opposition

Auf Bundesebene nahm sich Willy Brandt umgehend das »Recht der ersten Nacht«, das eigentlich der stärksten Fraktion zusteht. Brandt begann sofort Koalitionsverhandlungen mit Walter Scheel. Und da sich die Liberalen während ihres Wahlkampfs mit Bündnisorakeln nicht zurückgehalten hatten, überraschte es wenig, dass sich die Verhandlungspartner einigten. Wenig überraschend war auch, dass von nun an Kiesinger die FDP mit höchst emotionalen Attacken überschüttete.

Nach zwanzig Jahren an der Macht drückte die CDU/CSU erstmals die Oppositionsbank. Nicht nur, dass wir schlecht darauf vorbereitet waren. Keiner von uns konnte sich vorstellen, wie lange wir auf dieser Bank sitzen bleiben würden. Die Regierung Brandt hatte von Anfang an nur eine knappe Mehrheit von zwölf Stimmen. Schon bei der Kanzlerwahl versagten drei Mitglieder dem SPD-

Führer ihre Stimme. Im Laufe der nächsten Jahre gingen noch mehrere Abgeordnete von Bord, die die Politik des Kanzlers nicht goutierten.

Willy Brandt postulierte vom Regierungspult, wir Deutsche sollten »mehr Demokratie wagen«. Deutschlandpolitisch sollte laut seiner Regierungserklärung Ende Oktober 1969 die Einheit der Nation dadurch gewahrt werden, dass die gegenwärtige Verkrampfung des Verhältnisses zwischen den beiden Seiten gelöst werde. Über ein geregeltes Nebeneinander sollte man zu einem Miteinander gelangen. Brandt bot dem »Ministerrat der DDR erneut Verhandlungen beiderseits ohne Diskriminierung auf der Ebene der Regierungen an, die zu vertraglich vereinbarter Zusammenarbeit führen« sollten.

Es folgten erregte Debatten ohne Ende. Zunächst war der Moskauer Vertrag der Stein des Anstoßes. Egon Bahr hatte die Ergebnisse seiner zähen Verhandlungen mit dem sowjetischen Außenminister Gromyko zunächst im so genannten »Bahr-Papier« zusammengefasst.

Der deutsch-sowjetische Vertrag, den am 12. August 1970 Willy Brandt, Walter Scheel, Alexei Kossygin und Andrei Gromyko in Moskau unterzeichneten, schrieb das beidseitige Bestreben nach Entspannung und Normalisierung in Europa fest. Die BRD und die UdSSR verpflichteten sich, in den gegenseitigen Beziehungen auf Anwendung und Androhung von Gewalt zu verzichten. Artikel 3 schließlich besiegelte manch tumultartige Auseinandersetzung im Bundestag und in der Fraktion: Die BRD und die UdSSR verpflichteten sich, die »territoriale Integrität aller Staaten in Europa in ihren heutigen Grenzen uneingeschränkt zu achten«. Beide Seiten gaben alle Gebietsansprüche für jetzt und in Zukunft auf und erklärten die Oder-Neiße-Linie und die Grenze zwischen BRD und DDR für unverletzlich. Dem Abkommen war der »Brief zur deutschen Einheit« angefügt. Somit stand der Vertrag nicht im Widerspruch zu dem Ziel westdeutscher Außenpolitik, dass »das deutsche Volk in freier Selbstbestimmung seine Einheit wiedererlangen« solle.

Diese »Einheit«, über die wir immer wieder spekulierten, erschien uns damals in unerreichbarer Ferne. Fünfzig, sechzig Jahre »mindestens«, vielleicht gar ein ganzes Jahrhundert würde es dauern, bis wir daran denken könnten. Visionen, an denen der Verleger Axel C. Springer immer festhielt und die er vehement vertrat, schienen uns damals schier unerreichbar. Dass wir weder verblendet noch phantasielos waren, bestätigte mir kürzlich eine Aussage von Norman Pearlstine, Vorstandsvorsitzender der Zeitungsgruppe Time Inc.: Auch er habe Axel Springers Ideen der deutschen Einheit weder für nachvollziehbar noch für umsetzbar gehalten. Pearlstine und Springer sprachen Mitte der Achtzigerjahre miteinander.

Auch wenn die sozialliberale Koalition die Erfolge der Ostverträge für sich in Anspruch nehmen konnte: Der Grundstein für den »Wandel durch Annäherung«, den Egon Bahr 1963 postuliert hatte, war bereits in der großen Koalition gelegt worden.

Am 16. Januar 1970 sprach ich vor dem Bundestag zum Bericht der Bundesregierung über die Lage der Nation im gespaltenen Deutschland. In meinen Augen war es essenziell, die Politik in der deutschen Frage dem Volk verständlich zu machen. Sie durfte sich nicht in rechtlichen Formeln und Zitaten von Verträgen sowie in Diskussionen über verpasste Gelegenheiten erschöpfen. Und auf gar keinen Fall durfte sie utopische Hoffnungen wecken oder die Lage verniedlichen.

Für die CDU war die Verhinderung der Anerkennung einer Regierung in Ostberlin nicht das vorrangige Ziel und schon gar kein Selbstzweck. Für uns war die nationalstaatliche nicht die einzig denkbare Lösung der deutschen Teilung. Unser Ziel war, unter Wahrung des Friedens ein Mehr an Freiheit für die Menschen im anderen Teil Deutschlands zu erringen – bis hin zu der Freiheit, selbst über ihre Zukunft entscheiden zu können.

Ostpolitik

Die Fraktion zerfiel in Antreiber und Bremser. Antreiber in der Ostpolitik waren hauptsächlich Richard von Weizsäcker, Karl Carstens, Olaf von Wrangel und ich. Dabei kam Karl Carstens eine besondere Rolle zu. Er war ein gewiefter Außenpolitiker und Taktiker. In unserer Sache aber gab er sich nach außen hin oft als Kalter Krieger. Wer genau hinsah, machte eine verblüffende Beobachtung: Karl Carstens war nicht fähig zu einer überzeugenden Polemik. Aus seinem Munde erklangen die furchtbarsten Anwürfe, aber seine Augen lächelten dazu.

Nie werde ich vergessen, wie Carstens sich vor dem Wahlkampf 1972 enttäuscht über die Fraktion äußerte, in der er letztlich gescheitert war: »Ich hatte gedacht, mit euch könne man Politik machen.« Nicht jedem war es gegeben, die Taktiken eines Karl Carstens zu verstehen.

Bei Helmut Kohl fand ich übrigens ein offenes Ohr für meine ostpolitischen Ideen. Doch er riet mir zur Mäßigung: »Walther, das machen wir, wenn wir an der Macht sind.«

Danach sah es damals freilich nicht aus. Ich musste vorher etwas in der Fraktion bewirken.

Der größte Bremser in der Ostpolitik war Werner Marx. Unsere Debatten waren heftig, hitzig, aber nie persönlich oder verletzend. Der »Wandel durch Annäherung« war bei Marx eher ein »Wandel durch Stärke«, Unnachgiebigkeit dem politischen Gegner gegenüber sein Credo. Werner Marx, ein misstrauischer Mensch, hatte seine Augen und Ohren überall. Der »wandelnde Bundesnachrichtendienst kommt«, witzelten wir in der Fraktion. Er wusste bereits, welcher Premier einen Schnupfen hatte, noch bevor dieser zum ersten Mal geniest hatte.

Franz Josef Strauß war, was die Ostpolitik anbelangt, kein Bremser, sondern geradezu ein Stopper. Nahezu automatisch blockierte er alle Bemühungen in dieser Richtung. Dass er uns später in seinen ostpolitischen Alleingängen quasi »links außen« überholen würde, ahnte damals natürlich niemand.

Die Debatten in der Fraktion liefen immer nach dem gleichen Schema ab: Ich stand auf, brachte meine Argumente vor, warum ich für eine Annäherung war, sei es in den Verträgen mit Moskau und Warschau, später im Grundlagenvertrag oder in der Debatte um den Beitritt der Bundesrepublik zu den Vereinten Nationen. Immer sprach ich gegen eine Mauer der Ablehnung an. Dann gingen das Geschrei und Gezanke los. »Verzicht, Verrat, Anbiederung, Ausverkauf« waren die freundlichen Varianten. Drastischer ging's auch. In dieser Beziehung war auf Werner Marx Verlass. Marx saß dem Arbeitskreis 5 der Fraktion vor, der sich der Außen-, Deutschland-, Verteidigungs-, Europa-, Entwicklungs- und Außenwirtschaftspolitik annahm. Ich gehörte diesem Kreis auch an, sodass unsere Reibungsflächen keineswegs auf die Fraktionssitzungen beschränkt waren.

Kaum hatte man Ohren und Gedanken von den Invektiven gereinigt, gingen der erregte Schlagabtausch, die überbordende Emotionalität im Bundestag weiter. Oft fragte ich mich während der Schimpfkanonaden, was das eigentlich Neue an der Ostpolitik der sozialliberalen Koalition war – außer verbalen Exkursionen, Andeutungen und vagen Angeboten. Was stutzig machte, war die harte Linie unserer Verhandlungspartner. In der Fraktion hatten wir zudem den Eindruck, dass die Sicherung Berlins und die unabdingbaren Gegenleistungen der Sowjetunion in dem Moskauer Vertrag offen geblieben waren. Wir würden die endgültige Zustimmung zu dem am 12. August 1970 in Moskau unterzeichneten Vertrag erst geben, wenn wir vom Erfolg dieser Politik für die Menschen und den Verbesserungen der realen Gegebenheiten überzeugt waren.

Die Debatte um den Vertrag mit Warschau verlief keineswegs weniger heftig. Mir war klar, dass wir mit unseren polnischen Nachbarn zu einem gütlichen Einvernehmen gelangen mussten. Dem

stand die mächtige Lobby der Vertriebenen gegenüber, die ihre politischen Ziele gefährdet wussten, sollte es zu einer deutsch-polnischen Einigung über Grenzanerkennungen ohne Rückkehrrechte kommen. Was die Vertriebenen aus den östlichen und südöstlichen Gebieten des ehemaligen Deutschen Reichs anbelangte, war meine Position klar: Eine Vertreibung von Grund, Boden, Besitz und Heimat ist eine menschliche Tragödie. Doch eine Tragödie wird nicht dadurch wieder gutgemacht, dass man andere Menschen um Grund, Boden, Besitz und Heimat bringt. Kein human fühlender und denkender Mensch wird Derartiges propagieren können. Wir Deutschen müssen zu jeder Zeit wissen, dass wir unsere Vergangenheit tragen müssen wie Kinder, deren Väter Hypotheken auf das Grundstück aufgenommen haben.
Die Vertriebenenverbände liefen Sturm gegen die sozialliberale Ostpolitik. Herbert Hupka, Präsident der Landsmannschaft Schlesien, verließ im Protest seine politische Partei, die SPD, und suchte ideologische Zuflucht in den Reihen der CDU. Diejenigen, die wir als »Revanchisten« bezeichneten, gewährten sie ihm gern. Hupka war übrigens nicht der Einzige, der seine Partei wegen der Ostpolitik verließ: Auch Erich Mende und drei weitere FDP-Abgeordnete kehrten ihrer Partei den Rücken.
Willy Brandt und Walter Scheel unterzeichneten am 7. Dezember 1970 mit Józef Cyrankiewicz und Stefan Jedrychowski in Warschau den Vertrag über die »Normalisierung der gegenseitigen Beziehungen«, den so genannten Warschauer Vertrag. Er legte die Oder-Neiße-Linie als Westgrenze der Volksrepublik Polen fest, die Unverletzlichkeit bestehender Grenzen und die Achtung territorialer Integrität. Genau wie der Moskauer Vertrag enthielt das Abkommen von Warschau den Verzicht auf die Androhung oder Anwendung von Gewalt und die Versicherung der Unverletzlichkeit der Grenzen und territorialen Integrität aller Staaten in Europa.
Die Verträge von Moskau und Warschau verhalfen der deutschen Regierung zu internationaler Anerkennung und Popularität. Der

Kniefall Brandts vor dem Mahnmal des Warschauer Gettos tat ein Übriges. Das Bild ging um die ganze Welt und ist bis heute unvergessen.

Dagegen tapste die Union von einer, gelinde gesagt, Ungeschicklichkeit in die nächste. Ich empfand es als unangenehm, mit »Revanchisten« und »Ewiggestrigen« in einen Topf geworfen zu werden. Schon beim Atomwaffensperrvertrag, der noch im Rahmen der großen Koalition diskutiert worden war, hatte ich eine Ablehnung als vollkommen absurd empfunden und dies auch ausgesprochen. Die Öffnung nach Osten blockieren zu wollen, empfand ich ebenfalls als nicht mehr zeitgemäß.

Taktisch wie politisch trat die Opposition plump und außerordentlich unklug auf. Die nächste Katastrophe bahnte sich schon an. In der Debatte im Vorfeld der Ratifizierung der Ostverträge kristallisierte sich heraus, dass die Union einen Enthaltungskurs steuern würde. Ich empfand diese Kombination aus Feigheit und Geiz als fatal. Bei grundsätzlichen Entscheidungen wie dieser darf man sich nicht ins Niemandsland der Enthaltung flüchten. Immer wieder versuchte ich mündlich und schriftlich gegenzusteuern. Ich war überzeugt, dass wir uns mit dieser Taktik nur Feinde schaffen und die nächsten Wahlen abschreiben konnten. Selbst die sorgsam behüteten Vertriebenen würden uns die Enthaltung nicht danken.

In der Debatte um die Ostverträge Ende Februar 1972 wurde mir klar, dass auch die sozialliberale Koalition nicht mit sich im Reinen war. Einerseits berief man sich auf Konrad Adenauer, auf Kontinuität und Fortsetzung der früheren Politik. Brandt stellte dar, dass durch diese Verträge nichts aufgegeben, keine Verzichte zementiert würden. Auf der anderen Seite hob man hervor, dass man nach zwanzig Jahren der Stagnation nun endlich Bewegung in die Friedens- und Ostpolitik gebracht und dabei nur das aufgegeben habe, was wirklich verloren sei.

Aus unseren Reihen äußerte sich Rainer Barzel, aus dessen Worten ein eher modifiziertes Nein zu den Verträgen herauszuhören war.

Immerhin schon ein Schritt. Barzel stellte drei klare Forderungen: Die Sowjetunion solle die Europäische Gemeinschaft anerkennen. Auch solle das Selbstbestimmungsrechts der Deutschen im Vertrag ebenso festgelegt sein wie die »verbindlich vereinbarte Absicht«, die Freizügigkeit in Deutschland Schritt für Schritt herzustellen. Auf zwei dieser Forderungen ging der Kreml tatsächlich ein. Die EG wurde anerkannt und der »Brief zur deutschen Einheit« als Vertragsbestandteil akzeptiert. Es war dies eine beachtliche Leistung Barzels. Sie wäre ohne die intensive Unterstützung durch seinen Parlamentarischen Geschäftsführer Olaf von Wrangel undenkbar gewesen.

Zum Abschluss der Debatte sprach Gerhard Schröder, einst Bundesaußen- und -verteidigungsminister. Die Regierung habe diese Ostpolitik ohne uns gemacht. Daher müsse sie nun auch ohne die Opposition die notwendige Mehrheit dafür finden. Spitzfindig, dachte ich, aber in der Sache zu kurz gesprungen. Er verließ das Pult, nicht ohne das Kabinett Brandt der unsoliden Außenpolitik zu bezichtigen. Die Abstimmung über die Ostverträge sollte am 17. Mai 1972 erfolgen.

Wer sich nun auf eine Bonner Ruhepause eingerichtet hatte, wurde schnell eines Besseren belehrt. Am 23. April 1972 wählte Baden-Württemberg. Erste Hochrechnungen ergaben 53 Prozent für die CDU. Die FDP konnte sich über satte neun Prozent freuen. Dann kam eine Nachricht, die uns alle elektrisierte: Der FDP-Abgeordnete Wilhelm Helms hatte seine Partei verlassen. Nun war die Regierung Brandt mächtig ins Wanken geraten. Am Abend nahm Barzel mich im Konrad-Adenauer-Haus zur Seite und raunte mir zu, dass er nun das konstruktive Misstrauensvotum wagen wollte. Er hatte diesen Schritt schon einmal öffentlich bei einem Presseinterview Anfang März in Erwägung gezogen, was ich damals sehr unklug fand und ihm auch sagte. Wo war die Adenauer'sche Diskretion in meiner Partei geblieben?

Ein konstruktives Misstrauen?

»Der Bundestag wolle beschließen: Der Bundestag spricht Bundeskanzler Willy Brandt das Misstrauen aus und wählt als seinen Nachfolger den Abgeordneten Dr. Rainer Barzel zum Bundeskanzler der Bundesrepublik Deutschland. Der Bundespräsident wird ersucht, den Bundeskanzler Willy Brandt zu entlassen.« So lautete unser Antrag vom 24. April 1972. Drei Tage später sollte die Abstimmung erfolgen. Putsche, Revolutionen, Aufstände sind der Deutschen Sache nicht. Als ich auf meinem Oppositionsbänkchen den Worten des Misstrauensantrags lauschte, musste ich unwillkürlich an Lenins Diktum denken, deutsche Revolutionäre würden sich eine Bahnsteigkarte kaufen, bevor sie den Bahnhof stürmten. Mein politischer Weggefährte Peter Radunski verglich den versuchten Sturz des Bundeskanzlers mit dem Unterfangen, man wolle »Mutti verhauen«!
War Barzel der richtige Mann für diesen Schritt? Er genoss, auch dank seiner häufigen Besserwisserei, mit der er die Leute immer wieder vor den Kopf stieß, nicht die uneingeschränkte Unterstützung in der Fraktion. Das musste er wissen.
Der Tag des Misstrauensvotums war einer der spannendsten, die ich im Bundestag je erlebt habe. Hut ab vor Willy Brandt: In dieser Stunde, als es wirklich brenzlig wurde für ihn, war von der Lethargie und Unentschlossenheit, die er sonst oft ausstrahlte, nichts zu spüren. Er hielt eine rhetorisch ausgefeilte, inhaltsreiche Rede. Schläge unter die Gürtellinie waren sparsam, aber dafür umso treffender platziert.
Trotzdem wurde kurz darauf gemunkelt, das Kabinett bereite sich offenbar auf eine Niederlage vor. Selbst aus den eigenen SPD-Reihen drang Pessimismus. Konrad »Conny« Ahlers, Leiter des Presse- und Informationsamtes der Bundesregierung, mit dem ich mich sehr gut verstand, trat auf mich zu und teilte mir seine Einschätzung der Situation mit: »Ich bin erstaunt zu hören, dass die

Regierung nun mit einer sicheren Niederlage rechnet. Die Abschiedssitzung des Kabinetts sei bereits angesetzt. Er wolle mich am Samstag sprechen, um mir einige Hinweise auf die Probleme meines Ministeriums [BMZ] zu geben ... Drei weitere FDP-Abgeordnete wollten nicht mehr«, notierte ich mir am Abend ins Tagebuch.

Im Plenarsaal ergriff Walter Scheel das Wort. Leider bemühte mein Freund dabei das Bild vom Dolchstoß, das in der deutschen Geschichte schon so viel Unheil angerichtet hatte. Bei der Abstimmung hatte Herbert Wehner die treffliche Idee, die Abgeordneten seiner Partei dazu zu vergattern, sitzen zu bleiben, also nicht zur Abstimmung zu gehen. Jeder, der sich erhoben hätte, wäre augenblicklich als Verräter zu entlarven gewesen – auch eine Demokratieauffassung.

Der »Barzel-Putsch« kam nicht gut an in der Bundesrepublik. Machtvolle Sympathiekundgebungen für Willy Brandt, auch für seine Ostpolitik, sprachen eine deutliche Sprache. Am Tag der Abstimmung schließlich erfolgten sogar Arbeitsniederlegungen, Warnstreiks, Demonstrationen.

Die Atmosphäre im Bundestag war zum Zerreißen gespannt. Ich gab gerade dem Fernsehen ein Interview, als wildes Geschrei ertönte: »Willy ist gerettet!« Rainer Barzel hätte 249 Stimmen gebraucht, er erhielt aber nur 247. Im Augenblick der Niederlage zeigte Rainer Barzel jene Fassung, die dem Besiegten gut zu Gesicht steht. Mit steinerner Miene machte er sich auf den Weg zur Regierungsbank und gratulierte dem alten und neuen Bundeskanzler Willy Brandt. Auch in der anschließenden Fraktionssitzung erstickte Rainer Barzel sogleich jede Frage nach dem Abweichler aus den eigenen Reihen im Keim. Später sagte Barzel mir, er habe dies getan, um zu verhindern, dass die Krise auf die ganze Fraktion übergriff.

Etwas mehr als ein Jahr darauf bekannte der CDU-Abgeordnete Julius Steiner, der mittlerweile aus dem Bundestag ausgeschieden war, dass er sich der Stimme enthalten habe. Er habe dafür vom SPD-

Bundesgeschäftsführer Karl Wienand 50 000 Mark erhalten. Der »Spiegel« titelte aufgeregt: »Affäre Steiner. Der Mann, der gegen Barzel stimmte. Watergate in Bonn?« Wienand leugnete die Vorwürfe. Ein Untersuchungsausschuss wurde eingesetzt. Als dieser nach endlosen Sitzungen zu keinem Ergebnis kam, wurde die Aufklärung eingestellt.

Eine ungeheuerliche Geschichte! Ich habe nie verstanden, dass sich, nachdem sich die erste Aufregung gelegt hatte, niemand mehr dieser Angelegenheit annahm. Es hieß, das Geld stamme von der Stasi. Herbert Wehner wurde ins Gespräch gebracht. Wer der andere Abgeordnete war, wurde übrigens nie bekannt. Die Sache verlief im Sande.

Abstimmung über die Ostverträge

Am 17. Mai 1972 erfolgte die Abstimmung über die Ostverträge. In den vorangegangenen Tagen hatte die Fraktion heiß debattiert. Kiesinger schien für eine gemeinsame Enthaltung zu sein. Walther Hallstein, der Ewiggestrige, der noch in der Fraktion agierte, raubte allen Anwesenden die letzten Nerven mit einer endlosen Rede. Kiesinger bemerkte anschließend, dass Adenauer wohl noch immer in Moskau säße, wenn er Hallstein nicht befohlen hätte, »die Klappe zu halten«.

Zu späterer Stunde sprachen wir im kleinen Kreis noch in Barzels Büro. Wir versuchten Barzel zu überzeugen, die Union am nächsten Tag nicht auf den Enthaltungskurs einzuschwören. Barzel schien schwankend.

In der Nacht schrieb ich Rainer Barzel einen Brief, den ich noch in seine Wohnung bringen ließ. Ich bat ihn inständig, gegen die Enthaltung am nächsten Tag zu arbeiten. Natürlich schmeichelte ich auch seiner Ehre ein wenig: Für ihn sei dies ein Schicksalstag, da er ihm die Chance zum Durchbruch vom Politiker zum Staatsmann bringen würde. Würde die CDU sich aber doch enthalten, so prognostizierte ich, würden die nächsten Wahlen für uns eine Katastrophe werden.

Am nächsten Morgen legte mir Rainer Barzel freundlich die Hand auf die Schulter. Er bedankte sich für meinen Brief, beschied aber: »Herr Kiep, da ist nichts zu machen. Es bleibt bei der Enthaltung.« An diesem Tag beging ich einen politischen Fehler, den ich bis heute zutiefst bereue. Unionskonform enthielt ich mich beim Votum der Stimme. Warum tat ich das? Vielleicht verließ mich in diesem Augenblick der Mut, war ich plötzlich zu feige, für meine Überzeugung einzustehen. Vielleicht beugte ich mich der Fraktionsraison. Vielleicht auch aus falsch verstandener Loyalität Rainer Barzel gegenüber, dem ich mit einem »Ja« in den Rücken gefallen wäre. Eines war mir sofort bewusst: Einen solchen Fehler würde ich kein zweites Mal machen. In Schicksalsfragen muss man Farbe bekennen. Von nun an würde ich für meine Überzeugung noch vehementer eintreten und sie bis zum guten oder bitteren Ende durchfechten.

Abgesehen von den Vorwürfen, die ich mir machte, war ich auch bitter enttäuscht. Die Hardliner in unserer Fraktion hatten sich durchgesetzt. Die Partei war doch viel statischer, vergangenheitsverhafteter, als ich das hatte wahrhaben wollen. Das waren keine guten Vorzeichen für unsere politische Zukunft.

Ich bin kein Freund von Schwarzmalerei. Doch meine Prognose hat sich bewahrheitet. Am 20. September 1972 machte Willy Brandt von Artikel 68 des Grundgesetzes Gebrauch und stellte die Vertrauensfrage. Der Bundestag wurde aufgelöst, Neuwahlen für den 19. November 1972 anberaumt.

Das bedeutete einen nur zweimonatigen Wahlkampf. Von SPD-Seite wurde er mit hoher Emotionalität und als Personenkandidatur geführt: »Willy Brandt muss Kanzler bleiben«. Ich hatte mich mittlerweile zum richtigen Wahlkampf-Profi entwickelt. Schließlich war dies mein dritter innerhalb von nur sieben Jahren! Doch in stillen Stunden gestand ich mir ein, dass unsere Chancen nach der in meinen Augen völlig verfehlten Oppositionspolitik der vergangenen Jahre nicht gut waren. Trotzdem betrieb ich in Schnee und Regen mein bewährtes Canvassing. Fabriktore, Einkaufszentren, Marktplätze. Überall persönliche Gespräche mit den Menschen suchen. Immer wieder bekam ich zu spüren, wie viel Glaubwürdigkeit die Union eingebüßt hatte durch unser unsinniges Verhalten in der Ostpolitik.

Wahltag 1972

Am 19. November 1972, ausgerechnet am Volkstrauertag, bekamen wir vom Wähler die Quittung! Die Wahlbeteiligung war mit 91 Prozent so hoch wie nie zuvor – und seitdem nie wieder. Das Wahlalter war erstmals auf 18 Jahre herabgesetzt worden. Die SPD wurde mit 45,8 Prozent die stärkste Partei im Bundestag. Dies war ihr bisher bestes Wahlergebnis. Die FDP kam auf 8,4 Prozent. Die Union auf 44,9 Prozent. Obwohl die CDU in meinem Wahlkreis sogar einige Prozentpunkte hatte zulegen können, ging er auf Grund des »Splittings« an die SPD. Meine Ambitionen auf das Amt des Bundesministers für wirtschaftliche Zusammenarbeit, für das ich in einem eventuellen Kabinett Barzel vorgesehen war, konnte ich nun aufgeben. Für Barzel war diese zweite Niederlage innerhalb kurzer Zeit zu viel. Er zog sich zurück und ließ sich tagelang nicht sprechen. Dieses Verhalten sprach nicht für seine Führungsqualität. In einem großen Interview mit der »Zeit« vom 1. Dezember 1972 mit dem Titel »Wir müssen weg von der Klagemauer« legte ich meine Konzepte für die nächste Runde auf der Oppositionsbank dar. In einer Volkspartei mit einer Reihe von politisch unterschiedlichen Meinungen musste es erlaubt sein, diese offen zu debattieren. Der Dissens, der dabei zwangsläufig zu Tage treten würde, musste als Beweis für die politische Bandbreite akzeptiert werden.

Der Wunsch nach Einheitlichkeit durfte nicht so übermächtig sein, dass darüber die Diskussion verloren ging. Auch erwog ich in dem Gespräch eine zeitweilige Trennung der Fraktionen von CDU und CSU. Diese würde beiden Partnern die Gelegenheit geben, in Ruhe über ihre eigene Politik nachdenken zu können. Natürlich war mir klar, dass ich für dieses Interview reichlich Prügel beziehen würde. Und den »Point of no return« hatte ich hiermit überschritten.

Grundlagenvertrag

»Gelegentlicher Dissens« – die Formulierung war auf den mir eigenen Optimismus zurückzuleiten. Bald nach der verlorenen Wahl würde dieser Dissens wieder in der Fraktion herrschen. Diesmal ging es um den »Vertrag über die Grundlagen der Beziehungen zwischen der Bundesrepublik Deutschland und der Deutschen Demokratischen Republik«, kurz: den Grundlagenvertrag. Unterzeichnet in Berlin am 21. Dezember 1972, musste der Bundestag das Abkommen verabschieden. Meiner Meinung nach regelte der Vertrag eher die Formalisierung der Beziehungen der beiden deutschen Regierungen untereinander. Die Normalisierung der Beziehungen zwischen den Menschen auf beiden Seiten der Grenze war ein untergeordneter Faktor. Das lag in der Natur der Sache begründet. Das Selbstbestimmungsrecht blieb vom Grundlagenvertrag unberührt.

Die Zustimmung zum Grundlagenvertrag war für mich auch eine Entscheidung, die den Menschen jenseits der deutsch-deutschen Grenze das Gefühl vermitteln sollte, dass wir Politiker nicht nur im eigenen Interesse des Westens, sondern auch unter dem Aspekt einer Verbesserung der Lebensbedingungen der Menschen in der DDR handelten. Vor der Abstimmung traf ich mich mit meinem alten Freund Winfried Müller aus Erfurt zu einem stundenlangen Gespräch am Hermsdorfer Kreuz. Er bestärkte mich in meiner Absicht, dem Vertrag zuzustimmen. Winfried Müller war damals Chefarzt der Erfurter Augenklinik. Heute arbeitet er als Dichter und Maler auf der Erfurter Krämerbrücke.

Ich hielt den Grundlagenvertrag keineswegs für ein Meisterstück der Verhandlungskunst. Doch er war ein dringend notwendiger Versuch, die Entspannung in Europa zwischen Ost und West einzuleiten, indem er einen Schritt in Richtung Entspannung des innerdeutschen Verhältnisses darstellte. Daher stimmte ich zu. Mit mir wollten aus den Reihen der CDU Norbert Blüm, Karl-Heinz Hornhues und Josef Klein dem Vertrag zustimmen.

Um unsere Zustimmung zu begründen, hatte ich eine Rede vorbereitet. Kollegen aus den eigenen Reihen drohten mir dafür Parteisanktionen an. Drei Anläufe nahm ich, diese Rede zu halten. Jedes Mal kam etwas dazwischen. Mein Vorredner hatte seine Zeit überzogen, dann ergriff der Bundeskanzler das Wort ... Der Zeitpunkt der interfraktionellen Abstimmung war da. Und ich hatte noch kein Wort zur Sache sagen dürfen! So gab ich die Rede zu Protokoll. Auf drei gemeinsame Säulen aller Bundestagsparteien hatte ich verweisen wollen: Die Offenhaltung der deutschen Frage auf der Grundlage des Selbstbestimmungsrechts. Dann ein klares Ja zur Entspannung auf Grundlage unseres westlichen Bündnisses. Und letztlich das Bekenntnis zu Westberlin, dessen Lebensfähigkeit es mit allen Mittel zu stärken und zu erweitern galt.

Der Bundestag verhandelte den Grundlagenvertrag zusammen mit dem UNO-Beitritt der Bundesrepublik. Der Vertrag würde beiden deutschen Staaten den Schlüssel für die Tür zu den Vereinten Nationen in die Hand geben. Für mich kam der Eintritt in die Vereinten Nationen einem Gütesiegel gleich. Wir waren wieder in der internationalen Völkergemeinschaft akzeptiert. Für die Bedenken, die Vertreter meiner Partei gegen einen solchen Beitritt vorbrachten, hatte ich wenig Verständnis. Werner Marx, der Bremser vom Dienst, bemängelte die Feindstaatenklausel, die möglicherweise dazu führen könne, dass Deutschland als Mitglied zweiter Klasse behandelt würde. Die Klausel besagte, dass es früheren Siegermächten gestattet war, bei bestimmten Verstößen in den ehemals besetzten Gebieten zu intervenieren.

Auch nach meinen Gesprächen in New York und Washington sah ich nicht die Möglichkeit, dass die UNO-Charta in der Kürze der Zeit geändert werden würde. Ich hatte mich dort mit den Senatoren Edward Kennedy und John William Fulbright sowie mit Außenminister Rogers beraten. Sie hatten mich darauf hingewiesen, dass auch Japan und Italien bei ihrem UNO-Beitritt die Klausel akzeptiert hätten.

Ich versuchte, der Fraktion nahe zu legen, dass es jetzt darum ging, unser Entree auf der internationalen Bühne zu sichern. Vor allem mussten wir die innenpolitischen Schlachtfelder der letzten Jahre hinter uns lassen, um auch international in unserer Oppositionsarbeit wieder besser dazustehen.

Nun kam es darauf an, von der ständigen Kritik des Inhalts der Verträge zu einer Kritik ihrer mangelhaften Anwendung zu wechseln. Internationale Verträge wie die Ostverträge werden nach der Ratifizierung durch beide Seiten geltendes Völkerrecht. Die Union hat mit dem Festhalten am »Nein« zu allen Verträgen drei Bundestagswahlen verloren, einschließlich der Bundestagswahl 1980.

Natürlich stimmte ich am 9. Mai 1973 für den Beitritt der Bundesrepublik zur UNO. Gleichzeitig wurde über den Grundlagenvertrag abgestimmt. Auch hier gab ich mein Jawort. In der Fraktion war es zuvor einmal mehr hoch hergegangen. An der deutschdeutschen Grenze sei gerade wieder geschossen worden, so wurde argumentiert. Deshalb müsse eine Partei, die sich christlich nennt, gegen den Grundlagenvertrag sein.
Was sollte das nun heißen, überlegte ich mir. Wer dafür war, war also kein Christ, dafür aber für das Schießen an der Grenze? Die ganze Debatte wurde mehr und mehr absurd. Rainer Barzel verband sein Amt mit einer positiven Entscheidung der Fraktion über

den UNO-Beitritt. Als die Abstimmung dagegen ausfiel, deutete Barzel in kleinem Kreis seinen Rücktritt an. Er weigerte sich damals, das Votum als eine Sachentscheidung anzusehen. Vielmehr sprach er mir gegenüber von einem Komplott Alfred Dreggers und der CSU gegen ihn. Am nächsten Tag, dem 9. Mai 1973, erklärte Barzel offiziell vor dem Präsidium, dass er sein Amt zur Verfügung stellen werde.

Für mich waren die vergangenen zwölf Monate die bislang härtesten meiner politischen Laufbahn gewesen. Trotz massiven Drucks hatte ich mich nach meiner Fehlentscheidung in Sachen Ostverträge von meiner Linie nicht mehr abbringen lassen. Ich hatte mich entschieden und war bei meiner Entscheidung geblieben, gegen den Parteistrom zu schwimmen. Im Sommer 1973 berief mich das CDU-Präsidium zum außenpolitischen Sprecher. In der Partei standen die Zeichen auf Richtungswechsel: Im Juni 1973 hatte die CDU den rheinland-pfälzischen Ministerpräsident Helmut Kohl zum neuen Bundesvorsitzenden gewählt.

Finanzminister in Niedersachsen

EIN FRÜHSTÜCK MIT FOLGEN

Bei einem Frühstück, zu dem der damalige Conti-Chef Carl Horst Hahn nach Lüdersen geladen hatte, traf ich Mitte Februar 1976 Ernst Albrecht. Albrecht war gerade durch ein überraschend gewonnenes Misstrauensvotum im Landtag zum Ministerpräsidenten von Niedersachsen gewählt worden. Wir kannten uns bislang nur vom Sehen, und ich freute mich über die Gelegenheit, mich eingehend mit ihm zu unterhalten.

Nach einiger Zeit sagte Albrecht: »Herr Kiep, Sie kennen doch in der Fraktion Gott und die Welt. Ich bin in einer Notlage. Seit letzter Woche bin ich Ministerpräsident, und mir fehlen ein Wirtschaftsminister und ein Finanzminister. Schauen Sie sich doch bitte in Bonn für mich um.«

Ich fragte nach seinen Vorstellungen, welches Profil er suche. Plötzlich sagte Albrecht: »Sagen Sie, ich kann mir das zwar kaum vorstellen, und zu hoffen wage ich es schon gar nicht: Haben Sie nicht selbst Interesse?«

Das war ein sehr verlockendes Angebot. Carl Hahn, der sich freute, dass eine solche Diskussion an seinem Frühstückstisch stattfand, riet mir gleich zu. Ich erbat mir eine Woche Bedenkzeit.

Die Aufgabe war reizvoll. Herausforderungen haben mich immer mehr angespornt denn abgeschreckt. Und die niedersächsische Finanzlage war eine ordentliche Herausforderung. Das Bundesland war eines der ärmsten überhaupt. Der hannoversche Haushalt befand sich in einem desolaten Zustand. Defizite allenthalben.

Dringende, unpopuläre Maßnahmen im Bereich der Bildung und der Krankenversorgung ließen sich nicht länger aufschieben. Je länger ich es mir überlegte, desto mehr neigte ich zum Ja. Warum eigentlich nicht? Ich wäre Teil einer Regierungsmannschaft, würde endlich mitgestalten können, und das in einem Ausmaß, wie es mir in den vergangenen Jahren politischer Arbeit nicht möglich gewesen war. Ich hatte es satt, in der Opposition zu sitzen. Opposition ist ehrenvoll. Doch Politik wird vor allem von der Regierung gestaltet. Seit neun Jahren saß ich nun im Bundestag. Seit dem Machtwechsel 1969 auf der Oppositionsbank. Die Schlachten um die Ostpolitik waren gerade geschlagen, und unsere Partei hatte sie verloren.

Der Gedanke an Hannover wurde mir immer sympathischer. Ich fragte meine Frau um Rat. Charlotte war zunächst wenig angetan. Sie gab zu bedenken, dass ich bei einem Gang nach Hannover meinen Wahlkreis im Taunus würde aufgeben müssen. Das brächte natürlich zwangsläufig mit sich, dass ich noch seltener als ohnehin zu Hause sein würde.

Für und Wider

Politisch würde mein Wechsel nach Hannover Weichen stellen. Die Wahl Albrechts werteten wir bereits als Signal, dass sich die politische Landschaft im Umbruch befand. Dieses Zeichen wurde auch sehr deutlich von unseren konservativen Schwesterparteien in Frankreich, Belgien und Italien wahrgenommen. Um den Machtwechsel zu erreichen, brauchten wir die FDP als Koalitionspartner. In Hannover zierte sie sich noch. Meine Arbeit dort konnte Einfluss auf die Entscheidung nehmen. Ich galt als einer der »liberalsten« CDU-Politiker. Von meinem Ufer aus konnte die Brückenarbeit beginnen.

Ich fragte den Parteivorsitzenden Helmut Kohl, was er von meinem

Wechsel nach Niedersachsen hielte. Kohl war sehr von der Idee angetan. Er empfand es als sehr wichtig,»die Regierung Albrecht zu stabilisieren«. Als »Freund der FDP« würde ich dies ja bewerkstelligen können. Kohl meinte, die Dankbarkeit der Partei für diesen Schritt sei mir sicher. Ich wurde bei diesen Worten nachdenklich. Denn ich kannte den Spruch:»Der Dank des Vaterlandes ist euch gewiss.« Damit wurden Soldaten ins Gefecht geschickt, aus dem viele nicht zurückkehrten.

Die praktische Erfahrung hingegen, die ich in Hannover würde sammeln können, wäre eine große und wichtige Erweiterung meines Horizonts. Doch ich wusste sehr wohl, dass ich mich in eine unsichere Situation begeben würde. Dieser neue Weg konnte auch ins Abseits führen. Sollte die Minderheitsregierung scheitern, würde ich ohne Mandat und ohne Amt dastehen. Ich wäre dann nur noch Bundesschatzmeister gewesen. Auch müsste ich als persönlich haftender Gesellschafter bei Gradmann & Holler ausscheiden. In meiner Position konnte ich nur Kommanditist sein. Als stiller Teilhaber würde ich keinerlei Tätigkeitsvergütungen erhalten. Dies bedeutete materielle Einbußen für mich und meine Familie. Meinem vertrauten Wahlkreis und seinen Menschen würde ich ebenfalls nachtrauern.

Schließlich siegte die Neugier. Ich sagte Ernst Albrecht zu und fuhr nach Hannover. Dort stellte ich mich im Landtag vor, wo ich sehr freundlich begrüßt wurde. Danach gab ich zahlreiche Presseinterviews. Ich spürte sofort, dass hier einiges an Arbeit zu leisten war, was das Verhältnis der lokalen Presse zur CDU betraf.

In meiner »alten« Heimat hatte man mein Anliegen bereits besser verstanden. Unter dem Titel »Das Unternehmen Kiep« las ich in der »Frankfurter Neuen Presse«:»Der Gang nach Hannover dient dem Ziel, … einen neuen Vertrauensfundus zwischen CDU und FDP zu schaffen. Kieps Umzug … ist ein kreativer Vorgang, weil er nach sieben Jahren die unbeweglich gewordenen Parteien wieder mobil zu machen sucht. Der neue niedersächsische Finanzminister errichtet ein Versuchslaboratorium für eine neue liberale Achse. Hannover schmiedet Bonn.«

Bei meiner Vereidigung provozierte ich ungewollt einen kleinen Eklat: Aus Versehen hatte ich die Zeile »so wahr mir Gott helfe« ausgelassen. Meine Parteifreunde wurden sofort unruhig, durch die SPD-Reihen raunte es. Ein Brief an das Protokoll, eine Erklärung an die Presse, und die CDU-Kollegen bügelten meine Panne aus – dachte ich. Unter der Schlagzeile »Ist Kiep ein Heide?« wurde die Angelegenheit jedoch weiter öffentlich erörtert.

Bei Antritt meines Amtes hinterlegte ich bei einem höchst verblüfften Landtagspräsidenten einen Umschlag. Darin befand sich eine genaue Aufstellung meiner Einkommens- und Vermögensverhältnisse im vergangenen und laufenden Jahr. Ich sagte ihm zu, Gleiches bei meinem Ausscheiden aus dem Amt tun zu wollen. Ich stellte dem Landtagspräsidenten anheim, nicht gerade jedermann, aber seriösen Anfragen von Abgeordneten zum Beispiel Einblick in diese Aufstellungen zu gewähren. In all meinen Jahren in Hannover gab es keine einzige Anfrage.

Im niedersächsischen Etat klaffte ein Drei-Milliarden-Loch. Ich machte mich unmittelbar an die Arbeit. Die gute Stimmung im Kabinett Albrecht, sein leiser, aber dezidierter Führungsstil und die angenehme Atmosphäre in »meinen« beiden Ministerien – für ein Jahr war ich Finanz- und Wirtschaftsminister zugleich – verhalfen mir zu einem guten Start.

Hinter den Kulissen

Es begann mit einer Verschwörung. Noch ehe ich mein Amt in Hannover antrat, wurde eine »konzertierte Aktion« mit Ernst Albrecht notwendig. Die Wichtigkeit der Angelegenheit ließ uns ungewöhnliche Mittel ersinnen. Der Bundestag befand sich im Februar 1976 inmitten der höchst schwierigen Debatte um die Ver-

träge mit Polen. Auch auf polnischer Seite war die Atmosphäre aufgeladen – wie sehr, erfuhr ich bei einem Mittagessen mit dem polnischen Sonderbotschafter Marian Dobrozielski. Er berichtete mir, dass sich Regierungschef Gierek weitere Diskussionen und neue Vertragsgestaltungen nicht würde leisten können. Für uns bedeutete dies, dass das Verhandlungsfenster nachdrücklich zugeschlagen werden würde. Dobrozielski bedeutete mir ferner, dass Warschau im Moment bereit sei, die Erfüllung des Vertrages wie auch die Offenhaltungsklausel zu gewährleisten. Das war erfreulich. Doch seine nächste Mitteilung ließ mich aufhorchen: Dobrozielski kündigte eine Erklärung der polnischen Regierung an, die noch am gleichen Tag erfolgen und eine Reihe von »Klarstellungen und Bestätigungen« enthalten sollte. Alarmstufe Rot! Das Letzte, was der aufgewühlte Bundestag zu diesem Zeitpunkt brauchte, waren neue Memoranden aus Polen. Diese mussten warten bis zur nächsten Entscheidungsphase, der Abstimmung im Bundesrat. Ich beschwor Dobrozielski, diese »Klarstellungen und Bestätigungen« um jeden Preis zurückzuhalten. In der gespannten Atmosphäre würden die angedeuteten Zugeständnisse doch nur untergehen. Ich schien Dobrozielski überzeugt zu haben, denn er sagte mir zu, diesbezüglich seinen Außenminister zu bremsen. Dobrozielski hielt Wort – keine Silbe der neuen Verlautbarungen drang nach außen.
Die zweite Lesung des Warschauer Vertrages im Bundestag am 19. Februar 1976 verlief zunächst ruhig. Dann sorgten Karl Carstens und nach ihm Bundeskanzler Helmut Schmidt mit scharfen Worten und reichlich Polemik für »Belebung« im Hause. Deren Höhepunkt war ein Rededuell zwischen Helmut Schmidt und Helmut Kohl. Mir wurde immer klarer: Dieser Vertrag durfte nicht stranden – die Folgen eines Scheiterns wären unübersehbar gewesen: innen- wie außen-, staats- wie parteipolitisch.
Nicht nur der erfolgreiche Abschluss der Polenverträge, für die ich mich stets vehement eingesetzt hatte, auch mein eigenes politisches

Schicksal war auf Gedeih und Verderb mit dem Abkommen verbunden. In einem Gespräch unter vier Augen legte ich Ernst Albrecht meine schwierige Situation dar. Ich konnte in meiner Funktion als niedersächsischer Minister keinesfalls ein Nein zu den Verträgen vertreten, das sowieso gegen meine Überzeugung war; zudem hatte ich im Bundestag mit Ja gestimmt und konnte als neues Mitglied des Bundesrates den Vertrag, dem ich im Bundestag zugestimmt hatte, im Bundesrat nicht ablehnen. Ernst Albrecht verstand mein Dilemma und sagte mir sofort zu, alles in seiner Macht Stehende zu tun, um in Niedersachsen eine Zustimmung zu erzielen. Nun war die Zeit für ein wenig Diplomatie hinter den Kulissen gekommen. Ich lud Waclaw Piatkowski, den polnischen Botschafter in Bonn, und Ernst Albrecht sowie Franz-Josef Röder, den saarländischen Ministerpräsidenten, in unser Haus in Kronberg ein. Piatkowski berichtete, wie es zu der deutsch-polnischen Übereinkunft gekommen war. Nach seiner Schilderung war Willy Brandt bei den Verhandlungen im Jahre 1970 tatsächlich ein Fehler unterlaufen: Das Konsularabkommen zwischen der BRD und Polen habe auf dem Tisch gelegen, man habe es aber versäumt, darüber eingehend zu verhandeln, geschweige denn, es abzuschließen. Viele der Komplikationen, gegen die wir heute kämpften, wären somit vermeidbar gewesen. Piatkowski wusste ferner zu berichten, dass die Benachteiligung der ausreisewilligen Deutschen – damals ein großes Thema und Wind in den Segeln der Gegner der deutsch-polnischen Übereinkunft – stattgefunden habe. Sie sei aber auf die Willkür einiger Seilschaften zurückzuführen, die gegen die Direktiven aus Warschau agiert hätten.

Piatkowksi kündigte für die nahe Zukunft ein Schreiben des polnischen Außenministers an seinen deutschen Amtskollegen Hans-Dietrich Genscher an. Entscheidende Punkte würden darin aufgeführt, so die ratifizierte Bestätigung der Ausreise von über 100 000 Ausreisewilligen durch den polnischen Staatsrat, die Konkretisierung der Offenhaltungsklausel sowie die Erklärung, die einzelnen

Teile des Vertrages als Gesamtwerk zu akzeptieren. Das hörte sich vielversprechend an, doch der Teufel konnte hier in jedem Detail, jedem Wort stecken. Fatal wäre es, wenn dieses polnische Dossier vor dem 12. März 1976, dem Tag der Bundesratsentscheidung, an die Öffentlichkeit dringen würde. Wir einigten uns auf ein weiteres Treffen unserer »Geheimrunde« – über die Außenminister Genscher selbstverständlich informiert war. Dann, so hofften wir, würde der genaue Wortlaut des Dossiers vorliegen.

Wenige Tage später traf ich mich mit Waclaw Piatkowski in meiner Godesberger Wohnung. Zwar hatte er noch nichts von seinem Außenminister erhalten, aber er gab mir zu verstehen, dass meine Beschwörung Dobrozielskis, am Vorabend der Debatte Stillschweigen zu bewahren, äußerst segensreich gewesen war. So hatte die Regierung in Warschau die Chance, ohne Gesichtsverlust weiterzuagieren.

Am gleichen Abend wurde mir noch ein weiterer unliebsamer Aspekt eines eventuellen Scheiterns des Abkommens vor Augen geführt: Günter Gaus, Bonns ständiger Vertreter in Ostberlin, bedeutete mir, er habe Hinweise darauf, dass die DDR in einem solchen Falle die deutsch-deutsche Familienzusammenführung zu erschweren gedachte.

Am folgenden Tag erfuhr ich von Piatkowksi, dass er Hans-Dietrich Genscher bereits das Dossier des Außenministers übergeben hatte – auf Polnisch und zu »99 Prozent sicher« – also ohne »Freigabe« durch Regierungschef Gierek. Mit Engelszungen überredete ich Piatkowski, auch mir den Text zu übergeben, da wir ihn dringend für unsere »Vorarbeit« im Bundesrat benötigten. Er willigte schließlich ein.

Sogleich führte ich ein Gespräch mit Hans-Dietrich Genscher. Ihm erschien das Dossier nicht weitgehend genug, besonders was die Offenhaltungsklausel und Verfahrensdetails anbelangte. Nach einer Kabinettssitzung in Hannover beschlossen Ernst Albrecht und ich, unsere vertrauliche diplomatische Mission fortzusetzen. Wir trafen uns erneut mit Piatkowski. Selten habe ich derart um ein Wort bzw. dessen Streichung gerungen wie an diesem Abend. »Können« – das musste nach unserer Auffassung aus zwei Vertragsdetails gestrichen werden, die die Genehmigungen von Reisen der zweiten Phase und die Bestimmungen für Mitarbeiter des Roten Kreuzes sowie Botschafter regelten. Piatkowski signalisierte uns, der Zugeständnisse seien genug gemacht worden. Doch ohne diese Änderungen war die Ablehnung des Vertrages sicher. Drei Tage vor der Abstimmung war wieder alles offen! Die Atmosphäre war zum Zerreißen gespannt. Ein kleines Wort – und ein großer Unterschied! Am Abend des 11. März kam endlich die erlösende Neuigkeit: Gierek hatte eingewilligt, die strittige Formulierung zu streichen. Ernst Albrecht und ich waren überglücklich und sehr erleichtert. Wir glaubten uns in der Zielgeraden. Ein angenehmer Nebenaspekt unserer Mission war, dass in entscheidenden Fragen der Außenpolitik zwischen FDP und CDU mehr Übereinstimmung und bessere Zusammenarbeit herrschte, als dies bislang sichtbar der Fall gewesen war. Das ließ für die Zukunft hoffen.

Am Freitag, dem 12. März 1976 war es endlich so weit. Das Schicksal der Polenverträge würde sich entscheiden. Es war meine erste Bundesratssitzung. In einer kurzen Pause erfuhr ich in einer kleinen Bundesratsküche neben einem Stapel von ungespültem Geschirr die gute Nachricht: Hans Katzer berichtete mir aufgeregt, dass alle CDU-Ministerpräsidenten mit Ja stimmen würden. Das war ein phantastischer Durchbruch, zu dem auch unsere beharrliche Diplomatie und Ernst Albrechts Durchsetzungsvermögen beigetragen hatten. Der Bundesrat stimmte den Verträgen mit Warschau einstimmig zu – eine neue Epoche der deutschen und europäischen Politik war eingeläutet.

Ein prinzipieller Widersacher der Ostverträge weilte zum Zeitpunkt der Abstimmung nicht im Lande. Franz Josef Strauß war in privater Mission in Togo unterwegs. Der bayerische Ministerpräsident Alfons Goppel war nicht unfroh, in dieser Konstellation dem revidierten Abkommen mit Warschau zustimmen zu können. Später hat auch Franz Josef Strauß Übereinkünfte mit dem »Ostblock« geschlossen: In den Achtzigerjahren war er die treibende Kraft hinter den Milliardenkrediten der Bundesrepublik an die DDR, die dem zweiten deutschen Staat noch einige Jahre Luft zum Überleben gewährten.

Personalpolitik

Nun wandte ich mich dem niedersächsischen Haushalt zu. Zunächst mussten zwei wichtige Posten neu besetzt werden: Die Vorsitzenden der NordLB und der hannoverschen Messe waren ausgeschieden. In Sachen NordLB beriet ich mich mit meinem Freund Ludwig Poullain, dem Chef der WestLB. Ich hatte ein Auge auf ein Mitglied der Poullain'schen Mannschaft geworfen: Adolf Kracht schien mir der richtige Mann für die Spitze der Landesbank in Hannover. Poullain war zunächst nicht sehr begeistert von der Aussicht, sich einen seiner »Goldfische« abschöpfen zu lassen. Doch »Adi« Kracht zeigte sich sofort sehr angetan von der Aufgabe, die ich ihm anbieten konnte.

Dann musste ich Poullain noch eine bittere Pille verabreichen. Ich brauchte Kracht sofort, denn ich musste ihn umgehend in Hannover als neuen Bankvorstand einführen. Er musste also augenblicklich mitkommen. Packen konnte er später. Auch hiervon war Poullain zunächst wenig angetan. Er ließ uns dann aber in seinem Jet nach Hannover fliegen. Kurz nach dem Start kam einer der Piloten mit einer Flasche Laurent Perrier Grand Siècle: »Mit Empfehlungen von Herrn Poullain!«

Kracht und ich hatten während des sehr kurzen Flugs nach Hannover allerdings kaum Muße, den Champagner zu genießen. Für die Hannover-Messe konnte ich Claus Groth gewinnen, der bislang

Chef der Düsseldorfer Messe gewesen war. Groth hat den Messestandort Hannover entscheidend vorangebracht: Ihm ist es unter anderem zu verdanken, dass die CEBIT, die weltgrößte Computermesse, mit solchem Erfolg in Hannover stattfindet.

Geldquellen

Finanzielle Not lässt einen schon einmal auf Ideen zurückgreifen, mit deren Urhebern man eigentlich nichts zu tun haben möchte.

Ich wurde daran erinnert, dass Hermann Göring zu Beginn seines Vier-Jahres-Plans den so genannten Förderzins eingeführt hatte. Diese Sondersteuer hatte die Kassen schnell gefüllt. Ähnliches müsste sich auch für Niedersachsen lohnen.

Mir war bekannt, dass in Hannover ein privatrechtliches Abkommen zwischen dem Land und den erdöl- und erdgasfördernden Unternehmen existierte. Im Jahr meiner Amtsübernahme in Hannover belief sich diese Vereinbarung auf fünf Prozent der geförderten Menge. Das entsprach etwa 147 Millionen Mark.

Nun waren infolge der Ölkrise die Preise für Öl signifikant gestiegen. Daraus schloss ich, dass wir dadurch auch den »Förderzins« würden erhöhen können. Ich bat die Vorsitzenden der großen niedersächsischen Erdgas- und Erdölunternehmen zu mir. Die Herren von BP, Esso, Shell und anderen waren nicht gerade begeistert von meinem Vorhaben.

Doch nach eingehenden Verhandlungen konnte ich sie davon überzeugen, dass sie einen Teil der so genannten »Windfall profits« an das Land abführen sollten. Am 14. Dezember 1976 schloss das Land Niedersachsen mit dem Wirtschaftsverband Erdgas- und Erdölförderung ein Abkommen. Darin wurde geregelt, dass für 1977 der Förderzins auf zehn Prozent aufzustocken sei. Das war ein beachtlicher Sprung. Doch ich hatte noch mehr im Sinn. Der Betrag sollte jedes Jahr neu verhandelt werden. So gelang es, nachdem

1978 wieder zehn Prozent abzuführen waren, diese in 1979 auf 15 Prozent zu steigern, 1980 gar auf 22 Prozent. Das brachte 307 Millionen respektive 1,5 Milliarden Mark mehr für das Land ein.

Zum guten Ende der ersten Verhandlungsrunde lud ich die Herren des Verbands in ein angemessenes Restaurant in Hannover ein. Bei gutem Essen und schönen Weinen feierten wir unseren Abschluss. Ich hatte die Rechnung wohl mit dem Wirt, nicht aber mit dem Finanzministerium gemacht. Als ich am nächsten Tag die Zeche dort präsentierte, schlug man die Hände über dem Kopf zusammen. Der Bewirtungstopf für das Jahr sei doch schon von meinem Vorgänger vollständig aufgezehrt worden! Auf meine Frage, ob man das Geld denn nicht aus einem anderen Topf nehmen könne, schlug mir blankes Entsetzen entgegen. Der Haushalt sei beschlossene Sache. Da könne man nicht »so einfach« Umbuchungen vornehmen. Am Ende zahlte ich die Rechnung aus eigener Tasche.

Ich musste Niedersachsen wieder auf die wirtschaftliche Landkarte bringen, auch international. Ich musste Investoren gewinnen, Arbeitsplätze schaffen, neue Handelsmöglichkeiten auftun, Firmen anlocken. Ich begann, meine Hausaufgaben zu erledigen. Ich schrieb an etwa 1500 Vorstandsvorsitzende und wies sie auf die vorzüglichen Standorte und die guten Investitionsbedingungen in Niedersachsen hin. Diese Strategie erwies sich als erfolgreich. Nach etwas mehr als einem Vierteljahr war ich mit 45 Unternehmern im Gespräch. Gesamtinvestitionen: Circa zehn Milliarden Mark, das bedeutete rund 20 000 neue Arbeitsplätze. Über die Jahre ist es mir gelungen, den Industriestandort Niedersachsen zu etablieren: ICI siedelte sich in Wilhelmshaven an, Exxon Nuclear in Lingen, das Elektrostahlwerk Emden entstand.

Zurück nach Bonn!

Die Bundestagswahlen vom 5. Oktober 1980 waren, gelinde gesagt, eine große Enttäuschung. Oft hatte ich mir in stillen Stunden eingestanden, dass die Aufstellung von Franz Josef Strauß eine unglückselige Entscheidung gewesen war. Der Kandidat polarisierte das Land. Seine Gegner schrien hysterisch, dass mit Strauß an der Regierung das Ende des Rechtsstaats in Sicht sei. Das war natürlich eine maßlose Übertreibung und Verunglimpfung. Strauß ist stets Demokrat gewesen. Allein, in der nördlichen Hälfte Deutschlands war der Bayer schwer vermittelbar, und ihm hing noch der Ruf der »Spiegel«-Affäre von 1961 nach.

Mit dieser Einschätzung stand ich in der Fraktion keineswegs alleine. Doch ein öffentliches Desavouieren des Unions-Kandidaten wäre unehrenhaft gewesen und obendrein einem parteipolitischen Selbstmord gleichgekommen.

In Niedersachsen büßte die CDU sechs Prozent ein. Nicht auszudenken, in welche Talsohle wir ohne unseren intensiven Wahlkampf gerutscht wären. Ohne Frage hatte der Kanzlerkandidat viele potenzielle CDU-Wähler abgeschreckt und in die Arme der FDP getrieben. Diese konnte sich über satte 10,6 Prozent freuen gegenüber 7,9 Prozent bei der vorherigen Bundestagswahl.

Als niedersächsischer Spitzenkandidat war ich in den Bundestag gewählt worden. Nun galt es zu überlegen, wie ich meinen weiteren politischen Werdegang gestalten wollte. Vier Jahre zuvor hatte ich mein Bundestagsmandat wegen des wichtigen Amtes des Wirtschafts- und Finanzministers in Hannover abgegeben. Bei aller Begeisterung und Einsatz für mein Amt in Hannover vermisste ich Bonn. Auch konnte ich auf einige Erfolge in Niedersachsen verweisen: Die Finanzen waren stabilisiert, Arbeitsplätze geschaffen, Industrie angesiedelt. Zudem hatte ich dazu beigetragen, eine CDU-FDP-Koalition möglich zu machen: das »Modell Niedersachsen«, von dem wir uns bald bundesweite Nachahmung erhofften. Nicht zu vergessen, die schließliche Zustimmung zu den Polenverträgen. Darüber hinaus war es mir geglückt, dafür zu sorgen, dass die Norddeutsche Landesbank sowie die hannoversche Messe leistungsfähige Unternehmensleitungen erhielten. Im Kampf gegen die Bürokratie war es mir gelungen, in meinen Augen überflüssige Bestimmungen, Gesetze und Erlasse zu kippen. Mein besonderes Augenmerk galt dabei den »Grass roots« – den subalternen Behörden. Anders als meine Vorgänger hatte ich in den vergangenen vier Jahren jedes einzelne Finanzamt zwischen Harz und Nordseeküste, zwischen Ostfriesland und dem Zonenrandgebiet aufgesucht und mich dort vor Ort über dessen Arbeit informiert.

Die politische Arbeit war in Hannover stets in gutem Einvernehmen sowohl mit Ministerpräsident Ernst Albrecht als auch mit meinen engeren Mitarbeitern Dieter Blumenstein und Staatssekretär Adolf Elvers verlaufen. Die anfängliche Aufregung in der Fraktion, weil Elvers der SPD angehörte, hatte sich auf Grund seiner hervorragenden Sacharbeit schnell wieder gelegt.

Auch ich persönlich konnte nach den vier Jahren in Hannover eine positive Bilanz ziehen: Ich hatte mir in Finanz- und Wirtschaftsfragen Sachkompetenz angeeignet und gemeinsam mit Ernst Albrecht eine gewisse Popularität erworben. Bundesweit kam unser Duo auf Platz 3 und 4 nach Schmidt und Genscher. Ich freute mich, dass meine Arbeit Anerkennung gefunden hatte. Zumindest ebenso wichtig war, dass ich auch bei SPD- und FDP-Wählern gute Werte erzielte.

Trotzdem wurde mir immer deutlicher, dass mein Platz jetzt in Bonn war. Der Fraktion im Bundestag standen nach der Wahlniederlage extrem harte Zeiten bevor. Nach langen Überlegungen gestand ich mir ein, dass ich in Bonn mehr für die Politik der Union würde tun können. Auch in der Außenpolitik, meinem eigentlichen Interessengebiet, das ich während meiner Zeit in Hannover hatte hintanstellen müssen, konnte ich in Bonn mehr bewirken. Diese Erwägungen erläuterte ich auf einer Pressekonferenz Anfang

Oktober 1980. Damit trat ich einen Spekulationsreigen los. Die Presse handelte mich abwechselnd als Kanzlerkandidaten in spe, als Fraktionsvorsitzenden, als außenpolitischen Sprecher und und und … Ich ginge Ernst Albrecht »von der Leine«, weil vier Jahre Zusammenarbeit das Maß an Gemeinsamkeiten aufgezehrt hätten. Dann hieß es wieder, Albrecht habe mir in Aussicht gestellt, sein Nachfolger zu werden, wenn ich an der Leine bliebe. Aber nein, eigentlich hätte ich nur das »Schwarzbrot des Finanzministers« satt und wolle nun »das feine Teegebäck der Außenpolitik« genießen.

Der politische Alltag ist manchmal viel profaner, als fantasiebegabte Journalisten sich ihn vorstellen mögen. Ich entschied mich für Bonn, ohne dass mir irgendeine Position fest in Aussicht gestellt worden wäre. Wie sollte dies auch geschehen? Wir aßen nicht zuletzt dank unseres Kandidaten das harte Brot der Opposition. Was die angebliche Kanzlerkandidatur anging – es konnte kein gutes Licht auf unsere Partei werfen, wenn jeder CDU-Politiker, der seine Arbeit ordentlich tat, gleich als »Kakadu« – ein hübscher Spitzname für den Kanzlerkandidaten der Union – gefeiert wurde. Das Geraune um Ausschussvorsitze war reine Spekulation. Es war zu diesem Zeitpunkt überhaupt noch nicht geklärt, in welchen Ausschüssen die CDU/CSU-Fraktion den Vorsitz innehaben würde. Außerhalb der Fraktion wurde noch debattiert, ob wir den Auswärtigen Ausschuss beanspruchen sollten. Als stärkste Fraktion hatten wir das Privileg, den ersten Vorschlag unterbreiten zu dürfen. Zudem hatte der frühere Fraktionsvorsitzende Rainer Barzel bereits sein Interesse an der Leitung des Auswärtigen Ausschusses angemeldet. Bei einer Besetzung dieses Postens durch mich wäre sicherlich die CSU aufgebracht gewesen. Meine außenpolitischen »Alleingänge« in der Vergangenheit dürften mich in bayerischen Augen nicht eben für dieses Amt empfohlen haben. Auch der Vorsitz des Wirtschaftsausschusses stand keineswegs zur Disposition, wie dies mitunter dargestellt wurde. Elmar Pieroth, der die Position von Kurt Biedenkopf nach dessen Ausscheiden aus dem Bundestag übernommen hatte, machte keine Anstalten, seinen Sessel zu räumen. Außerdem würde sicher auch die gestärkte FDP Anspruch auf den Wirtschaftsausschuss erheben.

Die Funktion eines stellvertretenden Fraktionsvorsitzenden konnte ich zu diesem Zeitpunkt ebenso wenig anstreben. Es war sogar im Gespräch, die Zahl der gegenwärtig sieben Stellvertreter zu reduzieren.

Die Hauszeitung der Hannoveraner, die »Hannoversche Allgemeine«, beschrieb meine Situation dramatischer, als ich sie in dieser Situation selbst wahrnahm: »Kiep gleicht einem Schwimmer, der vom Turm springt, ohne sicher zu wissen, dass im Becken Wasser ist. Denn es gibt für ihn keine Auffangstellung in der CDU/CSU-Fraktion.«

Auch die vielfach postulierten Differenzen zwischen Ernst Albrecht und mir entbehrten der Grundlage. Die Zusammenarbeit zwischen einem Ministerpräsidenten und seinem Minister sollte nicht mit den Maßstäben einer glücklichen Ehe gemessen werden. Liebe und Harmonie sind hier nicht oberstes Gebot, wohl aber Achtung und Kollegialität. Unter diesen Gesichtspunkten arbeiteten beide Seiten kreativ zusammen. Es traf sicher zu, dass Ernst Albrecht kein besonders kommunikativer Mensch war, der jeden seiner Entschlüsse erläuterte. Albrecht, ein musischer, belesener Mann, der sich für Philosophie und Geschichte begeisterte, schien gelegentlich in höheren Sphären zu schweben. Diese schaden den Niederungen der Politik jedoch keineswegs.

Dass unsere Beziehungen prinzipiell gut und menschlich angenehm waren, bewies allein die Tatsache, dass Albrecht mich offenkundig nur ungern ziehen ließ. Als ich ihm noch am Wahlabend meinen Entschluss mitteilte, stand ihm die Enttäuschung ins Gesicht geschrieben. Aber nach einigem Hin und Her akzeptierte er meine Begründung. Wirklich? Am nächsten Tag reichte er mir einen handgeschriebenen Zettel: »Habe heute Nacht noch einmal über unser Gespräch nachgedacht. Willst Du es Dir nicht doch noch überlegen?«

Ich erinnerte mich an ein Gespräch, das ich drei Jahre zuvor mit Albrecht geführt hatte. Damals war die Koalition mit der FDP Hannover gerade geschmiedet worden. Der Ministerpräsident bat mich damals zu berücksichtigen, dass es außer mir keinen für ihn denkbaren Nachfolger in seinem Amt geben würde. Das ganze Gespräch war von Freundschaft und Respekt getragen. Nun war ich froh, dass diese Freundschaft und der gegenseitige Respekt die Jahre politischer Arbeit unbeschadet überstanden hatten.

Im Übrigen: Ganz von der Leine ging ich nicht, denn ich wurde in den CDU-Landesvorstand Niedersachsen gewählt. Außerdem wollte ich mich gerne in den dortigen Landtagswahlen 1982 engagieren. Auf Wunsch Ernst Albrechts behielt ich auch meine Position als Aufsichtsratsvorsitzender der Deutschen Messe- und Ausstellungs-AG Hannover und blieb Präsidiumsmitglied des VW-Aufsichtsrats.

Ende Oktober 1980 tauschte ich meinen Ministersessel in Hannover mit einem Abgeordnetensitz in Bonn. Wie würde sich mein Wiedereintritt in den Bundestag gestalten? Bereits mein erster Versuch bestätigte, der Parlamentariersitz war enger, jedoch keineswegs strenger. Ich konnte nach Gusto aufstehen und agieren, war an keine Kabinettsdisziplin gebunden und nur meinem Gewissen Rechenschaft schuldig.

Wenige Tage später wählte mich die Fraktion zum stellvertretenden Fraktionsvorsitzenden. Kurz darauf übernahm ich auch das Amt des wirtschaftspolitischen Sprechers der CDU/CSU-Fraktion. Hier konnte ich meine Erfahrungen als nunmehr ehemaliger Wirtschafts- und Finanzminister hervorragend einbringen. Bereits am 27. November eröffnete ich mit einer Rede die wirtschaftspolitische Debatte des Bundestags. Quer durch meine Fraktion gratulierte man mir zu meiner Rede. FDP-Wirtschaftsminister Graf Lambsdorff, den ich mit durchaus deutlichen Worten kritisiert hatte, antwortete moderat, in der Sache zustimmend. Die Gegenattacke der SPD war müde und einfallslos. Es war unübersehbar, dass sich die Partei in nur einem Jahrzehnt an der Regierung abgenutzt hatte.

Die erste Redebataille machte mir Geschmack auf mehr. Ich war wieder in Bonn angekommen.

Helfer der Türkei

Ein Land in Not

Am Morgen des 10. März 1978 klingelte das Telefon. Meine Frau nahm ab und kam kurz darauf zu mir ins Arbeitszimmer: »Helmut Schmidt ist am Apparat.«
Der Bundeskanzler kam sogleich zur Sache. Die derzeitig prekäre Lage der Türkei sei mir bekannt. Es gelte, schnell eine internationale Hilfsaktion für den angeschlagenen NATO-Partner vor den Toren Europas zu mobilisieren. »Sie kennen die Türkei. Außerdem haben Sie gute Verbindungen nach Amerika. Ich wollte Sie bitten, dass Sie das machen.«
Anfang 1978 hatten sich die Großen Vier auf der Karibikinsel Guadeloupe getroffen. US-Präsident Jimmy Carter, der britische Premier James Callaghan, Frankreichs Staatspräsident Valéry Giscard d'Estaing und Bundeskanzler Helmut Schmidt berieten bei ihrem Treffen weltpolitische Strategien. Eine davon mündete später in den NATO-Doppelbeschluss.
Ein Thema, das Präsident Carter am Herzen lag, war die Kalamität, in der die Türkei sich damals befand. Die finanzielle Lage des Landes als »schwierig« zu bezeichnen, wäre ein Euphemismus gewesen. Ankaras Auslandsschulden beliefen sich auf 19 Milliarden US-Dollar; seit Mitte 1977 war die Türkei faktisch zahlungsunfähig. Dazu kam eine Arbeitslosenquote von 20 Prozent, eine Inflationsrate, die auf 70 Prozent angestiegen war – mit rasch zunehmender Tendenz. Die Geburtenzuwachsrate lag bei 2,4 Prozent, die Exporte gingen zurück. Zahlungen aus dem Ausland, das heißt, die Über-

weisungen der türkischen Gastarbeiter in den europäischen Ländern, waren stark rückläufig. Das war der Beginn eines Prozesses der Neutralisierung. Aus »Gastarbeitern«, Beschäftigten mit niedrigen Löhnen, die lediglich für eine begrenzte Zeit im Ausland arbeiten sollten und wollten, wurden Bürger, die ihre Zukunft mehr und mehr in den Gastländern suchten und sich allmählich in deren Gesellschaften zu integrieren begannen.

Die Türkei drohte wieder, wie vor den revolutionären Reformen Atatürks, zum »kranken Mann am Bosporus« zu werden. Das konnte nicht im Interesse der Weltgemeinschaft sein, vor allem nicht des Westens. Die innere Unruhe im Land zwischen Europa und Asien nahm ständig zu. Unser NATO-Partner durfte nicht in Armut und Anarchie abgleiten.

Bis dahin war die Türkei ein Bollwerk des Bündnisses in der krisengeschüttelten Region des Nahen und Mittleren Ostens. Mir war bewusst, dass der Westen einen schweren Rückschlag erleiden würde, wenn die Türkei wegen unterlassener Hilfeleistung im wirtschaftlichen und damit politischen Chaos versänke. Der Verlust dieser Demokratie wäre für uns eine verlorene Schlacht aus Schwäche und Unfähigkeit. Die Türkei besaß prinzipiell ein freiheitlich-demokratisches System. Parlamentarismus und freie Presse funktionierten. Ein Abgleiten des Landes ins Chaos hätte für das weltpolitische Gefüge gravierende Konsequenzen gehabt. Ich wollte alles in meiner Kraft Stehende tun, dies vermeiden zu helfen.

Ebenso wichtig wie diese geostrategischen Überlegungen waren mir die Menschen der Türkei. Ich hatte sie als weltoffen, tolerant und freundlich erlebt, als in Europa offene Barbarei herrschte. Nun musste das türkische Volk vor Chaos, Armut und Anarchie bewahrt werden. Das waren wir der Türkei schuldig.

Präsident Carter initiierte eine gemeinsame Rettungsaktion der OECD-Länder. Die Koordination dieses Unternehmens trug er der Bundesrepublik an. Helmut Schmidt war davon alles andere als angetan und wollte ursprünglich diese Aufgabe nicht übernehmen. Schmidt fürchtete deutsche Führungsrollen und Alleingänge jeder Art. Eine Sonderposition Deutschlands, so argwöhnte er nicht ohne Grund, würde unsere europäischen Nachbarn beunruhigen. Das wiederum würde auch der Mission schaden, meinte der Hanseat.

Persönliche Antipathie mag bei Schmidt mitgeschwungen haben. Der Bundeskanzler mochte Jimmy Carter nicht, obgleich die politische Grundposition der beiden in vieler Hinsicht übereinstimmte: Carter wäre in Europa als Sozialdemokrat durchgegangen. Sehr deutlich ist Schmidts Antipathie auf einem Gruppenfoto vom Weltwirtschaftsgipfel im Sommer 1978 in Bonn zu sehen: Carter scherzt mit Italiens Ministerpräsident Pietro Nenni, während Helmut Schmidt sich fast demonstrativ mit verschränkten Händen vom Gast aus Washington abwendet. Sein Interesse gilt vollständig dem Gespräch zwischen Valéry Giscard d'Estaing und James Callaghan.

Schmidt hielt Jimmy Carter für einen Weichling und Illusionär. Carter galt ihm als ein »Do-gooder« – ein Zeitgenosse, der davon überzeugt ist, dass man durch eigene Integrität und anständiges Benehmen andere Menschen dazu anspornen kann, ein ähnlich rechtschaffenes Verhalten an den Tag zu legen. Doch internationale Politik ist weder ein moralisches Essay noch eine romantische Beziehung. Auch nicht für Jimmy Carter. So drängte der US-Präsident, dass Deutschland die Aktion zur Rettung der Türkei koordinieren sollte.

Lissabonner Sporen

Dass Helmut Schmidt mich anrief, mag auch daran gelegen haben, dass er sich an den erfolgreichen Abschluss unserer »portugiesischen Mission« erinnerte. Mitte der Siebzigerjahre waren die verkrusteten Strukturen auf der Iberischen Halbinsel aufgebrochen.

In Spanien war 1975 der faschistische »Caudillo« Franco gestorben. Unter der umsichtigen Führung des jungen Königs Juan Carlos, den Franco schon 1969 zu seinem Nachfolger ernannt hatte, fand Spanien den Weg in die Demokratie.
Portugal hatte bereits ein Jahr zuvor das Joch der Diktatur abgeschüttelt. Das Volk war zermürbt von der Herrschaft des dienstältesten europäischen Diktators António de Oliveira Salazar, der 1932 die Macht von einer Militärjunta übernommen hatte. Anfang der Sechzigerjahre führten die sonst so sanftmütigen Portugiesen einen brutalen Kolonialkrieg. Im Laufe der Zeit wurde dabei deutlich, dass die Besitzungen in Übersee, darunter Angola, Mosambik und Guinea-Bissau, nicht zu halten waren. Die Portugiesen waren es müde, ihre jungen Soldaten auf fremder Erde sterben zu sehen. Unter Salazars Nachfolger Marcello Caetano verbesserte sich die Lage im Lande selbst nicht, und der Kampf in Übersee entglitt zunehmend der politischen Führung.
Die Revolution brachte, typisch portugiesisch, zwei Lieder ins Rollen. Am späten Abend des 24. April 1974 ertönte im portugiesischen Radio »E depois do adeus« (Nach dem Abschied). Eine halbe Stunde nach Mitternacht wurde das Protestlied »Grândola, Vila Morena« gesendet. Der erste Song war ein verschlüsselter Hinweis an die Truppen, der zweite bedeutete: Der Aufstand hat begonnen. Junge Offiziere putschten, massenhaft unterstützt von der Bevölkerung. Als in Lissabon eine junge Frau einem Soldaten eine Nelke in den Gewehrlauf steckte, hatte die Revolution ihren Namen: die Nelken-Revolution. Doch bald drohten linksradikale und chaotische Offiziere wie Othelo Carvallo und Admiral Antonio Rosa Coutinho die Macht an sich zu reißen und das Land erneut in eine Diktatur zu verwandeln.
Die Bundesregierung wollte die aufsprießenden Demokratiebewegungen in Portugal und später auch in Spanien mit Geldmitteln unterstützen, die den neuen Parteien zu Gute kommen sollten. Zu diesem Zweck stattete der Bundeskanzler die Bundestagsparteien

beziehungsweise deren Bevollmächtigte mit den entsprechenden Geldmitteln für die jeweiligen portugiesischen Partnerparteien aus. Für die SPD würde dies Hans Matthöfer übernehmen, für die CSU Franz Josef Strauß, für die FDP Otto Graf Lambsdorff. Helmut Schmidt bat mich nun, für die CDU an den Tejo zu reisen. Gern willigte ich ein. Ich musste Schmidt jedoch mein Ehrenwort geben, über diese Mission absolutes Stillschweigen zu bewahren.

Schmidt brachte mich mit Staatssekretär Manfred Schuler zusammen, dem Chef des Kanzleramts, der mich näher instruieren sollte. Schuler empfing mich sehr freundlich, bot mir Kaffee an – und einen Cognac gleich dazu. Den konnte ich brauchen. Schuler überreichte mir einen Koffer. »Da sind 2,5 Millionen Mark drin. In Tausendern. Kommt aus dem Etat des BND. Zu übergeben an den Vorsitzenden der Partnerpartei der CDU in Portugal. Und, wenn möglich, die Quittung nicht vergessen, Herr Kiep.«

Ich machte mich also auf nach Lissabon. Auf meinem Weg vom Flughafen in die Stadt war die angespannte Atmosphäre mit Händen zu greifen. Überall war die Polizei präsent, und man sah nur wenige Menschen auf den Straßen. Es war zwar eine friedliche Revolution, aber jedermann wusste, dass erneut ein Umsturz drohte. Ich änderte daher meine Pläne und bat den Fahrer, mich ohne einen Umweg zum Hotel sofort in die deutsche Botschaft zu bringen.

Dort deponierte ich den Koffer im Safe der Botschaft. Dann fuhr ich in mein Hotel, zog mich um und kehrte zurück in die Botschaft, wo ein Abendessen anberaumt war. Als ich um Mitternacht wieder ins Hotel kam, musste ich die Zimmertür nicht aufsperren. Sie war bereits aufgebrochen worden. Mein Koffer war durchwühlt, Anzüge und Schuhe lagen überall verstreut.

Nach der Geldübergabe am nächsten Tag reiste ich nach Hause und konnte die gewünschten Quittungen abliefern. Zu beklagen hatte ich nur den Verlust meines Smith & Wesson-Revolvers, der aus dem Koffer entwendet worden war. Wenig später reiste ich in gleicher

Mission nach Spanien, ein Unternehmen, das im Gegenteil zur Portugalreise undramatisch verlief.

Wer hilft Ankara?

Für meine Beauftragung mit der Türkei-Mission war sicherlich eine bestimmte Empfehlung entscheidend: Robert McNamara, mittlerweile Weltbankpräsident, legte dem Kanzler bei einem Besuch in Bonn ans Herz, mich mit dem Sammeln der dringend notwendigen Gelder zu beauftragen. McNamara, den ich aus Washington gut kannte, hatte mittlerweile eine hochinteressante politische Entwicklung durchgemacht. Als US-Verteidigungsminister hatte er zwischen 1961 und 1968 im Vietnamkrieg eine harte Linie verfochten. Nun, als Präsident der Weltbank, wandte er sich vehement gegen militärische Auslandseinsätze der USA.
Es ist meine Hoffnung, dass Paul Wolfowitz, der wie einst McNamara aus dem Verteidigungsministerium kommt, in der Weltbank eine ähnliche Entwicklung durchlaufen wird. Der »Falke« Wolfowitz gilt ja vielen als »der Architekt« des Irakkriegs. Wie wird er in seinem neuen Amt als Präsident der Weltbank das militärische Engagement der USA werten?
Die Aufgabe, der Türkei wieder auf die Beine zu helfen, reizte mich ungemein. Das Land lag mir am Herzen, auch aus sentimentalen Gründen. Schließlich hatte ich dort glückliche Kinderjahre verbracht. Plötzlich kamen mir viele Episoden in den Sinn, die mir mein Vater aus Verhandlungen mit türkischen Partnern erzählt hatte: vorsichtiges Taktieren, gesetzte Höflichkeit, im rechten Augenblick loslassen, dem Partner immer die Möglichkeit geben, das Gesicht zu wahren. Und unter allen Umständen musste man beherzigen, dass der Gesprächspartner leicht, aber umso nachhaltiger zu kränken war. Gleichzeitig wusste ich, dass bei den Geberländern meine internationalen Kontakte von Vorteil waren.

Als Erstes suchte ich NATO-Oberbefehlshaber General Alexander Haig im belgischen Mons auf. Wir kannten uns bereits, und einmal mehr war ich von Haigs absolutem Pragmatismus beeindruckt. »Wenn ein Mitglied unserer Allianz Hilfe braucht, dann bekommt es sie aus der Allianz. Wenn ein Verbündeter gezwungen ist, diese Hilfe außerhalb der Allianz zu suchen, hat das negative Auswirkungen auf die Allianz«, war sein Credo. Ich schätzte Haig als Gesprächspartner außerordentlich. Er war ein Europa-Kenner par excellence – keineswegs selbstverständlich bei einem amerikanischen General. Allerdings durfte man im Kontakt mit ihm nicht prüde sein, denn der General liebte es, so scharfe Witze zu erzählen, dass sie einem Matrosen die Schamröte ins Gesicht getrieben hätten.

Zunächst galt es, das angeschlagene Verhältnis der türkischen Regierung zum Internationalen Währungsfonds zu reparieren. Ankara hatte die Beziehungen zum IWF abgebrochen, was wiederum bedeutete, dass die Vergabe von internationalen Krediten an die Türkei nicht mehr möglich war. Die Türken fühlten sich wohl durch die IWF-Gesandten, die zur Sondierung der Lage vor Ort geschickt wurden, brüskiert. Stolz auf seine große Tradition und Geschichte, würde sich das damalige Schwellenland Türkei leicht düpiert fühlen, wenn man es als nachrangiger Partner behandelte.

So sondierte ich die Lage zunächst in Paris beim Pariser Klub. Das Ziel dieser Vereinigung ist es, Umschuldungen zwischen Schuldnerländern und ihren Gläubigerländern multilateral abzuwickeln. Dann reiste ich nach Washington, um mit der internationalen »Geldpolizei« zu verhandeln, dem IWF. Danach sprach ich mit Vertretern der Weltbank. In meiner Sammelbüchse befanden sich bereits 215 Millionen US-Dollar vom OECD-Fonds, aufgebracht zu je 100 Millionen von den USA und der Bundesrepublik sowie 15 Millionen von Großbritannien. Ich würde kräftig reisen und sammeln müssen, um die von mir angestrebten 800 Millionen Dollar zusammenzubekommen. Das Auswärtige Amt meinte, mit viel Glück, Sachverstand und Verhandlungsgeschick würde ich auf 600 Millionen kommen.

Annäherungsversuche

Nun musste ich versuchen, nach der ersten Kontaktaufnahme konkrete Begegnungen zu organisieren. Es galt, die Türkei und den IWF wieder an einen Tisch zu bringen. In Ankara machte mir Premierminister Bülent Ecevit klar, dass meine Mission weiteren bislang noch ungeahnten Konfliktstoff barg. Denn die Türken waren keineswegs einhellig begeistert von der in ihren Augen unwürdigen internationalen »Bettelaktion«. Ein erster Besuch in Ankara zeigte mir, dass man hier als Ausländer über ein Minenfeld wandelte. Premier Ecevit wollte ein Abendessen für mich geben, bei dem seine Minister ebenfalls anwesend sein würden. Ecevit wies mich vorsorglich darauf hin, dass ich in meiner Rede auf verschiedenste Befindlichkeiten würde Rücksicht nehmen müssen. »Erschrecken Sie nicht. In meinem Kabinett sitzen die unterschiedlichsten Leute – von links bis extrem rechts ist alles dabei, aber was soll ich machen?«, Ecevit zuckte die Schultern: »Mir bleibt nichts anderes übrig. Bei jeder Regierungskrise, bei jeder Parlamentskrise muss ich mein Kabinett erweitern, und jedes Mal muss ich wieder eine Stimme kaufen ...«

Kurz darauf stand ich den 35 Kabinettsmitgliedern gegenüber. Es erschien mir opportun, nicht gleich mit der Schuldentür ins Haus zu fallen. Plötzlich kamen mir die Worte meines Vaters über orientalische Verhandlungstechniken in den Sinn. »Zeig ihnen, dass du sie achtest, ihr Freund bist, auf ihrer Seite stehst.« Ich dachte kurz nach, und auf einmal kamen mir türkische Worte und Sätze wieder in den Sinn, die ich bald vierzig Jahre zuvor gelernt hatte. Ich erzählte, wie ich als kleiner deutscher Junge den Trauerzug Kemal Atatürks durch Istanbul beobachtet hatte. Meine Zuhörer, gleich welcher politischen Couleur, schwiegen gerührt. Ich hatte sie gewonnen.

Offenbar gelang es mir, die Linken wie die Rechten in Ecevits Mannschaft davon zu überzeugen, dass es keine Schande, sondern das Gebot der Stunde war, Unterstützung anzunehmen. Finanzminister Ziya Muezzinoglu erklärte sich schließlich bereit, sich mit Repräsentanten des IWF an einen Tisch zu setzen.

Ich bemühte mich, für diese Kontaktaufnahme einen besonders schönen Rahmen zu finden. Am 12. April 1976 bat ich die türkische Delegation ins Züricher Grandhotel »Dolder«. Unabhängig davon hatte ich Jacques de Larosière, den geschäftsführenden Direktor des IWF, an den Zürichsee gebeten. Larosière unterbrach sogar seinen Osterurlaub für dieses Treffen. Kein Wort davon durfte an die türkische Presse dringen, die sich sofort wieder über die angeblich gedemütigte Türkei ereifert hätte. Zunächst verhandelte ich mit beiden Delegationen separat. Dann brachte ich sie zusammen und überließ sie ihrem Schicksal und ihrem individuellen Verhandlungsgeschick.

Meine Mittlertätigkeit war vorerst erfüllt – erfolgreich, wie sich am nächsten Tag zeigte: Die beiden Seiten hatten vereinbart, die Gespräche noch im selben Monat fortzusetzen.

Unterdessen führte ich meine Mission an anderer Stelle fort. In Paris sprach ich beim Generalsekretär der OECD vor, Emile van Lennep. Die OECD würde die Türkeihilfe abwickeln, und ich musste van Lennep davon überzeugen, dass unsere Mission nicht aus einem Misstrauen der Deutschen und Amerikaner gegenüber der OECD entstanden war. Weiter ging es darum, van Lennep deutlich zu machen, dass der »Rat der Weisen«, den die OECD zur Überwachung der Türkei installieren wollte, in Ankara fatale innenpolitische Folgen haben würde. Die Türken würden es als Bevormundung betrachten, und das wäre das Todesurteil für jede türkische Regierung, die diese Bedingungen billigte.

Kurz darauf sprach ich in Luxemburg und Brüssel vor. Auch die EG

sollte sich an der Hilfsaktion beteiligen. Die Bereitschaft war vorhanden, nur die Höhe des Beitrags blieb offen.
Am folgenden Abend wollte ich Ministerpräsident Ecevit, der in Straßburg weilte, über den Fortgang meiner Bemühungen berichten. Wir waren für 20 Uhr verabredet. Als ich um 19.45 Uhr im Hotel Sofitel eintraf, wartete Ecevit bereits auf mich. Ich entschuldigte mich, dass ich zu früh dran sei. Ecevit antwortete mit einem feinen Lächeln, das ich zunächst nicht deuten konnte. Dann bedeutete mir der Ministerpräsident, dass man in Frankreich bereits auf Sommerzeit umgestellt hatte. Ich hatte ihn also eine Dreiviertelstunde warten lassen! Auf meine Entschuldigung erwiderte Ecevit, er sehe das gelassen. Er kenne mich ja und sei sich daher sicher gewesen, dass ich noch auftauchen würde.
Unter vier Augen sprachen wir über den Stand der Dinge. Ich erklärte Ecevit, dass alles vom Ergebnis der Verhandlungen zwischen ihm und dem IWF abhinge. Auch eine »Sofort-Soforthilfe« könne in Kürze anlaufen, wenn von diesen Gesprächen positive Signale ausgingen. Diese unmittelbare Unterstützung war nötig, um Landmaschinen zu finanzieren, die dringend gebraucht wurden, um die Ernte zu retten.
Am folgenden Tag wollte Ecevit eine Rede vor dem Forum des Europarats in Straßburg halten. Ich überzeugte ihn davon, dass es hilfreich sein würde, die Bemühungen der OECD-Länder um die Türkei lobend zu erwähnen.
Später lud der Ministerpräsident in ein elsässisches Gasthaus zum Essen ein. In gelöster Atmosphäre berichtete er mir, sein politischer Widersacher Suleyman Demirel versuche mich in der türkischen Öffentlichkeit zu diskreditieren. Ich sei ja nur der Finanzminister eines Bundeslandes und hätte in Bonn nichts zu melden. Nun wusste ich zufällig, dass Demirel einer deutschen Parlamentarier-Delegation kürzlich bedeutet hatte, dass man sich unter seiner Federführung über die Türkeihilfe schnell einigen würde. Zuvor gelte es nur noch, Ecevit zu stürzen.

Zwischendurch erstattete ich dem Bundeskanzler regelmäßig Bericht über den Stand der Verhandlungen. Der ermahnte mich: »Eines dürfen Sie nicht zulassen. Wir zahlen keinen Pfennig mehr als die Amerikaner. Wir wollen und können keine finanzielle Führungsrolle übernehmen. Das wäre verhängnisvoll und würde mir bei jeder neuen Gelegenheit immer wieder angehängt.«

Spendensuche in Fernost

Derweil hatte ich mein Türkei-Rettungskonzept erweitert. Ich schlug Schmidt vor, die Japaner mit ins Boot zu holen. Wenn dies gelänge, käme es einer Sensation gleich. Noch kurz zuvor wäre es absolut undenkbar gewesen, dass ein Deutscher in Japan für die Türkei um Hilfe bittet. Helmut Schmidt gab mir ein Schreiben mit, das mich als seinen »Personal emissary« auswies und mir in Tokio die Türen öffnen sollte.

Am 12. Mai 1978 flog ich über Amsterdam und Anchorage nach Tokio. Obwohl mein Besuch sehr kurzfristig arrangiert worden war, empfing mich Außenminister Sunao Sonoda sofort. Am Abend zuvor waren mir Bedenken gekommen, wie ich den Japanern ein Engagement für die Türkei plausibel machen sollte. Ankara schien mir auf einmal furchtbar weit entfernt. Ich würde jede Menge Überzeugungsarbeit leisten müssen. Auch musste ich damit rechnen, dass meine japanischen Gesprächspartner verärgert sein würden, weil sie zum Gipfel in Guadeloupe nicht geladen gewesen waren. Doch ich hatte mir unnötig den Kopf zerbrochen: Sonoda war bestens über die Türkei-Problematik informiert und sagte eine japanische Soforthilfe von 70 Millionen Dollar zu. Ich hatte insgeheim mit höchstens 50 Millionen gerechnet, und in guter Atmosphäre besprachen wir noch weitere Themen, wobei Sonoda den Wunsch Tokios nach deutsch-japanischen Konsultationen über weltpolitische Probleme bekräftigte. Die Öffnung Chinas hielt er für irreversibel und riet zu einem koordinierten Vorgehen Japans, der USA und der EG gegenüber dem Reich der Mitte. Es gelte zu verhindern, dass China zu rasch modernisiert werde. Auch dürfe die Chinapolitik nicht zu einer Verschlechterung der Beziehungen zur UdSSR führen. Von Ankara waren wir nun auf die globale politische Ebene gekommen.

Anschließend empfing mich Ministerpräsident Masayoshi Ohira. Auch er war über meine Türkei-Mission vollständig unterrichtet, sodass kein Erklärungsbedarf bestand. Ohira legte mir nahe, mich dafür einzusetzen, dass im Vorfeld des Weltwirtschaftsgipfels im Juni 1979 eine engere Zusammenarbeit zwischen unseren Ländern angestrebt werde. Der Ministerpräsident machte auf mich den Eindruck eines außerordentlich gewitzten Politikers, in der Sache hart und unnachgiebig, doch in der Form taktvoll und dabei von gewinnendem Wesen.

Anschließend suchte ich Finanzminister Yoko Kaneko auf. Dieser ließ sich detailliert über unsere Einschätzung der Lage in Ankara berichten. Am Ende des Tages war ich sehr erleichtert. Die Gespräche in Tokio waren wesentlich besser verlaufen, als ich erwartet hatte, und mehr Geld hatte ich auch bekommen.

Viel Zeit, mich darüber zu freuen, hatte ich nicht. Denn mich erreichte der Anruf des türkischen Finanzministers mit einer Hiobsbotschaft: Die Verhandlungen in Ankara mit dem Internationalen Währungsfonds standen kurz vor dem Scheitern. Der IWF hatte gefordert, als Ersatz für die allgemeine Abwertung der türkischen Währung die Wechselkurse zu spalten. Ankara wollte dies nicht akzeptieren. Mindestens ebenso unglücklich war die Tatsache, dass Ecevit, anstatt den europäischen IWF-Direktor Sir Alan Whittome persönlich zu empfangen, lieber auf Wahlkampfreise gegangen war. Von Whittome aber war das Zustandekommen des gesamten Hilfspakets maßgeblich abhängig.

Im Morgengrauen des nächsten Tages rief mich Ecevit an. Er habe Whittome mittlerweile gesprochen. Das Ergebnis sei negativ. Die

Konditionen des IWF seien unannehmbar, weil politisch und sozial nicht zu verantworten. Ecevit hatte ein »Gentlemen's agreement« vorgeschlagen: Die Türkei werde finanzielle Sanierungsmaßnahmen vornehmen, der IWF solle diese beobachten, und dann könne man sich anhand der Ergebnisse gegebenenfalls einigen. In der Zwischenzeit sollten die USA und Deutschland unabhängig vom IWF Hilfe leisten.

Ich war entsetzt. Das würde das Ende aller Bemühungen bedeuten. Wichtiger noch, die Zusagen, die ich bisher hatte erreichen können, würden in dieser Situation mit Sicherheit zurückgezogen werden. Ich beschwor Ecevit, nichts Derartiges zu unternehmen. Ich würde versuchen zu vermitteln.

Sofort rief ich den IWF in Washington an. Nein, von einer Brüskierung Whittomes oder einer vorzeitigen Abreise sei nichts bekannt – eine gute Nachricht in diesem Ritt über den Bodensee.

Wenig später läutete das Telefon. Diesmal war Whittome persönlich am Apparat: Nein, die Verhandlungen seien nicht gescheitert, berichtete er, nur vertagt. Näheres könne er am Telefon nicht berichten. Er werde mir die Details verschlüsselt über die bundesdeutsche Botschaft in Tokio übermitteln. Whittome bat mich, nichts zu unternehmen, bis ich seinen Bericht gelesen hätte.

Kurz darauf rief Ecevit erneut an. Ich schlug ihm vor, sich mit dem IWF im Gegenzug für eine verbindliche Zahlungsgarantie der Regierung zu einigen. Das machte dem Premierminister die Sache etwas leichter.

Je länger wir verhandelten, desto mehr war ich von meines Vaters Taktik überzeugt, darauf zu achten, dass der Partner das Gesicht wahren konnte. Das formale Zugeständnis machte es Ecevit möglich, die Gespräche fortzusetzen. Ich bat ihn aber vorsorglich, von unseren Gesprächen und dem Stand der Verhandlungen nichts nach außen dringen zu lassen und keinesfalls die Presse zu informieren.

Prompt klingelte wenig später das Telefon – das türkische Fernsehen wollte wissen, was es denn Neues gäbe! Nicht nur in der Türkei haben Wände und Fernmeldeleitungen große Ohren.

Mein längster Tag

Nun begann der längste Tag meines Lebens. Ich flog von Tokio über Anchorage nach New York. Ein Mitarbeiter des State Department empfing mich aufgeregt und teilte mir mit, die Verhandlungen zwischen dem IWF und Ankara seien endgültig gescheitert. Es heißt immer: »Bad news travel fast«. An diesem Tag aber zeigte sich, dass auch der Umkehrschluss zutrifft: Die gute Nachricht, dass ich die Verhandlungspartner wieder an einen Tisch gebracht hatte, war noch nicht im State Department eingetroffen – die Datumsgrenze hatte sich dazwischen geschoben.

Mit einem Flugzeug, das mir VW zur Verfügung gestellt hatte, flog ich nach Washington. Am nächsten Morgen empfing mich der stellvertretende US-Außenminister Warren Christopher im State Department. Es war deutlich, dass den Amerikanern die Türkei »teurer denn je« war, nachdem der Iran mit dem Sturz des Schahs als »Horchposten« und fester Flugzeugträger ausgefallen war. Christopher hatte in dieser Sache bereits in Ankara vorgesprochen, doch die orientalische Verhandlungstaktik offenbar nicht befolgt. Die Türken waren gekränkt, dass sie von den USA nur unter dem Aspekt der Sicherheit und der Verstärkung der NATO-Grenzlinien umgarnt wurden.

Nun betonte Christopher ausdrücklich, wie sehr die Amerikaner die deutsche Initiative zu schätzen wussten. Wir vereinbarten noch einige finanzielle Details und beschlossen, am 30. Mai in Paris als »Pledging date«, dem Schlussdatum der Verhandlungen, festzuhalten. Christopher fand lobende Worte über meine Mission. Doch die Zeit drängte.

Weiter ging's zum Kapitol. Ich war gebeten worden, einigen Kongressabgeordneten und Senatoren plausibel zu erläutern, warum Präsident Carter die Türkei so nachhaltig unterstützte, und zwar Vertretern der recht starken »Griechen-Lobby«. Drei Millionen Wähler hellenischer Abstammung zählen viel in Amerika. Im Vorfeld meines Besuchs war bereits ausgestreut worden, man lasse sich in der Türkei auf ein zweites Vietnam ein. Der schwelende Konflikt auf Zypern war auch nicht dazu angetan, die Griechen davon zu überzeugen, dass es wichtig war, die Türkei zu unterstützen. Die Unterredung im Kapitol gehörte deshalb zu den weniger erfreulichen Etappen meiner Mission. Ich traf auf viel Unkenntnis und Ablehnung.

Dann sprach ich auch noch rasch beim IWF vor. In unserer Unterredung bekräftigten wir ebenfalls den 30. Mai als »Pledging date«. Ich erfuhr, dass der IWF meine Aktivitäten zunächst etwas argwöhnisch beäugt hatte. Man hatte Druck und Einmischung befürchtet, war hocherfreut, dass beides ausgeblieben war.

Am frühen Abend telefonierte ich mit Alan Whittome, der mittlerweile nach London zurückgekehrt war. Seine jüngsten Gespräche mit Ecevit hätten vieles klären können, berichtete er. Er glaube nun an das Zustandekommen einer Einigung und sei zu weiteren Gesprächen bereit – auch nach dem Stichtag 30. Mai

Spätabends läutete das Telefon erneut. Am anderen Ende war das Weiße Haus! Sicherheitsberater Zbigniew Brzezinski bedankte sich im Namen von Präsident Carter. Nach einer gut besuchten Pressekonferenz am nächsten Morgen flog ich über New York und London zurück nach Frankfurt.

Kassensturz

Bei der offiziellen OECD-Konferenz im Pariser Château de la Muette am 30. Mai 1979 war ich nicht anwesend. Der »Tag der Türkei« fand statt, ohne dass Ankara eine Vereinbarung mit dem IWF getroffen hatte. Doch die Spenderrunde kam trotzdem zusammen. Am Abend wurde das Ergebnis bekannt gegeben: 910 Millionen Dollar waren gesammelt. Ich war überwältigt. In meinen kühnsten Träumen hatte ich auf 800 Millionen gehofft. Die USA waren mit 248 Millionen Dollar am spendabelsten, gefolgt von Deutschland mit 200 Millionen. 75 Millionen kamen von Belgien, je 70 von Frankreich und Japan, 40 aus Italien, 35 aus Österreich, je 30 aus Großbritannien, Norwegen und der Schweiz, 20 aus den Niederlanden, 10 aus Schweden, 5 aus Dänemark und 2 aus Finnland. Kanada und Luxemburg wollten zu diesem Zeitpunkt noch keine konkreten Zahlen nennen, und die australischen und neuseeländischen Portemonnaies blieben geschlossen. Zu diesen Summen kamen noch Weltbank-Kredite und Darlehen der Europäischen Gemeinschaft, des Internationalen Währungsfonds und privater Banken – Mission accomplished!

Wiedersehen mit Ecevit

Im November 1979 lösten Suleyman Demirel und seine Mannschaft die Regierung Bülent Ecevits ab. Am 12. September 1980 putschte das Militär unter Generalstabschef Kenan Evren. Ecevit wurde zur Persona non grata. Er wurde zwar nicht des Landes verwiesen, doch man verbannte den verdienten Politiker in eine winzige Wohnung in einer hässlichen Mietskaserne weit außerhalb Ankaras.

Mitte der Achtzigerjahre besuchte ich die Türkei und führte ein langes Gespräch mit dem Präsidenten und General Evren, der mich sehr beeindruckte. Nach Abschluss des offiziellen Teils meiner Reise wollte ich Bülent Ecevit in seiner Wohnung besuchen. Der deutsche Botschafter riet entschieden ab: Kontakte mit Ecevit würden nicht gern gesehen. Mir war das gleichgültig, denn in meinen Augen haben politisch-taktische Erwägungen hinter menschlicher

Anteilnahme zurückzustehen. Ich setzte mich in ein Auto und fuhr zu Ecevit. Er empfing mich voller Herzlichkeit und Rührung und sagte, er werde mir meinen Einsatz für die Türkei nie vergessen. Wir sprachen lange miteinander – über Persönliches, die politische Lage der Türkei, Europas und der Welt. Ecevit machte niemals einen Hehl daraus, dass er sein Land fest in der europäischen Völkergemeinschaft verankert sehen wollte. Wir konnten damals nicht ahnen, dass wir dieses Gespräch eines Tages in politischer Mission fortsetzen würden.

Im Jahr 1999 traf ich Bülent Ecevit wieder. Er amtierte seit 1997 wieder als Ministerpräsident in Ankara. Damit hatte er nun alle Höhen und Tiefen eines Politikerlebens ausgekostet. Wir trafen uns im Rahmen der Verhandlungen um die Wiederherstellung der Türkei als Kandidat für die Europäische Union. Mit dem EU-Gipfeltreffen von Helsinki vom 11. Dezember 1999 sollten die Beziehungen zwischen der Europäischen Union und der Türkei mit neuem Leben erfüllt werden. Bundeskanzler Schröder hatte mich gebeten, Ecevit einen persönlichen Brief zu überbringen. Als ich das Schreiben aushändigte, nahm mich Ecevit beiseite: »Jetzt muss ich Sie doch etwas fragen, Herr Kiep. Sind Sie eigentlich noch CDU-Mitglied?«

Ich muss etwas verwundert dreingeschaut haben. Ecevit erläuterte mir umgehend den Grund seiner Frage: »1979 reisten Sie als persönlicher Beauftragter von Helmut Schmidt in unserer Angelegenheit um die Welt. Heute bringen Sie mir einen Brief von Bundeskanzler Schröder ... Ich wundere mich nur.«

Ich konnte Ecevits Zweifel ausräumen. Die Partei habe ich nie gewechselt.

Die Türkei in Europa

Nach meiner festen Überzeugung gehört die Türkei nach Europa. Seit mehr als vierzig Jahren wird Ankara eine Mitgliedschaft in der Europäischen Union in Aussicht gestellt. Das Abkommen von Ankara, unterzeichnet 1963, machte die Türkei zum assoziierten Mitglied der damaligen EWG. »Sobald das Funktionieren des Abkommens es in Aussicht zu nehmen gestattet, dass die Türkei die Verpflichtungen aus dem Vertrag zur Gründung der Gemeinschaft vollständig übernimmt, werden die Vertragsparteien die Möglichkeit eines Beitritts der bisherigen Gemeinschaft prüfen«, heißt es dort vage formuliert. Doch die positive Zielrichtung ist deutlich.

Im April 1987 stellte die Türkei einen Antrag auf Vollmitgliedschaft. Der EU-Ministerrat beschied ihn drei Jahre später negativ. Im selben Jahr, 1990, strebten EU und Türkei eine Zollunion an, die sie fünf Jahre darauf vertraglich festlegten und die das Europäische Parlament bestätigte. Diese Zollunion ist seit Anfang 1996 in Kraft und hat, wie erwartet, kräftigen Schwung in die Handelsbeziehungen gebracht. Gerade ein Jahr später jedoch, auf dem Gipfel in Luxemburg im Dezember 1997, verwehrte die EU der Türkei die Benennung als Beitrittskandidaten. Dies führte, wenig überraschend, zu erheblichen Missstimmungen zwischen Ankara und Brüssel. Die Türkei brach den Dialog mit der EU ab. Sie verweigerte sogar ihre Teilnahme mit einem Sonderstatus bei einer EU-Konferenz.

Doch die Dinge waren nicht so verfahren, wie es schien: Ende 1999 erkannte bei einem EU-Gipfel in Helsinki die Gemeinschaft die Türkei in aller Form als Beitrittskandidaten an. Sogleich startete eine »Vor-Beitrittshilfe« der EU, die der wirtschaftlichen und sozialen Entwicklung des Landes zugute kommen sollte. Darlehen und Beratungsangebote sollten der Türkei ferner auf ihrem Weg nach Westen helfen – auch auf dem Pfad zur Erfüllung der Kopenhagener Kriterien. 1993 formuliert, besagen diese Richtlinien, dass in einem Beitrittsland demokratische und rechtsstaatliche Ordnung herrschen muss, Menschenrechte gewahrt und Minderheiten geschützt und geachtet werden müssen.

Ich sondierte unter anderem die Haltung zweier anderer EU-Mitglieder zur Kandidatur Ankaras. Die Griechen waren als historische Feinde eher unnachgiebig gestimmt, auch wenn Athen nicht direkt versucht hatte, die Anerkennung Ankaras als Beitrittskandidat in Helsinki zu verhindern. In Rom, so ergaben meine Gespräche, war Außenminister Lamberto Dini gegen eine Kandidatur der Türkei. Wer, so überlegte ich, besaß das Ohr der Regierungen, in welches Fakten und Argumente geflüstert werden konnten, die der Türkei halfen. Wirtschaftlichen Gesichtspunkten verschließen sich die Regierenden selten. Ich hatte zwei Ideen. Ich rief meinen Freund, den Bankier Max Warburg an. Gemeinsam beschlossen wir, griechische Reeder zu einem Dinner nach London zu laden. Wir bekamen umgehend fünfzig Zusagen. Während des Abends gelang es uns, das eine oder andere Argument für die Türkei an geeigneter Stelle zu platzieren.

Für meinen »Marsch auf Rom« wählte ich einen noch direkteren Weg. Da ich gerade in der Schweiz war, rief ich Gianni Agnelli an, den damaligen Fiat-Chef und mächtigsten Industriellen Italiens. Wir verabredeten uns für den folgenden Tag zum Essen in St. Moritz. Ich lenkte das Gespräch auf die Türkei. Ich legte Gianni meine Zuneigung zu diesem Land und meine Argumente für den Kandidatenstatus dar. Sodann beklagte ich, dass Dini sich gegen die Kandidatur ausgesprochen habe. »Was?«, erwiderte Agnelli, »das kann ich mir nicht vorstellen. Ich habe doch dreißig Prozent Marktanteil in der Türkei …« Wir wechselten das Thema. Um 8.00 Uhr am nächsten Morgen erhielt ich einen Anruf von Agnelli. Die Nachricht war kurz und eindeutig: »Dini war und ist für den Beitritt der Türkei.« Nun verstand ich, warum jedermann in Italien Agnelli »Avvocato«, der Advokat, nannte.

Ich hielt es für klüger, Bülent Ecevit nichts von diesen Begegnungen zu erzählen. Möglicherweise wäre seine zarte osmanische Seele – Ecevit ist ein anerkannter Poet – durch mein kühles ökonomisches Taktieren verletzt worden.
Ende 2004 beschloss die EU, von Oktober 2005 an mit der Türkei über den Beitritt zu verhandeln. Im März 2005 mahnten die EU-Minister Ankara, bei Reformbemühungen den Schritt nicht zu verlangsamen. Das Hin und Her schien sich fortzusetzen. Kein anderer Beitrittskandidat wurde so lange hingehalten, so häufig ein-, vor- und ausgeladen und ermahnt und gescholten wie die Türkei. Keinem anderen Land wurden auf dem Weg in das gelobte europäische Land derart viele Steine in den Weg gerollt. Und bei keinem anderen Land bestehen so viele Vorbehalte, Ängste und Befürchtungen wie bei der Türkei – auch in meiner eigenen Partei. Trotzdem kommt das Verdienst, die erneute Kandidatur Ankaras im Jahr 1999 im Vorfeld maßgeblich unterstützt zu haben, Helmut Kohl zu. Während seiner Regierungszeit wurden die Grundlagen für die deutsche EU-Ratspräsidentschaft gelegt. In dieser Zeit schließlich wurde die Wiederaufnahme der Bewerbung der Türkei durchgesetzt. Seither hat die CDU die Beitrittsbemühungen der Türkei eher hinterfragt als unterstützt – zu Unrecht, wie ich meine. Ich bin der Überzeugung, dass das europäische Haus ohne die Türken nicht standfest ist. Mit der Aufnahme Ankaras tun wir uns, der Europäischen Union, und dem internationalen Mächtegleichgewicht einen Gefallen. Die Beitrittsverhandlungen, die nunmehr aufgenommen worden sind, sollten so zügig, aber auch so konsequent wie möglich und nötig geführt werden.
Je älter ich werde, desto intensiver wird meine Freundschaft zur Türkei. Als Junge habe ich in Istanbul den Modernisierungsprozess einer Gesellschaft miterleben können, der sicher zu den größten des 20. Jahrhunderts zählt. Die Umwandlung eines in traditionellen, zum Teil mittelalterlichen Gefügen des Kalifats lebenden Landes in einen modernen Staat, der den Prinzipien der Demokratie und des

Humanismus verpflichtet ist, zeigte die große Vitalität und Erneuerungskraft der Türkei. Dieser Prozess soll und muss allerdings eine neue qualitative Ebene erreichen.

Bei allen meinen politischen, geschäftlichen und privaten Begegnungen erkannte ich immer deutlicher, dass dieser Fortgang in einem europäischen Rahmen zu erfolgen hat. Meiner Meinung nach werden viele Ängste, die in der Bevölkerung Europas vor einem Türkei-Beitritt schlummern, durch die kontroverse Diskussion um die Aufnahme teilweise bewusst geschürt. Stattdessen sollte man sich bemühen, einander besser kennen zu lernen.

Angst vor Überfremdung, vor einer wirtschaftlichen und politischen Überdehnung Europas, vor einem Zusammenprall unterschiedlicher Kulturen und Religionen begleiten die Beitrittsdebatte. Ich glaube, dass diese Ängste durch eine nüchterne Betrachtung der Geschichte Europas überwunden werden können. Europa ist kein exklusiver »Christenklub«. Das Christentum ist eine Religion der Toleranz und Humanität. Eine Aussperrung anderer Menschen und Völker hat in der Geschichte unseres Erdteils stets zu Katastrophen und Kriegen geführt. Grausame Höhepunkte sind die Judenverfolgungen, die Massenmorde der christlichen »Bekehrer« in Amerika, die Hugenottenverfolgungen und der Dreißigjährige Krieg. Diese Lektion sollte Europa endlich gelernt haben.

Europa wurde zu dem einzigartigen Gebilde, das es heute ist, gerade durch den Austausch mit anderen Kulturen und Religionen. Die außerordentliche kulturelle und soziale Blüte, die das arabische Intermezzo Spanien im Mittelalter bescherte, und die Impulse, die hiervon nach ganz Europa ausgingen, kann niemand bestreiten. Die Verfassung der Europäischen Union, um die mit Recht lange gerungen wurde, enthält keine Klausel, die Europa als christliche Gemeinschaft apostrophiert. Auch steht dort nirgends geschrieben, dass Europa allein die Wiege der Menschheit sei. Bei einem einzigen Gedanken nur an die unzähligen Menschenleben, die das

Christentum mehr als jede andere Religion in seinem Namen gefordert hat, verstummt jedwede Forderung nach dem Christentum als höchste moralische Instanz.

Von einer wirtschaftlichen und politischen Überlastung bei Aufnahme der Türkei kann meines Erachtens nicht die Rede sein. Mit einem Wachstum von 9,8 Prozent in 2004, gegenüber 5,9 Prozent in 2003, macht die Türkei gute Fortschritte. Wir wären froh, wenn Deutschland diese Quote erreichte. Auch die Inflation, die bei zehn Prozent liegt, hat Ankara in den Griff bekommen. Der Beitritt der Türkei wird Europa, besonders der deutschen Wirtschaft, neue Absatzmärkte öffnen, nicht nur in der Türkei, sondern auch in ihren Anrainerstaaten.

Die Europa-Begeisterung in der Türkei ist groß. Gerade junge Menschen, die Führungskräfte von morgen, drängen in die Europäische Union, sehen sie darin doch zu Recht eine Verbesserung ihrer Lebenschancen. Der berufliche Mittelstand hofft auf jene Reformpolitik, welche die Verhandlungen mit der Türkei nach sich ziehen muss. Diese Europa-Begeisterung ist in letzter Zeit durch die Anti-Türkei-Propaganda Ewiggestriger in manchen europäischen Ländern abgeflaut. Doch die überwältigende Mehrheit der Türken strebt nach Europa. Diese Haltung sollten wir ermutigen, statt die Türkei vor den Kopf zu stoßen. Sollten die Beitrittsverhandlungen durch allzu langwieriges Gefeilsche gekennzeichnet sein, bei dem der Türkei stets neue, immer inakzeptablere Bedingungen auferlegt werden, dann könnte sich die Mehrheit der türkischen Bevölkerung enttäuscht von Europa abwenden, hin zur sich zunehmend radikalisierenden islamischen Welt. Dies wäre eine für Europa fatale Entwicklung. Wir brauchen die Türkei als Brückenbauer, als Vermittler zwischen der christlich und der islamisch geprägten Welt. Europa kann es sich immer weniger leisten, auf einen Partner zu verzichten, der in der Vergangenheit treu und verlässlich war. Auch wäre es unklug, einen traditionell westlich orientierten Machtfaktor in der Türkei zu verprellen. Das türkische Militär betrachtet die Bestrebungen des Landes in Richtung Europa wie auch die europäischen Strategien gegenüber der Türkei durchaus mit Misstrauen. Ein hoher türkischer Militär formulierte dies mir gegenüber so: »Erst treibt ihr uns zu Reformen an, dann haben wir uns verändert, und jetzt sagt ihr April, April und wollt uns doch nicht haben. Was dann?« Dieser Haltung sollten wir nicht in die Hände spielen.

Es ist absurd, Länder wie Irak, Iran und Syrien von den Segnungen der Demokratie überzeugen zu wollen, schon gar nicht mit Gewalt. Der Türkei aber, die in diesem Prozess unvergleichlich viel weiter fortgeschritten ist, die Entwicklung der Demokratisierung zu erschweren, ist ein kapitaler Fehler. Die Türkei muss Europas Verbindungsglied zur islamischen Welt und zugleich Schutzwall für Europas Vorhof sein. Die jüngsten Entwicklungen in den südlichen islamischen Ländern der ehemaligen Sowjetunion zeigen, wie wichtig es ist, diesen Kurs beeinflussen zu können. Die Türkei soll in Zukunft der gute Makler Europas in der islamischen Welt sein und nicht die gegen unseren Kontinent gerichtete Speerspitze.

In Diskussionen über Pro und Kontra einer EU-Mitgliedschaft der Türkei höre ich wiederholt das Argument, »Kerneuropa«, also insbesondere Deutschland, die Beneluxstaaten, Frankreich und Italien, würden bei einem Beitritt von einer mohammedanischen Menschenflut überspült. Ich halte diese Ansicht für Panikmache. Ähnliche Befürchtungen wurden Ende der Siebzigerjahre geäußert, als Spanien und Portugal sich anschickten, ins europäische Boot zu steigen. Nichts dergleichen geschah. Im Gegenteil, durch die europäische Einbindung gewann das »Daheimbleiben« an Attraktivität. Die wirtschaftliche Lage und damit die gesamte Infrastruktur dieser Länder verbesserten sich zusehends. Wer heute durch Spanien und Portugal reist, sieht, dass die beiden Staaten mit den Fast-Schwellenländern der Siebzigerjahre nichts mehr gemein haben. Hier kann man mit Fug und Recht von blühenden Landschaften sprechen.

Auch in Polen, einem Land der jüngsten Beitrittsrunde 2004, zeichnet sich eine ähnliche Entwicklung wie auf der Iberischen Halbinsel ab. Man kann nicht behaupten, dass Polen sich rapide entvölkert und die europäischen Bruderstaaten mit Zuwanderern zu kämpfen haben. Vielmehr scheinen sich die Polen nach dem Motto »Wir können vieles, was ihr nicht mehr könnt« auch wirtschaftlich zu erholen. Schon heute sind die meisten westpolnischen Gebiete Boomregionen, in denen nunmehr auch manche Ostdeutsche Arbeit finden. Deutsche Exportfirmen profitieren von dieser Entwicklung.

Die neuen Beitrittsländer helfen übrigens nicht aus der demografischen Patsche, in der sich die Länder des alten Europa befinden. Die Geburtenraten sind dort ebenso niedrig wie in den »Kernländern«. Das sieht in der Türkei ganz anders aus.

Ohne Zweifel wird die Türkei hart an ihren Reformprogrammen arbeiten müssen. Investitionen werden das wirtschaftliche Gefälle zwischen den urbanen Zentren und den ländlichen Gegenden abbauen helfen müssen. Die offizielle Arbeitslosenquote in Anatolien liegt bei 20 Prozent. Im sozialen Bereich wäre die Einführung einer Arbeitslosenversicherung dringend nötig. Ankara muss weiterhin zu einem angemessenen Umgang mit den Minderheiten finden. Das gilt für die Kurden ebenso wie für die nahezu fünfzig anderen ethnischen und religiös-konfessionellen Gruppen, die als Erbe des Osmanischen Reiches noch in der Türkei vertreten sind, darunter auch eine christliche Minderheit. Dieser muss es gestattet sein, Kirchen zu errichten. Der Hinweis auf die an der türkischen Südküste entstehenden christlichen Kirchen reicht nicht aus, denn hier dürfen keine kommunalen, sprich touristischen, Interessen ausschlaggebend sein. Ich habe eine von der EKD formulierte Eingabe an das türkische Außenministerium eingereicht. Eine Antwort steht noch aus.

Auf dem Weg zu einer freiheitlichen und humanen Gesellschaft und zur gleichberechtigten Partnerschaft in der europäischen Staatengemeinschaft sollte sich die Türkei ohne Ängste und Vorbehalte mit ihrer Geschichte auseinander setzen. Dazu gehört freilich auch die Übernahme der Verantwortung für den Völkermord an den Armeniern.

Zu Beginn des Ersten Weltkriegs, ab Februar 1915, organisierten staatliche Stellen die systematische Vertreibung der Armenier aus ihren kleinasiatischen Heimatorten, die Entwaffnung der armenischen Soldaten und schließlich die Tötung der armenischen Bevölkerung. An der Spitze dieser verbrecherischen Kampagne standen jungtürkische Aktivisten unter Führung von Kriegsminister Enver Pascha und Innenminister Talaat Pascha. Die Jungtürken strebten zu Beginn des 20. Jahrhunderts eine nationale Erneuerung ihrer Heimat an. Doch wie bei fast jeder Revolution spielten dabei auch Hass und Paranoia mit. Enver Pascha glaubte, die christlichen Armenier stünden mit dem Kriegsgegner Russland im Bunde.

Mehr als eine Million Menschen verloren bei dieser Verfolgung ihr Leben. Nach meiner Erkenntnis war das Vorgehen gegen die Armenier eine brutale, rücksichtslose Vertreibung, aber keine »industrielle« Menschenvernichtung, wie sie später im Dritten Reich stattfand. Dennoch geschah der Armeniermord, was in Deutschland wenig bekannt ist, unter den Augen der deutschen Militärmission. Der deutsche Feldmarschall Colmar Freiherr von der Goltz und Generalleutnant Fritz Bronsart von Schellendorf als Generalstabschef des osmanischen Feldheeres waren über die verbrecherischen Pläne genau informiert. Dabei wurde eine unmenschliche Gesinnung deutlich, die sich ein Vierteljahrhundert später in Deutschland Bahn brach. So notierte Bronsart von Schellendorf bereits am 25. Juli 1915 auf einem dienstlichen Schriftstück: »Der Armenier ist, wie der Jude, außerhalb seiner Heimat ein Parasit, der die Gesundheit eines anderen Landes, in dem er sich aufhält, aussaugt.« Diese Gesinnung war später den Nazis das Alibi ihres Völkermords, der Shoah.

Der Völkermord an den Armeniern wird heute in der Türkei quasi unter Verschluss gehalten. Das schadet der Glaubwürdigkeit des aufstrebenden Landes. Die Türkei sollte sich offen mit ihrer Geschichte auseinander setzen – auch mit deren dunklen Seiten. Denn nur wer bereit ist, die Verantwortung für die Irrwege und Verbrechen der Vergangenheit zu übernehmen, kann für die Zukunft lernen. Die Türkei sollte in eigener Regie und in Zusammenarbeit mit Armenien die eigene Geschichte untersuchen. Auf diese Weise würde die türkische Gesellschaft offener, demokratischer, europäischer. Die Türkei würde damit viele Ängste in Europa zerstreuen und an Glaubwürdigkeit gewinnen.

Auch im Zypernkonflikt muss rasch eine Lösung gefunden werden. Ankara sollte verstehen, dass es inakzeptabel ist, wenn ein Mitglied der EU Territorien eines anderen besetzt hält. Die Verärgerung des türkischen Ministerpräsidenten Recep Tayyip Erdogan über die zögerliche Haltung mancher Europäer ist verständlich. Doch auch Erdogan sollte seine Einstellung überdenken. Sein Ausspruch, den Europäern seien 600 000 Zyprioten wichtiger als 60 Millionen Türken, kann so nicht akzeptiert werden. Wir müssen die Interessen aller berücksichtigen, jene Maltas ebenso wie die Deutschlands und der Türkei.

Im August 2000 unterzeichnete die Türkei in New York zwei UN-Abkommen, die bürgerliche, politische, wirtschaftliche, soziale sowie kulturelle Rechte festlegen. Auf dem Entwurf der EU-Kommission für die Gipfelkonferenz von Nizza im Jahre 2000, bei der die Beitrittspartnerschaft der Türkei unterzeichnet wurde, standen 112 Punkte. Sie skizzierten politische, wirtschaftliche und institutionelle Reformen, welche die Türkei vornehmen müsste, um »europareif« zu werden – eine wahrhaft titanische Aufgabe. Doch Ende 2004 attestierte der Fortschrittsbericht der Kommission dem Beitrittskandidaten, dass Ankara offenbar ausreichend Kriterien erfüllt hatte, um den Beginn der Beitrittsverhandlungen für 2005 in Aussicht zu stellen.

Die Freundschaft zwischen der Türkei und Deutschland ist traditionell. Bereits am Hof des Großen Kurfürsten war im 17. Jahrhundert ein Botschafter des Osmanischen Reichs akkreditiert. Premier Erdogan, der seit 2003 in Ankara die türkischen Geschicke lenkt, strebt mit großer Entschlossenheit die EU-Mitgliedschaft an. Recep Tayyip Erdogan hat sich aus kleinsten Verhältnissen nach oben gearbeitet. Er begann als Islamist und wurde dann zum Bürgermeister Istanbuls gewählt. Seine Amtszeit zeichnete sich durch Effizienz und die Bekämpfung der Korruption aus. Auf Grund seiner islamistischen Haltung wanderte Erdogan ins Gefängnis. Das brachte ihn zu einem Wandel seiner Einstellung. Nach seiner Haft gründete er die AKP. Sie vereint islamische Tradition mit Werten von Demokratie und westlicher Effizienz. Erdogan, darüber sind sich alle politischen Beobachter einig, ist aus jenem Holz geschnitzt, aus dem große Politiker gemacht sind. Alles andere als dogmatisch, setzt Erdogan sich gern in Bezug zu Kemal Atatürk, dem großen Erneuerer der Türkei und vehementen Gegner des Islamismus. Das macht Hoffnung.

Türkei oder Schweiz?

Bei einem meiner regelmäßigen Besuche in Ankara lud mich der Botschafter Frankreichs in seine Residenz ein. Anlass war die Verabschiedung des Schweizer Botschafters. Der Vertreter Frankreichs in der Türkei sprach in einer humorvollen Rede von der »schier unerträglichen Isolation der Schweiz«, die in dieser Weise nicht weiter fortschreiten dürfe. Der anwesende türkische Staatssekretär erwiderte die Rede unseres Gastgebers. An den Schweizer Botschafter gewandt sagte er: »Exzellenz, ich kann Ihnen im Namen dieser und aller folgenden türkischen Regierungen versichern, dass wir den Aufnahmeantrag der Schweiz in die Europäische Union unterstützen werden.«

Vielleicht kursiert daher in Zürcher Bankenkreisen derzeit ein Witz in Form einer Wette: Wer wird zuerst Mitglied der Europäischen Union, die Schweiz oder die Türkei? Bülent Ecevit, der ein Jahr älter ist als ich, und ich selbst haben uns fest vorgenommen, dass wir die Verhandlungen über den Beitritt der Türkei zur Europäischen Gemeinschaft bis zu ihrem guten Abschluss miterleben wollen. Wir sind beide bereits Anfang achtzig. Es wird also höchste Zeit.

Unterhändler für Deutschland

Ein deutsches Schicksal

Am 23. November 1985 vermeldete das »Neue Deutschland«, dass zwei Sekretäre des Zentralkomitees (ZK) der SED und Mitglieder des Politbüros »ihre Ämter niederlegen«: Herbert Häber und Konrad Naumann. Diese Notiz ließ mich aufhorchen. Ich kannte Herbert Häber seit Mitte der Siebzigerjahre. Wir hatten uns wiederholt getroffen und über die deutsch-deutschen Beziehungen ausgetauscht.

Herbert Häber ist nur wenige Jahre jünger als ich. Wir fanden unser gemeinsames Engagement in der deutschen Frage. Häber war 1946 in die SED eingetreten. Er arbeitete als Korrespondent für die sowjetische Nachrichtenagentur SND und den Allgemeinen Deutschen Nachrichtendienst ADN. In den Fünfzigerjahren studierte Häber ein Jahr lang in Moskau. Zuvor war er bereits politischer Mitarbeiter der Westkommission im SED-Politbüro gewesen. Während seiner 11. Tagung im Dezember 1973 machte das Politbüro Herbert Häber, der inzwischen zum Professor ernannt worden war, zum Leiter der Westabteilung des ZK. Diesen Posten hatte Häber bis 1985 inne. Zeitweilig, von Mai 1984 bis November 1985, wurden Häber höchste Weihen zuteil: Er wurde Politbüromitglied und Sekretär des ZK.

Als mir die Notiz im »Neuen Deutschland« zur Kenntnis kam, war ich sehr verwundert. Häber war nie besonders gesund gewesen. Als ich ihn Anfang des Jahres 1985 in Berlin traf, machte er jedoch keinen hinfälligen Eindruck. Ich vermutete vielmehr, dass sein Rücktritt von diesem Amt in unmittelbarem Zusammenhang mit dem Besuch Erich Honeckers bei KPdSU-Generalsekretär Konstantin Tschernenko und Marschall Dmitri Ustinow im August 1984 stand. Häber hatte in Vorbereitung dieses Treffens das Handpapier für Honecker abgefasst.

Ustinow griff Honecker nicht nur scharf an, der Marschall ging sogar so weit, Honecker zur Disposition zu stellen, falls er seine geplante Reise in die Bundesrepublik nicht absage. Aber das erfuhr ich erst später, ebenso dass die von Herbert Häber propagierte »Koalition der Vernunft« zwischen den beiden deutschen Staaten von Moskau als eine Beeinträchtigung seiner Sicherheitsinteressen gewertet wurde. Moskau beschuldigte das SED-Politbüro, der NATO in die Hände zu arbeiten. Dieser Verdacht allein bot genügend Zündstoff, um Herbert Häber aus allen seinen Ämtern zu verbannen.

Erich Mielke, Minister für Staatssicherheit, ließ heimlich Dossiers über Häbers Tätigkeit und seine Kontakte anfertigen. Darin war die Rede von Häbers Mitarbeit im westdeutschen Geheimdienst, im amerikanischen gar! Was das bedeutete, war klar: Ostberlin bedrohte bis 1987 Landesverrat mit der Todesstrafe.

Im Politbüro war Häber plötzlich isoliert. Die Genossen hatten ihm gegenüber »Schweigepflicht«. Häbers labile Gesundheit litt unter diesem Zustand, und im August 1985 musste er sich in das Regierungskrankenhaus Berlin-Buch einweisen lassen. Im November erklärte er »aus gesundheitlichen Gründen« seinen Rücktritt aus dem Politbüro. Man gewährte Häber eine »Ehrenpension« von 6000 Mark monatlich. Er hat davon nie einen Pfennig gesehen.

Zuvor hatte Häber im Regierungskrankenhaus hohen Besuch empfangen: Erich Honecker suchte seinen einstigen Vertrauten auf. Er beschuldigte ihn, Differenzen zwischen der SED und dem großen Bruder KPdSU an die Öffentlichkeit getragen zu haben, ein ausreichender Grund für einen Rücktritt aus dem ZK. Honecker bedrängte Häber, diesen Rücktritt zu beantragen.

Für Häber begann damit ein schrecklicher Leidensweg. Er wurde in eine psychiatrische Klinik eingewiesen und mit Psychopharmaka ruhig gestellt – Methoden aus den finstersten Zeiten der Sowjetdiktatur. Nach seiner Entlassung aus der psychiatrischen Klinik bekam Häber eine Stelle an der Akademie für Gesellschaftswissenschaften beim Politbüro des ZK der SED zugewiesen. Sein Tätigkeitsfeld blieb undefiniert.

Nach der Wende musste sich Herbert Häber wegen der Schüsse an der deutsch-deutschen Grenze vor Gericht verantworten. Im Jahr 2000 wurde er vom Vorwurf des Totschlags durch Unterlassung freigesprochen. Zwei Jahre später hob der Bundesgerichtshof das Urteil auf. Das Verfahren gegen Häber wurde wieder aufgenommen, und im Juli 2004 sprach das Landgericht Berlin Häber wegen Anstiftung zum dreifachen Mord schuldig. Von der Verhängung einer Strafe sah das Gericht allerdings ab, weil Häber sich zum Zeitpunkt der Todesschüsse bereits für eine Abmilderung des so genannten Grenzregimes eingesetzt habe.

Kontaktaufnahme

Zwischen 1975 und 1985 haben Herbert Häber und ich uns ungefähr zwanzig Mal getroffen. Meist sahen wir einander in der Ständigen Vertretung der Bundesrepublik in Ostberlin, aber auch in Leipzig, Erfurt, Hamburg, Bonn. Nachdem das Eis zwischen uns gebrochen war, konnten wir sehr offen miteinander reden und auch Themen anschneiden, die auf »offizieller« Ebene tabu waren. Sicherlich war dabei hilfreich, dass unsere Treffen an der Presse vorbeigingen. Allzu große Publicity hätte ihrem Fortkommen nur geschadet.

Häber hat von unseren Unterredungen ausführliche Protokolle angefertigt – wofür mir Muße und Neigung fehlten. Seine Protokolle sind Ende der Neunzigerjahre in Buchform veröffentlicht worden. Besonders lesenswert ist die Niederschrift über das Geheimtreffen zwischen Honecker und Tschernenko im August 1984 in Moskau – ein Lehrstück der Machtpolitik, wie die große UdSSR sich anschickt, den Vasallen DDR wieder auf linientreuen Kurs zu bringen.

Ich hatte Herbert Häber zum ersten Mal 1975 getroffen. Die CDU/CSU befand sich im sechsten Jahr in der Opposition. Unter der sozialliberalen Koalition waren das Transitabkommen, der Verkehrsvertrag sowie der Grundlagenvertrag zu Stande gekommen. Zudem waren im Mai 1974 in beiden deutschen Staaten Ständige Vertretungen des jeweils anderen eingerichtet worden. Mir war bewusst, dass die CDU/CSU mit ihrer permanenten Blockadetaktik in Ostberlin kein gutes Bild abgab. Es ging darum, dieses Bild zu revidieren und die Machthaber der DDR davon zu überzeugen, dass auch die CDU/CSU ein verlässlicher Partner sein würde. Die Kontinuität der deutsch-deutschen Beziehungen wäre auch unter einer konservativen Regierung in Bonn gewährleistet.

Am 15. Januar 1975 machte ich mich nach Ostberlin auf. Zunächst fuhr ich in die Ständige Vertretung der Bundesrepublik in der Hannoverschen Straße 30. Günter Gaus, vormals »Spiegel«-Chefredakteur, war dort seit einem halben Jahr Hausherr. Gaus war auf eine sehr angenehme Weise von seiner Mission erfüllt. Er betrachtete die Arbeit in Ostberlin als seine Lebensaufgabe und bezeichnete sich gerne als einen »Botschafter der Reformation beim Vatikan«. Gaus führte mich in die so genannte »Laube«, den später berühmt gewordenen abhörsicheren Raum, den der BND hier konstruiert hatte.

Wir sprachen unter vier Augen. Später fuhren wir zum Abendessen in Gaus' Residenz in Niederschönhausen. Hier traf ich Herbert Häber zum ersten Mal. Er schien seine kleine Delegation anzuführen – zumindest verbal. Natürlich war die Parteilinie in seinen Äußerungen durchgängig hörbar. Trotzdem machte er auf mich den Eindruck eines gescheiten, witzigen Mannes. Auch schien er die

Gabe des Zuhörens zu besitzen. Häber, so spürte ich, war ein guter Ansprechpartner.

Gaus hatte zum ersten Mal eine solche Runde in seinem Privathaus versammelt. Außer Häber waren von Ostberliner Seite Horst Grunert, der Stellvertreter des Ministers für Auswärtige Angelegenheiten der DDR, Wolfgang Heyl, stellvertretender Vorsitzender der DDR-CDU, und Karl Seidel, Leiter der Abteilung BRD im Ministerium für Auswärtige Angelegenheiten, anwesend. Auf westdeutscher Seite waren neben Gaus und mir Hans-Otto Bräutigam, stellvertretender Leiter der Ständigen Vertretung, und mein Mitarbeiter Ralf Lützenkirchen dabei. Die nächsten Bundestagswahlen waren für 1976 anberaumt, und man schien sich auf SED-Seite auf einen Machtwechsel in Bonn einzustellen.

Die Gegensätze zwischen beiden »Lagern« traten während dieses Abends unvermindert in Erscheinung, doch ich hatte den Eindruck, dass das Interesse an wirtschaftlichen Entwicklungen sehr groß war, ebenso an einer Verbesserung der Verkehrswege nach Berlin. Ich brachte die von uns geforderte Grundbedingung der Erleichterung für die Menschen zur Sprache und stellte fest, dass sich mein Gegenüber dieser Geschäftsgrundlage unsererseits offenkundig bewusst war.

Nach sechs Stunden trennten wir uns. Ich war mit dem Gespräch zufrieden. Es war mir gelungen, Häber davon zu überzeugen, dass auch für die CDU die Beziehungen zur DDR und zur Sowjetunion höchste Priorität besaßen. Dies war umso wichtiger, als der CDU-Vorsitzende Helmut Kohl kürzlich Peking besucht hatte, was in Moskau und Ostberlin zu erheblichen Irritationen geführt hatte. Irritationen ist ein mildes Wort für das, was mein Besuch in Ostberlin innerhalb meiner Partei auslöste. Aus den eigenen Reihen wurde mir ein unverantwortlicher Alleingang vorgeworfen. Einige forderten meinen Rücktritt als außenpolitischer Sprecher der CDU/CSU-Bundestagsfraktion. Die Partei sei nicht in ausreichender Weise über meine Reise informiert worden. Das war nun geradezu absurd. Ich hatte meine Reise mit Generalsekretär Kurt Biedenkopf abgesprochen. Da wir keine Überwachungspartei waren, nahm ich an, ihn zu informieren sei ausreichend. Weder hatte ich Staats- oder Parteigeheimnisse ausgeplaudert, noch der Gegenseite unziemliche oder unerfüllbare Anträge und Zusagen gemacht. Ich hatte einfach die Chance ergriffen, ein mehr oder minder informelles Gespräch zum Gedankenaustausch und zur Darlegung unserer Auffassungen zu nutzen. Meiner Meinung nach war das die Pflicht jedes Abgeordneten des Deutschen Bundestags. Die Konsequenzen erschienen mir einmal mehr als Sturm im Partei-Wasserglas – nicht gerade dazu angetan, unsere Geschlossenheit in der Deutschlandpolitik nach außen zu demonstrieren.

Die mir von Teilen der Presse angedrohten furchtbaren »Hiebe« konnte ich übrigens gut aushalten. In einem intensiven Gespräch im Präsidium und Bundesvorstand legte ich meinen Standpunkt offensiv dar. Helmut Kohl trat vor die Presse und erklärte die Angelegenheit für erledigt. Allerdings beeilte er sich hinzuzufügen, dass ich meine Gespräche nicht im Vorfeld mit dem gesamten Präsidium abgestimmt hatte, was in dieser Form ohnehin unmöglich gewesen wäre. Auch sei ich mit einem Vertreter der Ost-CDU zusammengetroffen, während Kohl zu diesem Zeitpunkt jeglichen Kontakt mit der Ost-CDU ablehnte, die er als »reinen Satelliten der Machtträger« apostrophierte.

Es stimmte mich nachdenklich, dass ich Kritik für meine Reise nur aus den Reihen der eigenen Partei erfuhr – während die meisten Pressemeldungen sowie die anderen Bundestagsfraktionen für meinen Vorstoß lobende Worte fanden. Ich beeilte mich deshalb, bei aller gebotenen Zerknirschung hinzuzufügen, dass ein großer Besuchs- und Gesprächsbedarf bestand. Daher könne ich weitere entsprechende Gespräche nicht ausschließen, weder von mir noch von anderen Bundestagsabgeordneten.

Inmitten dieser ganzen Aufregung war ein persönliches Erlebnis, das mir sehr am Herzen lag, ein wenig in den Hintergrund getreten. Am Tag nach meinen Gesprächen mit Gaus, Häber und anderen war ich nach Ballenstedt im Harz gefahren. Dort besuchte ich das Grab meiner Großeltern. Ich warf einen Blick auf ihr Haus und den Zaubergarten, in dem ich als Kind so viele frohe Herbstferientage verbracht hatte. Auch suchte ich kurz eine Dame auf, die meine Großeltern noch gut gekannt hatte. Mich berührte besonders, dass die frühere Louisenstraße in Otto-Kiep-Straße umbenannt worden war. Ein friedlicher Abend senkte sich über eine deutsche Kleinstadt, in der die Uhren vor fünfzig Jahren angehalten worden zu sein schienen. Ausgerechnet am Abend nach einem in meinen Augen äußerst wichtigen Vorstoß in der deutsch-deutschen Frage war ich auf unerwartete Weise meinem Onkel Otto Kiep wieder begegnet. Dessen Vorbild lehrte mich mein Leben lang, an einer Überzeugung festzuhalten, die in meinen Augen richtig und wahr ist. Nachdenklich fuhr ich in der Nacht über einsame Straßen Richtung Erfurt. Meine nächste Reise, das beschloss ich, würde mich weiter nach Osten führen.

Reise nach Moskau

Am 4. Februar 1975 bestieg ich eine Lufthansa-Maschine nach Moskau – natürlich nicht, ohne am Vortag im CDU-Präsidium meine Reise angekündigt zu haben. Ich reiste mit einer Abordnung des »Bergedorfer Kreises«, die das Zentralkomitee der KPdSU nach Moskau eingeladen hatte. Die Reise war vom sowjetischen Friedenskomitee arrangiert worden. Mit von der Partie waren Ralf Dahrendorf, der SPD-Bundestagsabgeordnete Herbert Ehrenberg, Theo Sommer, Chefredakteur der »Zeit«, Julia Dingwort-Nusseck, Chefredakteurin des WDR-Fernsehens, und Carl-Friedrich von Weizsäcker.
Dies war mein erster Besuch in der Sowjetunion. Mit dem Bus fuhren wir ins Moskauer Zentrum. Wir passierten ein Mahnmal, das

den Ort kennzeichnete, bis zu dem die deutschen Truppen im Oktober 1941 bei ihrem Vormarsch auf Moskau gekommen waren. Danach zogen riesige Wohnblöcke an uns vorüber. Nach einem Briefing bei Botschafter Ulrich Sahm, der mir isoliert und ohne Kontakt zur »allmächtigen Partei« vorkam, brachen wir in die Nacht auf. Theo Sommer, Herbert Ehrenberg und ich baten den Botschaftsrat Alexander Brenner, uns ein inoffizielles Moskau zu zeigen.

Zunächst fuhren wir in ein Viertel, in dem noch viele alte Moskauer Holzhäuser standen. Trotz später Stunde waren viele Fenster erleuchtet, und die Haustüren standen offen. Mich drängte es, die Dimensionen unseres Gastlands zu erfassen. So bat ich Brenner, uns zu einem Bahnhof zu fahren. Um ein Uhr nachts waren die meisten Nachtzüge bereits auf ihre Reise gegangen. Nur einer, endlos lang, wartete noch darauf, zu seiner Reise nach Stalingrad aufzubrechen. Der Zug war brechend voll. Ich sah Menschen, die unglaubliche Mengen an Gepäck schleppten. In den Speisewagen wurde gerade Kohle für Herd und Samowar verladen.

Im Wartesaal saßen, lagen, standen Hunderte: Frauen mit Kopftüchern, alte Männer, die sich offenbar darauf einrichteten, hier die Januarnacht zu verbringen. Ich versuchte, die gewaltige Diskrepanz zwischen der Supermacht UdSSR, die Europa bis kurz vor Helmstedt beherrschte, und diesem Wartesaal zu einem Gesamtbild von diesem rätselhaften Land zu vereinen.

Dann spielten wir ein wenig mit dem Fahrplan, der aus Tasten mit Ortsnamen bestand. Blechtafeln mit dem gewünschten Ziel klappten auf. Abfahrts- und Ankunftsdatum waren vermerkt. Unsere Rekordreisezeit: sechs Tage und etliche Stunden, bis wir über Wladiwostok den Pazifischen Ozean erreichen würden. Vielleicht war ich nicht der Einzige in dieser Moskauer Nacht, dem diese Bilder nicht zusammenzupassen schienen.

Am späten Vormittag des nächsten Tages erhielt ich den überraschenden Bescheid, dass ich um 14 Uhr Vadim Sagladin treffen sollte, den außenpolitischen Berater Leonid Breschnews. Zuvor war allerdings noch ein Empfang zu absolvieren. Im Kreml begrüßte uns der Präsident des Nationalitäten-Sowjet mit einer endlosen Rede. Zahlen um Zahlen untermauerten die Gastfreundschaft. Als er schließlich die sowjetische »parlamentarische Demokratie« zu preisen begann, fiel mir ein amüsanter Vergleich ein. Ich wollte meine Kollegen Dahrendorf und Ehrenberg an meinem Geistesblitz teilhaben lassen. »Der Präsident des Obersten Rats der Eunuchen spricht über Gruppensex«, kritzelte ich auf einen Zettel. Ich reichte ihn weiter und sah, wie Dahrendorf und Ehrenberg mühsam einen allzu auffallenden Heiterkeitsausbruch unterdrückten.

Vadim Sagladin, späterer Sicherheitsberater von Michail Gorbatschow und Architekt der Außenpolitik der Perestroika, empfing mich im Gästehaus des ZK der KPdSU. Ein Mitarbeiter und ein Dolmetscher begleiteten ihn, während ich allein kam. Im Zuge unseres Gesprächs war ich mehrfach positiv überrascht, wie gut Sagladin über die Bundesrepublik informiert war. Bis hin zu Parteiinterna der CDU verfügte er über ausgezeichnetes Detailwissen. Mich beeindruckte auch die absolute Pragmatik, mit der mein Gesprächspartner die Lage beurteilte.

Eines unserer Themen war naturgemäß der Status Berlins. Ich machte Sagladin deutlich, dass Berlin der Prüfstein der Entspannungspolitik war. Für die Bundesrepublik war Westberlin Status quo und musste es bleiben. Die Anbindung Berlins an die Bundesrepublik war für uns völlig unverzichtbar. Eher würden wir einen jahrelangen Stillstand in der Entspannungspolitik ertragen, als in der Berlin-Frage Zugeständnisse zu machen. Sagladin akzeptierte diese Sichtweise, wies aber auf die »Provokation« hin, die der Stempel in seinem Pass darstelle: »Gültig für die Bundesrepublik einschließlich des Landes Berlin«. Eine Ausweitung der Bindungen würde er zugestehen, Fragen, die Status und Sicherheit betrafen, müssten davon allerdings ausgeklammert bleiben.

Sagladin beklagte sich bitter, dass Bundesregierung und Opposition offenbar »öffentliche Niederlagen der UdSSR« wünschten. Dies könne sein Land nicht einfach hinnehmen.

Mein Eindruck war, dass hier vom Außenministerium ein perfektes Abkommen vorausgesetzt worden war. Jede Auslegung durch uns betrachteten die Sowjets als Verstoß. Zugegebenermaßen taten die Ungeschicklichkeit der Bundesregierung und die öffentliche Diskussion in der Bundesrepublik das Ihre zu dieser Anspannung. Das Thema China war ein heißes Eisen. Sagladin machte kaum einen Hehl daraus, dass die Entwicklungen im Reich der Mitte für Moskau ein Grund zur Sorge, gar zu Befürchtungen seien. Die Reisen von Helmut Kohl und Franz Josef Strauß nach Peking hatten in Moskau offenbar größten Unwillen hervorgerufen. Man war verärgert über die Tatsache, dass Strauß als erster deutscher Politiker mehrere Stunden mit Mao Zedong gesprochen hatte und beide die Sowjetunion als ihren Hauptgegner bezeichnet hatten. Die sowjetische Nachrichtenagentur TASS formulierte, es hätten sich Seelenverwandte getroffen nach dem Motto: »Der Feind meines Feindes ist mein Freund«. Dies und die Tatsache, dass Strauß sich mit Soldaten der chinesischen Armee hatte fotografieren lassen, machten den Bayern im Kreml zur Persona non grata.

Ich versuchte darzulegen, dass Strauß, seinen politischen Extravaganzen zum Trotz, ein pragmatisch denkender Politiker war und keinesfalls ein »Feind« Moskaus, und versicherte Sagladin, dass die Gegner der Ostpolitik in unseren Reihen an Einfluss verlören. Im Falle eines Machtwechsels in Bonn sei die CDU keinesfalls ein unberechenbarer Partner. Die Kontinuität der bilateralen Beziehungen sei gewährleistet. Sagladin erklärte, dass man Helmut Kohl bald nach Moskau einladen werde. Ich empfahl mich in der Hoffnung, dass wir unser Gespräch in Bonn oder Moskau würden fortsetzen können. Was ich damals nicht wusste: Die sowjetische Botschaft übergab den Ostberliner Machthabern ein Protokoll unserer Unterredung.

Ich war von der Unterhaltung mit Sagladin sehr berührt. Sie war, trotz der unterschiedlichen ideologischen bzw. weltanschaulichen Wurzeln, in großer Offenheit geführt worden. Sagladin war damals knapp Mitte vierzig, ein etwas zur Fülle neigender Blondschopf mit großen blauen Augen. Er sprach gut Deutsch, die Unterredung fand teils auf Deutsch, größtenteils gedolmetscht statt. Er war alles andere als ein Betonkopf, wie man ihn in seiner Position vielleicht erwartet hätte. Es lag in der Natur der Sache, dass bei den besprochenen Themen nicht eitel Harmonie herrschen konnte. Doch hatte das Gespräch die Ebene des Sachlich-Faktischen nicht verlassen. Als wir uns nach viereinhalb Stunden trennten und ich in die deutsche Botschaft zurückfuhr, hatte ich das Gefühl, dass sich hinter den Mauern des Kreml etwas zu bewegen begonnen hatte. Gegen Ende der Unterhaltung fragte ich Sagladin, ob ich denn eine Bestätigung des unveränderten außenpolitischen Kurses und der Stabilität der sowjetischen Führungsriege mit nach Bonn nehmen dürfe, und Sagladin bestätigte diese »Liebesgrüße aus Moskau«. Diesen Eindruck kühlte allerdings zeitweise nicht nur der kalte Moskauer Wind ab, der mir am nächsten Morgen ins Gesicht wehte, sondern auch der für die Dritte Abteilung im sowjetischen Außenministerium zuständige Alexander Bondarenko, der mich in seinem Amtssitz empfing. Als Ouvertüre unserer Unterredung ließ er eine Philippika gegen Strauß vom Stapel. Das konnte ich so nicht stehen lassen. Gerade hier in Moskau musste die Union den Eindruck absoluter Geschlossenheit vermitteln. Ich verwahrte mich strikt gegen rein persönliche Angriffe auf Strauß und hob hervor, dass Strauß schließlich beim Bau der Berliner Mauer zur Besonnenheit aufgerufen hatte. Schnell war mir klar, dass ich hier einem sturen Bürokraten und Hardliner gegenübersaß. Als ich Bondarenko bedeutete, dass das EG-Gebiet ja auch Berlin einschließe, sah er mich an, als ob ich zwei Köpfe hätte. Für ihn war die EG eine primär politisch orientierte Interessengemeinschaft. Alles in allem war dies ein unerfreuliches Gespräch.

Zwischenfall auf der Leipziger Messe

Wer glaubte, der Grundlagenvertrag und die Schlussakte von Helsinki würden die deutsch-deutschen Beziehungen in ein ruhigeres Fahrwasser lenken, der sah sich getäuscht. Eine Begebenheit am Rande der Leipziger Frühjahrsmesse im Jahre 1976 gab den deutsch-deutschen Skeptikern reichlich Nahrung und ließ die deutsch-deutschen Fürstreiter enttäuscht zurück.

Das Vorspiel: Die DDR hatte drei westdeutschen Journalisten der Deutschen Welle und des Deutschlandfunks die Akkreditierung für die Berichterstattung von der Leipziger Messe untersagt, sprich die Einreise in die Deutsche Demokratische Republik. Der zuständige Referatsleiter des Ostberliner Außenministeriums hatte dies damit begründet, dass die »staatlich gesteuerten Anstalten« sich fortwährend in die Belange der DDR einmischten – so viel zu der »Weltoffenheit«, mit der die Leipziger Messe um Besucher und Aussteller warb. Ich wurde fatal an die Ausweisung des »Spiegel«-Korrespondenten Jörg Mettke aus Ostberlin erinnert, die im Dezember 1975 stattgefunden hatte. Mettke hatte sich den Unmut der DDR-Führung durch seinen Bericht über Zwangsadoptionen von Kindern zugezogen, deren Eltern als »Republikflüchtlinge« verfemt waren.

Solche Willkür sollte nach der auch vertraglich besiegelten Annäherung der beiden deutschen Staaten eigentlich der Vergangenheit angehören. Als niedersächsischer Finanzminister war ich Mitte März 1976 zur Leipziger Messe gereist. Zuvor hatten meine Frau und ich einige private Tage in Weimar verbracht. Dort hatten wir uns gemeinsam mit Bundeswirtschaftsminister Friderichs und seiner Frau auf die Spuren der deutschen Klassik begeben. Gut in Erinnerung ist mir unser Besuch im Kabarett »Pfeffermühle« geblieben: »Ein erstklassiges und sehr kritisches Programm«, notierte ich noch abends in mein Tagebuch. »Von der deutsch-sowjetischen Freundschaft bis zu Korruption in der Partei wird nichts verschont.

Das Ganze ist im Übrigen ein Appell an die Bürger, ihre verfassungsmäßigen Rechte zu nutzen, Selbstbewusstsein, Haltung zu zeigen, anstatt rumzumeckern.«

Selbstbewusst Haltung zu zeigen und nicht zu meckern – dies wurde schon am folgenden Tag auch von unserer Delegation gefordert. In der Kabarettpause unterrichtete mich Günter Gaus, der aus Ostberlin zu uns gestoßen war, über den Stand der Dinge, was die zurückgewiesenen Journalisten betraf. Gaus hatte tagelang vergeblich versucht, seinen Protest an entsprechenden DDR-Stellen loszuwerden. Dort hatte man ihm einfach das Gehör verweigert.

Am nächsten Morgen reisten wir weiter nach Leipzig. Hier stieß Detlev Karsten Rohwedder zu uns, damals Staatssekretär im Bundeswirtschaftsministerium, der viele Jahre und eine deutsche Wiedervereinigung später als Chef der Treuhand das Opfer eines terroristischen Attentats wurde.

In Leipzig waren die Fronten verhärtet. Es war zwölf Uhr mittags. Die Telefonleitungen zwischen der Messestadt und Bonn und Hannover liefen heiß. Hans Friderichs telefonierte mit Bundeskanzler Helmut Schmidt und Außenminister Hans-Dietrich Genscher. Ich beriet mich mit dem CDU-Vorsitzenden Helmut Kohl und meinem »Amtsherren« Ernst Albrecht an der Leine. Günter Gaus verhandelte – leider ohne Erfolg – mit Karl Seidel, dem Leiter der Abteilung BRD im Ministerium für Auswärtige Angelegenheiten der DDR.

Wir mussten uns unbedingt in Ruhe beratschlagen. Im Hotel Astoria, wo wir untergebracht waren, war dies unmöglich. Hier war die Luft zu »wanzenhaltig«. Wir beschlossen daher, draußen vor der Tür Kriegsrat abzuhalten. So marschierte unsere Quadriga Friderichs, Gaus, Rohwedder und Kiep auf der Straße vor dem Hotel auf und ab, bog in die laute Gerberstraße ab, wanderte wieder zurück. Diskretion war so zwar gewährleistet, aber inkognito waren wir keinesfalls. Die Leipziger Bürger grüßten uns freundlich, winkten uns zu, und wir wurden von vorne und hinten gefilmt und fotografiert.

Der Ernst der Lage sowie die Temperaturen eines kühlen Vorfrühlingstages erforderten eine rasche Einigung. Wir würden Ostberlin gegenüber ein Zeichen setzen und umgehend abreisen. Im Anschluss an unseren denkwürdigen Spaziergang absolvierten Hans Friderichs, Detlev Rohwedder und Günter Gaus noch das terminierte Gespräch mit der DDR-Delegation, bestehend aus Minister Sölle, dem stellvertretenden DDR-Außenhandelsminister Behrendt, dem ständigen Vertreter Ostberlins in Bonn Michael Kohl und Fachleuten des innerdeutschen Handels.

Um 14 Uhr traten Hans Friderichs und ich separat vor die Fernsehkameras. Friderichs sagte, er halte es »nicht für vertretbar, eine Messe, auf der die Wirtschaft der Bundesrepublik das zweitgrößte Ausstellerkontingent stellt, zu besuchen, auf der die Berichterstattung für die Korrespondenten nicht möglich ist«.

Ich fand deutlichere Worte, um meinem Unmut Luft zu machen. Sicher schwang auch eine persönliche Enttäuschung mit, denn am Morgen hatte ich mich zu einer Unterredung mit Herbert Häber zusammengefunden. Sonst so offen und konziliant, spielte Häber nun plötzlich den Ahnungslosen. Er tat einfach so, als wüsste er von der ganzen Krise nichts. Ich empfand dies des gegenseitigen Vertrauens unwürdig, das wir erfolgreich aufgebaut hatten.

Nach einer freundlichen Verabschiedung durch Behrendt, der immerhin die Contenance wahrte: »Es war trotzdem schön, dass Sie nach Leipzig gekommen sind«, reiste unsere Delegation ab. Die Angelegenheit schlug in der Presse hohe Wogen. »Ende der Hoffnung auf Wandel durch Annäherung«, »Rückfall in den Kalten Krieg«, »Ende einer Illusion« – der Mutmaßungen war kein Ende.

Kleine Schritte

Es gab also jede Menge zu tun für die beiden deutsch-deutschen »Unterhändler« Häber und Kiep. So trafen wir uns in der folgen-

den Zeit mehr oder minder regelmäßig zwei bis drei Mal im Jahr. Bei einer unserer Zusammenkünfte hatte Günter Gaus auch Alexander Schalck-Golodkowski zu unserer Runde in seine Residenz gebeten. Der in jeder Hinsicht gewichtige Schalck war als stellvertretender Minister für Außenwirtschaft und jetzt als Staatssekretär im Ministerium für Außenhandel Hauptdevisenbeschaffer der DDR. »Geborener Berliner mit der dazugehörigen Schnauze«, charakterisierte ich Schalck am späten Abend in meinem Tagebuch. Zunächst hatte sich Schalck wenig an der Unterhaltung beteiligt und einen eher gelangweilten, abwesenden Eindruck gemacht. Um ihn in unser Gespräch mit einzubeziehen, fragte ich ihn, ob wir den kulturellen Austausch zwischen den beiden deutschen Ländern nicht ausweiten wollten. Der Orchesteraustausch funktioniere doch schon hervorragend – warum sollten wir also nicht auch Theaterensembles austauschen? Ich versuchte, Schalck die Sache schmackhaft zu machen: »Sie, Herr Schalck, haben die besten Brecht-Interpretationen zu bieten – wir können im Gegenzug mit Inszenierungen moderner amerikanischer Dramatiker aufwarten ...«
Schalck grinste mich an: »Herr Kiep, dazu nur einen Satz: Wenn einer im Konzert an der falschen Stelle klatscht, dann stört uns das nicht ...«
Den Rest des Abends gab sich Schalck »geradezu genüsslich ideologiefrei«, woraufhin Häber, der an diesem Tag angestrengt wirkte, eine »ermüdende ideologische Platte abspielte«, wie ich in meinem Tagebuch vermerkte.
Am Ende des Abends teilte ich Häber unter vier Augen mit, dass Helmut Schmidt über den erneuten Fall von DDR-Spionage in seiner Umgebung höchst verärgert sei. Schmidt empfinde dies als einen persönlichen Angriff. Die »Affaire Guillaume« saß den Bonnern noch in den Knochen. Drei Jahre waren seither erst vergangen, und nun, im Dezember 1977, war die Sekretärin im Verteidigungsministerium, Renate Lutze, als Spionin enttarnt worden. Häber kommentierte meine Ausführungen nicht.

In unseren Unterredungen betrieben Häber und ich wahrhaftig eine »Politik der kleinen Schritte«. Aktualitäten bestimmten unsere Gesprächsagenda ebenso wie die angestrebte langfristige Verbesserung in den Beziehungen der beiden deutschen Staaten. Kleine deutsch-deutsche Brüskierungen, wie das Einreiseverbot für FDP-Politiker nach Ostberlin, standen ebenso auf der Agenda wie das außenpolitische Vorgehen unserer beiden Länder. 1978 kritisierte ich das Engagement der DDR in Äthiopien und Angola. Entspannungspolitik sei schließlich unteilbar, woraufhin Häber konterte, die Bundesrepublik habe sich nie ernsthaft um Unrechtstatbestände in Afrika gekümmert. Nun spielten wir plötzlich die Besorgten.

Wir sprachen über Verbesserungen im Alltag der Menschen – ein wahrhaft weites Feld –, über mögliche Lockerungen von Reisebestimmungen, zum Beispiel für Frauen und für alte Leute, über den Mindestumtauschsatz, der für viele Besucher ein Problem darstellte. Republikflucht kam ebenso zur Sprache wie umwelt- und energiepolitische Themen. So belastete das Einleiten von Kali in die Werra auch den bundesdeutschen Abschnitt des Flusses über das erträgliche Maß. Westberlin musste mit Strom versorgt werden. Also verhandelten wir über eine mögliche Stromleitung von der Bundesrepublik nach Westberlin sowie über die Errichtung eines konventionellen Kraftwerks in Berlin. Und immer wieder loteten wir Möglichkeiten eines Gipfeltreffens zwischen Erich Honecker und Helmut Schmidt aus. Nach ihrem Treffen am Rande der KSZE-Konferenz 1975 in Helsinki vergingen Jahre, bevor die beiden Regierungschefs sich wieder begegneten.

Ich sprach Häber auch auf die Behandlung der Bürgerrechtler Bahro und Havemann an. Dies konterte er ungewöhnlich scharf: Bahro sei ein selbsterklärter Spion und Havemann entschlossen, sich zum Märtyrer zu stilisieren!

Außer in Berlin, Bonn und in Erfurt am Rande des Kirchentags trafen wir uns häufiger im Rahmen der Leipziger Herbst- und Frühjahrsmesse. Hier standen naturgemäß wirtschaftliche Themen im Vordergrund: Der innerdeutsche Handel war ebenso ein Thema wie der Ausbau der Transitstrecken und die Erneuerung der Eisenbahntrassen.

Jointventure deutsch-deutsch

Anfang der Achtzigerjahre befanden Carl Horst Hahn und ich uns auf dem Rückflug von Seoul nach Frankfurt. Hahn hatte dort in seiner Eigenschaft als Vorstandsvorsitzender bei VW mit dem Automobilhersteller Kia Verhandlungen geführt. Ziel war eine angestrebte Kostensenkung bei VW durch eine Zusammenarbeit mit dem koreanischen Konzern. Wir waren nicht eben in Champagnerlaune, denn Hahn hatte mir gerade berichtet, dass die Ergebnisse seiner Gespräche keine ausreichende Grundlage für eine Vertiefung der Geschäftsbeziehungen bildeten.

Ich schlug Hahn vor, eine solche Kooperation doch mit der DDR anzustreben. Eine Zulieferindustrie und eine Automobilproduktion gab es dort auch. Zudem waren die Lohnkosten erheblich geringer als im Westen – und »nebenbei« könnte ein solches Projekt die innerdeutschen Beziehungen nur befördern. Hahn sah mich etwas ungläubig an, sagte mir aber zu, die Sache zu verfolgen. Ich würde in der Zwischenzeit in der DDR ausloten, ob Interesse an einer derartigen Kooperation bestand.

Einige Wochen später rief mich Hahn an. In Wolfsburg sei eine Motorenfertigungslinie überzählig. Diese könnte man nach Karl-Marx-Stadt schaffen und sie dort im Barkas-Motorenwerk installieren. Die Linie produziere Vierzylindermotoren, die sich in den Wartburg einbauen ließen.

Der guten Nachrichten war kein Ende: Hahn erläuterte mir, dass diese Motoren nicht nur eine höhere Leistung bei niedrigerem Benzinverbrauch erbrächten als die bisher verwendeten veralteten

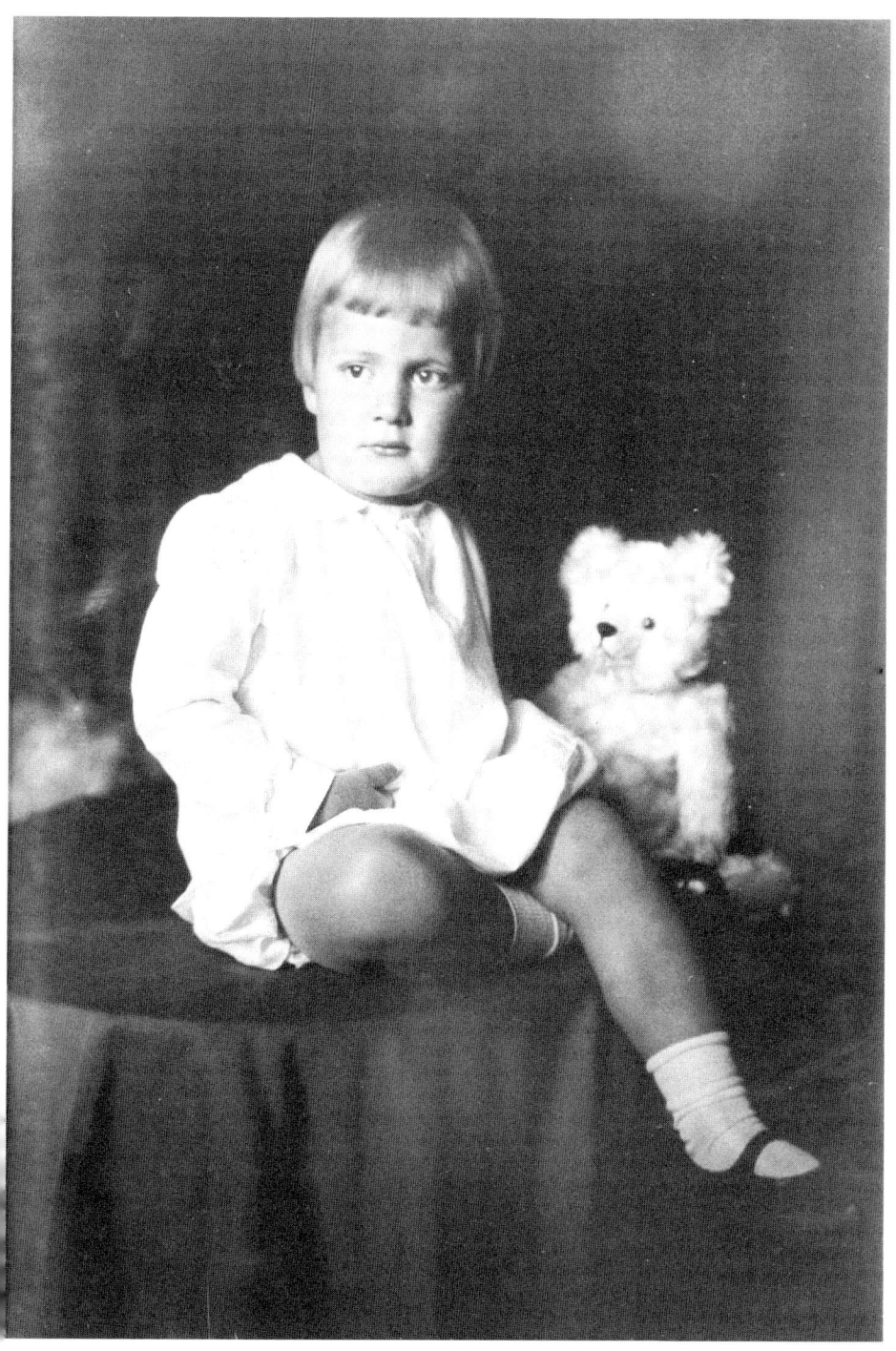

Der Hanseat

Meine Frau Charlotte und ich

Tabakskollegium: Mit Bundeskanzler Ludwig Erhard und Charlotte

Canvassing: Die neue Art des Wahlkampfs, 1965

Kanzler der großen Koalition: Mit Kurt-Georg Kiesinger

Familie in Reserve: Wehrübung mit den Söhnen Edmund, Michael und Walther auf Sylt

Gute Zusammenarbeit: Mit Niedersachsens Ministerpräsident Ernst Albrecht

Kassenwart an der Leine, 1976

Ein deutsch-deutsches Jointventure entsteht: Mit Erich Honecker und Carl Horst Hahn

Motorradfreuden

Im Bonner Bundestag

Der Kanzlerkandidat und sein Schattenaußenminister: Mit Franz Josef Strauß, 1980

Men in Black: CDU-Parteitag

Xuelian, die Lotosblüte

Besuch bei Senator Edward Kennedy, 1965

Ein neuer Porsche

Besuch bei George Bush an seinem 77. Geburtstag in Kennebunkport, Maine

Der Vater der Atlantik-Brücke Eric M. Warburg an seinem 85. Geburtstag

Frisch gekürter Schatzmeister der CDU, 1971

Weggefährten: Christian Schwarz-Schilling, Carl Horst Hahn und Hermann Josef Abs, Villa Hammerschmid 1986

Weggefährten: Mit Richard von Weizsäcker

Begegnung in Rabat: Im Gespräch mit PLO-Chef Yassir Arafat

Mit Moskaus Botschafter Valentin Falin

Verleihung des Eric-M.-Warburg-Preises an Henry Kissinger in Hamburg, 1992

Festakt im Schloss Charlottenburg: Warburg-Preisträger Helmut Kohl und Laudator George Bush, 1996

Gratulanten zu meinem 75. Geburtstag: Egon Bahr und Walter Scheel

Enchanted Holiday Evening mit den Austauschschülern Britta Redwood und Thomas Weigelt und Beate Lindemann, New York, Dezember 2004

Mitgliederversammlung Atlantik-Brücke 2005 in Berlin: Beate Lindemann, der scheidende Vorsitzende Arend Oetker, Max M. Warburg und Hilmar Kopper

Zu neuen Ufern: Mit dem neuen Vorsitzenden der Atlantik-Brücke Thomas Enders und Beate Lindemann

Zweitaktmotoren, sondern auch erheblich bessere Emissionswerte aufweisen würden. Auch erklärte VW sich bereit, der DDR den Einstieg in das Geschäft zu erleichtern, indem Wolfsburg 40 000 Motoren für VW übernehmen würde. Dadurch wäre auch die Devisenneutralität des Geschäfts gewährleistet.

Ich hatte inzwischen in mehreren Gesprächen die Möglichkeit einer Kooperation ausgelotet, unter anderen auch mit Herbert Häber. Die Reaktion war positiv. So konnte ich am 8. Juni 1982 Carl Horst Hahn mit dem Staatssekretär des Ministeriums für Außenhandel der DDR, Gerhard Beil, im Palast-Hotel in Ostberlin zusammenbringen.

In der Nacht hielt ich in meinem Tagebuch die Ereignisse dieses denkwürdigen deutsch-deutschen Tages fest: »Für die Zusammenarbeit mit VW eröffnen sich gute langfristige Perspektiven im Bereich des Motorenbaus, mit dem Ziel, die DDR-Autos mit VW-Motoren auszurüsten, mit 30 bis 40 Prozent Ersparnis und größerer Umweltfreundlichkeit … Dann interessantes Abendessen mit Professor Häber, Staatssekretär Beil im Hause von Bräutigam, dem neuen ständigen Vertreter. Beil ist außerordentlich offen: Sorge um nachlassende Leistungsbereitschaft, verschlechterte Infrastruktur, Energieprobleme, wirtschaftliche Probleme der UdSSR, fast bis 12 Uhr Gespräch im Garten in großer Offenheit, die Carl Horst besonders beeindruckte.«

Gerhard Beil hatte ich ein Dreivierteljahr zuvor in Erfurt getroffen. Damals hatte er sich optimistisch über die wirtschaftliche Entwicklung der DDR geäußert. Ich fragte ihn, woher er diese Zuversicht nähme, und erhielt eine überraschende Antwort. Er sei sicher, dass sich die Wirtschaft der USA bald erholen würde, und das würde auch der DDR zugute kommen. Indirekt also hoffte Beil, von einem Erfolg der Reagan'schen Politik profitieren zu können.

Bis das deutsch-deutsche Automobil-Jointventure zu Stande kam, gingen einige Jahre ins Land. Die Verhandlungen zogen sich hin. Ende 1984 unterzeichneten das Automobilwerk Eisenach und VW ein Lizenzabkommen, das den Bau von zwei VW-Alpha-Motorentypen ermöglichte. Am 31. August 1988 schließlich begann die Serienfertigung von VW-Viertaktmotoren in den Barkas-Motorenwerken in Karl-Marx-Stadt. Wie vereinbart wurden die Motoren zunächst in Wartburg- und Trabantmodelle eingebaut. Spätere Lieferungen für Golf- und Polomodelle gingen nach Wolfsburg. Damals konnte noch niemand ahnen, dass nur zwei Jahre später, im September 1990, Helmut Kohl und Carl Horst Hahn den Grundstein für das ultramoderne VW-Werk in Mosel bei Zwickau legen würden.

In DDR-Zeiten stellte das Volkswagen-Engagement das einzige größere deutsch-deutsche Jointventure dar – ein kleiner Schritt auf dem Weg der Annäherung der beiden deutschen Staaten.

Eiszeit und Tauwetter

Während der Siebzigerjahre hatte es keineswegs danach ausgesehen: Das deutsch-deutsche Verhältnis stagnierte nicht nur, es verschlechterte sich sogar. Grenzzwischenfälle 1976, die Schließung des »Spiegel«-Büros in Ostberlin auf Grund »unbotmäßiger« Berichterstattung sowie die Enttarnung von Ostspionen im Januar 1979 sorgten nicht eben für ein zuträgliches Klima. Erst Anfang der Achtzigerjahre begannen sich die Beziehungen zu verbessern. Egon Bahr verhandelte in Ostberlin, während es in Polen mächtig gärte. Dass sich die dortige Situation laufend zuspitzte, beschäftigte die beiden Teile Deutschlands, wenn auch aus unterschiedlichen Gründen. In einem Gespräch mit Häber gewann ich den Eindruck, dass die DDR eine Invasion Polens ebenso fürchtete wie ein Andauern des instabilen Zustands. Vorsorglich ließ die NVA Truppenübungen in Polen abhalten und lieferte Schlagstöcke, während man in der Bundesrepublik Hoffnung schöpfte, dass der Freiheitswille der Polen weitere Kreise ziehen würde.

Nach der Wahl Helmut Kohls zum Bundeskanzler galt es die DDR davon zu überzeugen, dass auch unter der neuen Bonner Regierung die Fortsetzung und Verbesserung der innerdeutschen Beziehungen Priorität hatte und unsererseits eine verlässliche Partnerschaft gewährleistet war. Genau darauf hatte ich ja seit Beginn der Siebzigerjahre hingearbeitet.

Prekäre finanzielle Verhältnisse drücken im Allgemeinen auf die Stimmung, und Hilfe, auch wenn sie von unerwarteter Seite kommt, ist dann meist hochwillkommen. Anfang 1983 forderte Günter Mittag, zu diesem Zeitpunkt Sekretär des ZK der SED für Wirtschaft und Mitglied des Staatsrates sowie des nationalen Verteidigungsrates, eine bessere Versorgung der Bevölkerung der DDR mit Konsumgütern. Das ließ aufhorchen. Manche lauschten, andere überlegten, wiederum andere sagten Besuche und Einladungen ab. Am 10. April 1983 starb ein bundesdeutscher Transitreisender bei einer Vernehmung durch die DDR-Grenzpolizei. Helmut Kohl weigerte sich daraufhin, Günter Mittag zu empfangen, der zu diesem unglücklichen Zeitpunkt in der Bundesrepublik weilte. Der Vorfall auf der Transitautobahn war für die Presse natürlich ein gefundenes Fressen, und Erich Honecker sagte in der Folge seinen auf der Leipziger Messe avisierten Besuch wegen einer »Hetzkampagne« ab.

Bei unserem nächsten Treffen im Juli 1984 war Häber bereits ins Politbüro berufen worden. Dementsprechend trafen wir uns nicht mehr wie sonst in Hotels oder in der Residenz des Ständigen Vertreters der Bundesrepublik in Ostberlin, sondern im Gästehaus der SED an der Spree, das mit seiner modernen Gestaltung und den ausgesprochen attraktiven weiblichen Bedienungen gleichermaßen zu gefallen wusste.

Bei unserem Essen unter vier Augen sagte mir Häber, dass es nun naturgemäß für ihn schwieriger sein werde, sich »operativ« zu bewegen. Reisen in die Bundesrepublik seien jetzt nur mehr in offizieller Mission möglich.

Unser Treffen fand vor dem Hintergrund dramatischer Ereignisse statt: In den vorangegangenen Tagen hatten mehr als 50 DDR-Bürger versucht, durch ihr Ausharren in der Ständigen Vertretung die Ausreise in die Bundesrepublik zu erzwingen. Fast alle hatten vorher Ausreiseanträge gestellt, zwei waren NVA-Angehörige. Bis auf fünf Personen verließen alle die Ständige Vertretung freiwillig, nachdem ihnen eine Prüfung ihrer Anträge sowie Straffreiheit zugesichert worden war. Häber kommentierte die Geschehnisse, dass sich in Richtung Freizügigkeit sicher bald etwas bewegen würde.

Herbert Häber und ich trafen uns noch ein weiteres Mal im SED-Gästehaus. Häbers Sicht des Treffens sei hier aus seinem eigenen Protokoll unserer Unterredung zitiert: »Ich fordere Kiep auf, einmal offen zu erklären, wie all die Vorgänge in der BRD, in der Spitze der CDU, in der CDU/CSU-Bundestagsfraktion zu verstehen sind, mit denen wir gegenwärtig konfrontiert sind. Kiep sagte, das Auftreten der Czajas und Hupkas und der mit ihnen verbündeten Kräfte seien eine schlimme Sache … Aus seiner Sicht sei es geradezu schlimm, dass in einer Situation, da es angesichts der bevorstehenden Verhandlungen in Genf einen ersten Hoffnungsschimmer für eine Verbesserung der internationalen Lage gibt, in der Bundesrepublik Grenzfragen aufgeworfen werden … Die Ursache liege nach seiner Meinung in Folgendem: In der CDU/CSU gäbe es ein gewisses Potenzial von Kräften, die noch immer der Vertragspolitik mit dem Osten ablehnend gegenüberstehen und an Positionen der Fünfzigerjahre festhalten … Sie hätten die von der Regierung Kohl eingeschlagene Linie der Kontinuität in der Ostpolitik zunächst nur mit Zähneknirschen und mit der geballten Faust in der Tasche hingenommen.«

Angesichts solcher Rückschritte war es für mich nicht leicht, Häber von der Kontinuität unserer Politik zu überzeugen. Was Häbers und meine Bemühungen um Kontakte und gegenseitige Besuche auf offizieller Ebene anbelangte, so lag zu dieser Zeit alles auf Eis. Im September 1984 hatte Erich Honecker einmal mehr seinen Besuch in der Bundesrepublik abgesagt. Begründung: Die Diskussion in der BRD über seine Visite sei »äußerst unwürdig« und »absolut unüblich«. Seither war man verschnupft.

Herbert Häber und ich verabredeten uns trotzdem für den März 1985 in Berlin. Zu diesem Gespräch kam es nicht, denn wenig später war er die Persona non gratissima des Politbüros geworden.

Über zehn Jahre hatten Häber und ich uns immer wieder getroffen. Auch und gerade in schwierigen Phasen der deutsch-deutschen Beziehungen, von denen es in den Siebziger- und frühen Achtzigerjahren viele gab, hatten wir unseren Dialog nie abreißen lassen. Wiewohl vollständig anders geprägt in unseren Weltanschauungen, stellten wir ideologische Debatten hintan. Für mich war diese Begegnung wie das Treffen von Menschen zweier verschiedener Sterne, die um gegenseitiges Verständnis rangen. Wir verstanden uns als Brückenbauer. Unser Ziel war der Austausch, die Kontaktaufnahme. Durch beharrliche Arbeit wollten Häber – hier kann ich sicher für ihn sprechen – und ich den Menschen in unseren beiden Ländern das Leben erleichtern.

Es ist mir gelungen, führende CDU-Politiker, etwa Richard von Weizsäcker, Peter Lorenz, Olaf von Wrangel und Wolfgang Schäuble, mit Vertretern der DDR zusammenzubringen. Dabei ist nicht zu vergessen, dass unsere Partei bis 1982 in der Opposition war. Das war etwas völlig Neues in der Geschichte der deutsch-deutschen Beziehungen. Politik und Diplomatie erreichen meist nicht den großen Wurf, den Politiker gern im Rückblick für sich reklamieren. Kleine Schritte, winzige mitunter, führen schließlich zum Gesamtbild. Durch unseren Dialog haben Herbert Häber und ich langsam, aber beharrlich ein Stück deutsch-deutsche Geschichte mitgestaltet.

Es steht außer Zweifel, dass die Bundesrepublik die DDR planmäßig »korrumpiert« hat. Die »Westkontakte« einzelner DDR-Bürger, die handverlesene Reiseerlaubnis, später dann die Besuchsregelungen für Verwandte aus Westdeutschland, die in ihren

Kofferräumen die Segnungen des Wohlstands nach »drüben« schleppten, hatten daran den geringsten Anteil. Denn in Wahrheit flossen gigantische Summen von Bonn Richtung DDR. Gefangene wurden freigekauft, vordergründig als »Transitstrecken« deklarierte Straßen gebaut, Kredite zu geradezu paradiesischen Konditionen geboten. Die Rechnung hierfür bekam Erich Honecker 1984 präsentiert. Er wurde nach Moskau beordert, und im Vergleich zu dieser Reise muss der Gang nach Canossa ein friedlicher Spaziergang gewesen sein. Der Besuch gestaltete sich für Erich Honecker chaotisch. Marschall Ustinow griff das Staatsoberhaupt der DDR heftigst an. In dürren Worten legte Ustinow dar, dass Honeckers Westbeziehungen Bürgern in der DDR Versprechungen vorgaukeln würden, die er nur mit immer neuen Zugeständnissen an die Bundesrepublik würde erfüllen können. Ustinow beschied Honecker schließlich, als Partner in Ostberlin sei auf ihn kein Verlass mehr. Zudem forderte ihn Ustinow auf, von Reisen in die Bundesrepublik Abstand zu nehmen. Offenkundig schlug Erich Honecker diese Weisung in den Wind, als er sich im September 1987 zu seinem ersten Besuch in die Bundesrepublik aufmachte.

Im Rahmen dieser Reise bat Berthold Beitz, damals Aufsichtsratsvorsitzender der Friedrich Krupp GmbH, Honecker und seine Delegation zu einem Empfang in die Villa Hügel in Essen-Bredeney, einst das Wohnhaus der Industriellenfamilie Krupp. Es fällt schwer, die Wahl des Ortes als zufällig zu interpretieren. Wohl kein anderer symbolisiert so unzweideutig die Verbindung von Macht und Geld, kein anderer ist so sehr Stein gewordene Manifestation deutschen Expansionsstrebens.

Geladen waren auch die Spitzen der westdeutschen Industrie. Honecker bat Carl Horst Hahn und mich an seinen Tisch. Wir unterhielten uns über ein mögliches VW-Projekt in der DDR. Ich kannte Erich Honecker seit langem, war ich ihm doch Jahr um Jahr auf der Leipziger Messe begegnet. Für ihn schien ich ein bundesdeutscher Fixpunkt zu sein.»Wie finden Sie meinen Besuch hier?«, fragte er mich unvermittelt.

Ich beteuerte, wie sehr ich diese Visite begrüßte, und erlaubte mir einen Scherz:»Was glauben Sie, Herr Staatsratsvorsitzender, was hier los wäre, wenn in Bonn eine SPD-Regierung an der Macht wäre … Da würden wir draußen stehen mit Plakaten und Transparenten …«

Honecker lachte:»Das kann ich mir gut vorstellen.«

Verglichen mit unserer ersten Begegnung viele Jahre zuvor hatte Honecker sich ungeheuer gewandelt. Damals schien er unsicher, täppisch geradezu, unfähig, ohne Notizen zu sprechen. Er war an seiner Position und seinem festen Glauben gewachsen, den Teil Deutschlands zu vertreten, von dem der wahre Fortschritt ausging. Er schien gelöst, souverän, sich in seiner Position als gleichberechtigter Partner sicher.

Unvermittelt fragte er mich, was ich von deutsch-deutschen Städtepartnerschaften hielte. Grundsätzlich sind Städtepartnerschaften immer eine gute Idee, doch ich glaube, dass sie am besten auf der Ebene der kleineren und mittleren Orte funktionieren. Denn dort ist das Interesse am Anderen, am Austausch einfach intensiver als in großen Städten. Honecker fragte mich, ob ich denn zwei konkrete Orte im Sinn hätte, die für eine Partnerschaft in Frage kämen. Meine Antwort kam ohne Umschweife: Kronberg im Taunus und Ballenstedt im Harz, beides historisch interessante Orte mittlerer Größe, am Gebirge in wunderschönen Landschaften gelegen. Kronberg war mein Zuhause, in Ballenstedt stand das Haus meiner Großeltern väterlicherseits.

Vier Wochen später rief mich der Bürgermeister von Kronberg in heller Aufregung an. Die Regierung der DDR bekunde ein Interesse an einer Städtepartnerschaft zwischen Ballenstedt und Kronberg. Offenbar hatte Honecker mein Anliegen zur Chefsache gemacht. Die Partnerschaft kam bald zu Stande und hat Ballenstedt, besonders nach der Wiedervereinigung, unendlich geholfen. Und sie hat den Kronbergern einen Blick über ihren Tellerrand gewährt. Deutsch-deutsche Beziehungen kamen am besten über die kleinen Schritte voran.

»Schattenaußenminister« von Strauß

UNRUHIGE ZEITEN

Nach nur fünf Jahren im Amt musste Willy Brandt zurücktreten, die Symbolfigur des Aufbruchs zu mehr Freiheit und einer Versöhnung mit dem Osten. Formal geschah dies wegen der Spionageaffäre Guillaume, tatsächlich aber, weil Brandt eher ein politischer Visionär war, der der tagtäglichen politischen Kärrnerarbeit nicht gewachsen war – schon gar nicht in ständiger Konkurrenz mit dem Zuchtmeister der SPD und ihrer Bundestagsfraktion: Herbert Wehner sowie mit Helmut Schmidt, der sich als Weltökonom und Oberlehrer der Nation gebärdete. Das kam bei vielen Deutschen gut an. Tatsächlich war der Hamburger Schmidt ein tüchtiger Administrator und verantwortungsbewusster Politiker – doch ohne große Visionen.

Bundestagswahlen waren für den 5. Oktober 1980 angesetzt worden. Die weltpolitische Lage war beunruhigend. Anfang November 1979 hatten Studenten, Demonstranten und revolutionäre Banden die US-Botschaft in Teheran, in ihrem Jargon das »Nest der Vipern«, gestürmt und das Botschaftspersonal als Geiseln genommen. Die »Begründung« für diesen terroristischen Akt: Man wollte die Auslieferung des Schahs erzwingen, der im Februar 1979 gestürzt worden und in die USA ins Exil geflohen war. Fernsehbilder von den Geiselnehmern, die auf dem Dach der Botschaft eine brennende amerikanische Flagge schwenkten, gingen um den Globus. Verhandlungen zwischen der amerikanischen Regierung und den Geiselnehmern verliefen ohne Ergebnis. Die Terroristen wollten der Welt die Ohnmacht des »Großen Satans« USA vorführen, was ihnen auch gelang. Der Belagerungszustand dauerte 444 Tage, die daraus resultierende politische Demütigung kostete Präsident Carter das Amt. Der Versuch eines militärischen Zugriffs seitens der Vereinigten Staaten, ohne Kenntnis von Außenminister Cyrus Vance, unter der Ägide des Sicherheitsberaters Zbigniew Brzezinski inszeniert, geriet zum Desaster. Ein Hubschrauber stürzte ab, die Mission musste abgebrochen werden.

Während das Drama in Teheran schwelte, loderte ein anderer Konflikt auf: Am 27. Dezember 1979 marschierten die Sowjets in Afghanistan ein. Kurz darauf nahmen ihre Truppen die Hauptstadt Kabul ein. Erst 1998 räumte Brzezinski in einem Interview mit dem »Nouvel Observateur« ein, dass die USA bereits ein halbes Jahr zuvor den radikalislamischen Mudjaheddin ihre Unterstützung zugesagt hatten. Man habe »die Russen nicht gedrängt zu intervenieren, aber wir haben wissentlich die Wahrscheinlichkeit erhöht, dass sie es tun«.

Im Herbst 1980 zeichnete sich die nächste Katastrophe ab. Saddam Hussein war 1979 in Bagdad an die Macht gelangt, ein Jahr später marschierten seine Truppen mit Billigung der Vereinigten Staaten in den Iran ein. Dieser Erste Golfkrieg tobte bis 1988 und wurde mit ungeahnter Grausamkeit geführt. Auf beiden Seiten starben mehr als eine Million Soldaten. Saddam nutzte darüber hinaus den von ihm angezettelten Krieg als Vorwand für seine Kurdenpolitik der »ethnischen Säuberungen«. Dabei setzten die irakischen Truppen, insbesondere die Revolutionären Garden, auch Giftgas ein und ermordeten Tausende Kurden, auch unbeteiligte Zivilisten.

So war zu Beginn des neuen Jahrzehnts die Welt in großer Unruhe. Mir war klar, dass das Entspannungskonzept der Siebzigerjahre diesen veränderten Herausforderungen nicht Stand halten konnte. Deutschland hatte sich in meinen Augen fast ausschließlich auf Europa konzentriert. Zu sehr war man auf das einvernehmliche Auskommen mit der Sowjetunion fixiert gewesen. Dabei verlor man jedoch die Verbindungen mit den USA aus den Augen. Die Konsequenz, dass man das Augenmerk auch auf die »Dritte Welt« richten sollte, dass auch und gerade dort Konflikte aufbrechen könnten, die auch unsere Sicherheitslage in Europa und weltweit aus dem Gleichgewicht bringen würden, hatte man zum damaligen Zeitpunkt in Bonn nicht ausreichend berücksichtigt.

In meinen Augen war es höchste Zeit, die Sowjetunion nicht nur zu umgarnen, sondern von ihr einen aktiven Beitrag zum Weltfrieden zu fordern. Dies war in Bezug auf Afghanistan unterlassen worden. Ich war weiter der festen Überzeugung, dass wir neue Antworten auf die uns nun gestellten globalen Fragen nur in enger Zusammenarbeit mit den USA würden finden können. »Offensive Konsultation« sollte die transatlantischen Beziehungen fortan prägen. Diese offensive Konsultation hatte im europäisch-amerikanischen Rahmen stattzufinden. Es konnte nicht angehen, dass sich die transatlantischen Beziehungen auf mehr oder minder gute Verbindungen einzelner europäischer Länder zu den USA beschränkten.

Um die transatlantischen Beziehungen stand es nicht zum Besten. Präsident Jimmy Carter hatte angesichts der Irankrise die mangelnde Hilfsbereitschaft der NATO-Verbündeten beklagt: »Einige verlangen Schutz, sind aber behutsam bei der Erfüllung ihrer Allianzpflichten.« Das war nicht unbedingt auf die gesamte deutsche Regierung bezogen, denn Hans-Dietrich Genscher hatte sich sowohl in der Afghanistan- als auch in der Iranpolitik hinter die USA gestellt. Was merkwürdig anmutete, war das Schweigen von Bundeskanzler Helmut Schmidt, der Carter wiederholt mit seiner besserwisserischen Attitüde und seinen Lektionen über die Weltwirtschaft gegen sich aufgebracht hatte. Mir war bewusst, dass wir uns das als größter Verbraucher von in Amerika produzierter Sicherheit nicht leisten durften.

Es erschien mir unabdingbar, dass wir gegenüber den Vereinigten Staaten in dieser Situation Solidarität übten. Alle Maßnahmen, die zu einer friedlichen Beendigung des Konflikts mit dem Iran und der Befreiung der Geiseln beitragen konnten, mussten erwogen und unterstützt werden. In meinen Augen waren die Geschehnisse in Teheran einer der unglaublichsten Brüche des Völkerrechts, den wir im Bereich der internationalen Beziehungen je erlebt hatten. Solidarität zu erklären, reichte nicht aus. Wir mussten auch bereit sein, notfalls wirtschaftliche Einbußen hinzunehmen und Nachteile zu ertragen. Eine Einschränkung in der Abnahme iranischer Exportgüter wäre eine erste konkrete Maßnahme gewesen. Hier schrien viele auf vor Angst, dass der Iran den Ölhahn je nach Wohl- oder Missverhalten auf- oder zudrehen werde. Die katastrophalen Folgen einer solchen Entwicklung, vor denen damals geradezu hysterisch gewarnt wurde, vermochte ich in diesem Ausmaß nicht zu erkennen. Man wollte die Erpressung nicht sehen und betrieb eine Beschwichtigungspolitik gegenüber dem Mullah-Regime.

Das Unterlassen wichtiger Maßnahmen seitens der Regierung Schmidt in den ersten Monaten des Jahres, besonders im Hinblick auf die Afghanistan-Krise, schien mir für die Westbindung der Bundesrepublik kontraproduktiv. Ich hätte mir damals ein rasches Handeln der Bundesregierung gewünscht. Gemeinsam mit Washington hätte besprochen werden müssen, zu welchen Schritten man als Bündnispartner bereit gewesen wäre und zu welchen nicht. Statt unverzüglich in die USA zu reisen und Präsident Carter zu unterstützen, ließ Helmut Schmidt kostbare Zeit verstreichen. In dieser Phase beriet er sich häufiger mit dem französischen Staatspräsidenten Valérie Giscard d'Estaing über die Machbarkeit der amerikanischen Vorschläge – um sie letztlich alle abzulehnen. Nicht dass Schmidt eine Mittlerrolle hätte übernehmen sollen, meiner Meinung nach stand das der Bundesrepublik, die ja auf einer Ost-West-Nahtstelle saß, nicht an. Aber als Freund und Berater hätte er souveräner auftreten können.

Ein nicht unwesentlicher Nebenaspekt war das Zögern Bonns, dem Boykott der Olympischen Spiele in Moskau zu folgen, zu dem die USA nach dem russischen Einmarsch in Afghanistan aufgerufen hatten. In meinen Augen dauerte das unwürdige Gerangel im Nationalen Olympischen Komitee viel zu lange, und die Bundesregierung setzte mit ihrer Offenhalte-Strategie die falschen Signale.

Obwohl ich mit meiner Aufgabe als niedersächsischer Finanzminister in Hannover ausgefüllt und zufrieden war, schlug mein Herz nach wie vor für die Außenpolitik. Vielleicht würde sich bald die Möglichkeit dazu ergeben. Denn der Kanzlerkandidat der Union für den Bundestagswahlkampf 1980 hatte mich ohne besonderen Enthusiasmus zu seinem »Schattenaußenminister« ernannt.

FRANZ JOSEF STRAUSS

Ich kannte Franz Josef Strauß aus meinen frühen Tagen in der Fraktion. Niemals habe ich einen Menschen erlebt, der so viele krasse Gegensätze in sich barg. Strauß war mit brillanter Intelligenz gesegnet, mit einem hervorragenden Gedächtnis und einem scharfen analytischen Verstand. Zudem verfügte er über ein rhetorisches Talent, das seinesgleichen suchte. Wer Strauß je reden gehört hat, wird seine Auftritte nicht vergessen: Schwitzend und dampfend agitierte er auf dem Podium, ein Meister des verbalen Orgasmus, beschimpfte und verunglimpfte er seine Gegner. Selbst in den hitzigsten Wortgefechten führte er seine komplizierten und verschachtelten Sätze fehlerlos zu Ende.
Doch bei aller Anerkennung, die ihm die meisten Menschen zollten, und bei allen Erfolgen in unterschiedlichen Aufgaben und Ämtern, unter anderem als CSU-Chef, als Minister der Verteidigung und Finanzchef des Bundes, fühlte Strauß sich verkannt. Er sah sich als Warner in der Wüste, umgeben von Schwächlingen und Narren. Außerdem war er ein Sklave seines unsteten Wesens, Stimmungsumschwünge innerhalb weniger Minuten waren bei ihm

nicht ungewöhnlich. Aus der Brillanz und Eloquenz konnte er blitzschnell in so derbe Vulgarität umschlagen, dass seinen Zuhörern oft der Atem stockte, und unter Einfluss von Alkohol verstärkten sich diese Tendenzen.

Franz Josef Strauß betete die Macht an. Ich erinnere mich gut, mit welch tiefer Bewunderung, Ehrfurcht gar, er nach seinen Reisen nach Moskau und Peking von Leonid Breschnew und Mao Zedong sprach. Ihre Aura der absoluten Macht verzauberte ihn, auch wenn er sie als ideologische und politische Gegner natürlich in Grund und Boden verdammte.

In seiner Brillanz ließ sich Strauß mitunter zur Selbstüberschätzung hinreißen. Ich erinnere mich gut an Begegnungen Mitte der Sechzigerjahre, in denen Strauß sich unbekümmert abwechselnd als Wirtschaftsexperte pries, als Finanzmann, dann wieder als Militärfachmann und außenpolitischer Großstratege. Es hatte den Anschein, als wollte er sich bereits damals als umfassend begabter Kanzler andienen. Bei einem Abendessen unter vier Augen fiel mir auf, dass Strauß von der Vorstellung besessen war, man bringe ihm nicht die gebührende Wertschätzung entgegen. Er witterte zudem überall gegen ihn gerichtete Intrigen und Ränkespiele und neigte dazu, sich zu rechtfertigen, mitunter mit großer Vehemenz, ohne dass man ihn angegriffen hätte.

Über seine Unions»freunde« hatte Strauß wenig Gutes zu sagen. Adenauer, so behauptete er, habe ihn immer wieder im Stich gelassen. Barzel sei der Mann mit dem Dolch im Gewande. Helmut Kohl hielt er, auch in späteren Jahren noch, für vollkommen unfähig. Mich selbst hatte er in seiner berühmt-berüchtigten Sonthofener Rede von 1974 in überdeutlichen Worten »abgewatscht« – wie er es gern formulierte. »Dämliches Geschwätz« hätte ich von mir gegeben.

Ich wusste also, auf wen ich mich einließ. Ein Wahlkampf mit Strauß würde kein Zuckerschlecken sein. Sollten wir diese Kampagne gut und siegreich überstehen, brauchte es mehr als Mut, um als Minister mit einem solchen Kanzler zusammenzuarbeiten. Doch ich wusste auch, dass Strauß bei allem egomanischen Gerede und Gehabe fähig war, zuzuhören und auch andere Positionen zuzulassen. Das ließ mich hoffen. Wichtiger war mir allerdings, dass Franz Josef Strauß die intellektuelle Stärke, das ökonomische Wissen und die Durchsetzungsfähigkeit besaß, um Deutschlands Zukunftsfähigkeit durch notwendige Reformen zu sichern.

Ehe wir im Rennen um die Bundestagswahl an den Start gehen konnten, war allerdings ein beispielloses Kandidatengerangel in unserer Partei beizulegen. Strauß hatte im Vorfeld bereits alle Register gezogen. Mit der »Kreuther Keule«, sprich der Androhung einer Trennung der CSU von der CDU und der Gründung einer vierten bundesweit agierenden Partei, hatte er seinen Hut mächtig in den Ring geworfen – und sogleich für Missstimmung und Streit gesorgt.

Ein unwilliger Gegenkandidat

Ich hielt Ernst Albrecht für den geeigneteren Mann für die Kanzlerkandidatur des Jahres 1980. Albrecht blieb seinen Grundsätzen treu, war tolerant gegenüber Andersdenkenden, und er besaß die seltene Gabe des Zuhörenkönnens. Im politischen Umgang war er stets um Offenheit bemüht. Intrigennetze zu spinnen, lag ihm nicht. Auch verstand es Albrecht, in der Sache hart und unnachgiebig zu sein, doch nie um den Preis der Feindseligkeit oder der Polarisierung. Außerdem hielt ich Albrecht dank seiner liberalkonservativen Grundhaltung für fähig, Wechselwähler zu gewinnen, und von deren Entscheidung würde der Ausgang der Bundestagswahl 1980 abhängen.

Ernst Albrecht war zudem ein guter Stratege, was er unter anderem durch sein Verhandlungsgeschick bei den Verträgen mit Polen oder bei der Koalitionsarbeit der CDU/FDP in Hannover gezeigt hatte.

Zudem war er auf dem internationalen Parkett versiert, sprach gut Englisch und hatte lange Jahre in der EU-Kommission in Brüssel amtiert. Ich war überzeugt, dass die CDU mit Albrecht gut fahren würde. Am 28. Mai 1979 hoben Helmut Kohl und der Bundesvorstand der CDU Ernst Albrecht auf den Schild des CDU-Kanzlerkandidaten. Franz Josef Strauß hatte sich bereits vier Tage zuvor selbst nominiert.

Nun mussten wir alle Möglichkeiten nutzen, um Ernst Albrecht bis Anfang Juli, wenn die Fraktion über ihren Kanzlerkandidaten entscheiden würde, durchzusetzen. Ich lief voller Tatendrang zu Albrecht. »Ernst, jetzt mobilisieren wir alles, um dir die Mehrheit zu sichern.«

Nun folgte einer der wenigen Augenblicke meines Lebens, in denen ich sprachlos war. Ernst Albrecht schaute mich lange an, lächelte fein und sagte: »Walther, dafür mache ich keinen Wahlkampf. Ich springe nicht, wenn Kohl pfeift.«

Mir dämmerte, dass es Albrecht als seiner unwürdig empfand, sich auf ein Personalgerangel einzulassen. Er wollte vielmehr gebeten werden, das Amt zu übernehmen. Dafür kämpfen wollte er nicht. Als ich meiner Enttäuschung Ausdruck verlieh, antwortete mir Albrecht: »Für mich ist die Politik eben nicht der einzige Lebensinhalt!«

Andere teilten diese Maxime nicht. In die Frage der Nominierung des »Kakadu«, des Kanzlerkandidaten der Union, war als Parteivorsitzender auch Helmut Kohl involviert. Im Rückblick sagte dieser, er habe gespürt, dass er trotz des Wahlerfolges 1976, als er einstimmig zum Kanzlerkandidaten bestimmt worden war, nicht noch einmal in der »K-Frage« würde punkten können. Ich selbst hatte Kohl bei seiner Kandidatur 1976 unterstützt. Auch im Rennen 1980 hatte ich zunächst auf Kohl gesetzt und dies auch deutlich in Bonn kundgetan. Kohl verfolgte die einzig richtige Strategie, indem er eine Politik betrieb, die ihm auch außerhalb der christlich-demokratischen Stammwählerschaft Erfolg bescherte. Mir war klar, dass wir den Regierungswechsel nur schaffen konnten, wenn wir bereit waren, in der jeweiligen Sache gerechtfertigte Kompromisse einzugehen. Dazu gehörte auch, dass wir uns auf Gemeinsamkeiten mit anderen Parteien zu besinnen hatten. Doch als versierter Machtpolitiker verstand Kohl, dass er in dieser Runde Franz Josef Strauß den Vortritt lassen musste. Ganz ohne Gegenwehr freilich wollte sich der Pfälzer dem Bayern nicht ergeben. Also nominierte Helmut Kohl Ernst Albrecht als Kandidaten. In der Fraktionssitzung vom 2. Juli 1979 stimmten 135 Abgeordnete für Franz Josef Strauß, 102 für Ernst Albrecht. Vielleicht wäre die Sache anders ausgegangen, so sinnierte ich, wenn Albrecht meinen spontanen Vorschlag des innerparteilichen Wahlkampfes angenommen hätte. Doch dafür war es nun zu spät.

Strauss spricht

Zwei Monate später ergriff Franz Josef Strauß wieder einmal in Sonthofen das Wort. Eingeführt wurde der Redner von Franz Heubl, damals stellvertretender CSU-Landesvorsitzender, mit den beschwörenden Worten:»Franz Josef, weise uns den Weg, gib uns Hoffnung, sprich zu uns.« Das war peinlich genug. Aber dass dies aus Heubls Mund kam, der sonst hinter den Kulissen bei jeder Gelegenheit über Strauß schimpfte, empfand ich als pure Heuchelei – Strauß übrigens auch, wie er seine Vertrauten wissen ließ. Wie in seinen Reden üblich, trennte Franz Josef Strauß das Fleisch von den Knochen. Seine Sachaussagen, besonders was die Außenpolitik anbelangte, fand ich in der Regel vernünftig. Schlimm wurde es immer, wenn Strauß auf den politischen Gegner zu sprechen kam. Ein Wort von Edmund Stoiber aufgreifend, sagte er mit Blick auf die SPD, die Nazis seien letzten Endes auch Sozialisten gewesen. Das war nicht nur unhaltbar, sondern infam! Strauß erteilte der sozialliberalen Koalition in Bezug auf eine mögliche Zusammenarbeit angesichts der damaligen Krise drastische Absagen. Im Gegenteil, es gelte die Krise zu vergrößern, um die Chancen auf einen Regierungswechsel zu erhöhen. Ich erinnere mich genau an seine Worte: »Die Krise muss so groß werden, dass das, was wir für die Sanierung für notwendig halten, auf einem psychologisch besseren Boden beginnen kann als heute.« Diese destruktive Aussage löste damals helle Empörung aus. Ich habe oft darüber nachgedacht. Auf den ersten Blick mag eine solche Strategie zynisch und brutal wirken. Taktisch und machtpolitisch gesehen aber ist sie korrekt. Nach einer über zweieinhalbstündigen Rede, in der er wie üblich die längsten, kompliziertesten und verschachteltsten Sätze korrekt zu Ende brachte, stieg Strauß abgekämpft vom Podium. Er hatte wirklich alles getan, was in seiner Macht stand, den im nächsten Jahr bevorstehenden Wahlkampf bereits im Anfangsstadium kräftig anzuheizen. Das war seine Absicht.

Doch dieser intelligente Politiker begriff offenbar nicht, dass er durch seine Polarisierungsstrategie das große Wählerpotenzial der politischen Mitte vor den Kopf stieß. In ruhigen Momenten ließ Strauß erkennen, dass er die Logik der politischen Psychologie durchaus verstand. »Recht haben und Recht bekommen ist zweierlei«, bekannte er. Doch das aus Minderwertigkeitsgefühlen herrührende Bedürfnis, immer Recht zu behalten, ließ ihn sogar seine Machtambitionen zurückstecken – und die bajuwarische Lust an der schieren Rauferei. Für Konfliktstoff im Wahlkampf war jedenfalls reichlich gesorgt.

Für mich galt es nun, meinen Standpunkt zu finden. Welche Rolle würde mir in diesem Wahlkampf zukommen. Und danach?

Harmonie in Kreuth

Die Szenerie ist in der deutschen politischen Genremalerei verankert. Tief verschneite Winterlandschaft, gleißende Sonne an strahlend blauem Himmel, im Hintergrund das gelb-weiße Schlösschen. Alle Jahre wieder: Januar in Wildbad Kreuth, CSU-Tagung im Haus der Hanns-Seidel-Stiftung. Am 11. Januar 1980 fuhr ich nach Kreuth, um dort die weiteren Details unserer Wahlkampfstrategie zu besprechen. Ich sprach eine Stunde über Finanz- und Außenpolitik, und meine Rede wurde gut aufgenommen. Anschließend zogen Franz Josef Strauß, Edmund Stoiber und ich uns zu einem mehrstündigen Mittagessen nach Rottach-Egern ins Restaurant Bachmaier am Tegernsee zurück. Unser Gespräch, in dem Stoiber den nachdenklichen Zuhörer abgab, war offen und interessant. Strauß war in guter Form, ruhig und konzentriert. Besonders viel Raum nahm die Außenpolitik in unserem Gespräch ein. Strauß sollte als Kandidat einige Auslandsreisen absolvieren. In die USA würde ich ihn begleiten. Nach Rumänien aber, wohin ihn der Diktator Nicolae Ceaucescu zur Bärenjagd eingeladen hatte, solle er allein fahren. Ich riet Strauß, zuzusagen. Dann wollte er eine Privatreise mit seiner Familie in die DDR unternehmen, Eisenach, Weimar und Dresden besuchen. Das hielt ich für eine ausgezeichnete Idee. Im Gegenzug berichtete ich ihm von meiner geplanten Reise in die Sowjetunion. Strauß begrüßte diese Absicht.

Im Gegensatz zu früheren Treffen artete unser Gespräch nicht in einen nicht enden wollenden Monolog aus. Strauß hörte diesmal zu und ließ sich raten. So empfahl ich ihm, jene rechthaberischen Belehrungen zu unterlassen, die er so liebte. Sein häufiges »Ich hab' noch immer Recht behalten« verprellte die Zuhörer, auch die getreuesten. Niemand lässt sich gerne auf so penetrante Weise belehren! Wir einigten uns darauf, dass Strauß das Wahlkampfprogramm unter der Bedingung vorstellen würde, dass es finanziell verantwortbar war. Angesichts der wirtschaftlichen Gegebenheiten und der allgemeinen Sicherheitslage war dies nicht selbstverständlich.

Strauß legte großen Wert darauf, dass ich einen bundesweiten Wahlkampf führen sollte. Meine voraussichtliche Funktion nach der gewonnenen Wahl hatte Strauß kurz zuvor gegenüber dem ZDF als »Außenpolitik oder NATO« umrissen.

Ich verließ Kreuth mit dem Eindruck, dass Strauß zur Zusammenarbeit bereit war, und machte mich daran, unsere Wahlkampfstrategie zu entwerfen. Eine unserer ersten gemeinsamen Unternehmungen in diesem Rahmen war eine USA-Reise im März 1980. Strauß war während unserer Arbeit in den USA ungewöhnlich freundlich, gnädig gestimmt und geradezu vertraulich. Der kluge Politiker akzeptierte, dass er sich hier auf ungewohntem Territorium bewegte. Gleich am ersten Tag unterlief ihm eine Panne. Strauß sprach vor einer jüdischen Organisation, der Conference of Jewish Presidents. In seinem holprigen, stark bajuwarisch geprägten Englisch gab er den »leaders of the American Jews« ungebetene Ratschläge. Unter anderem sollten sie bei »ihrem« Präsidenten intervenieren … Aus dem Zusammenhang war klar, dass Strauß damit den israelischen Ministerpräsidenten Menachem Begin meinte. Ich wäre am liebsten unter meinen Stuhl gekrochen. Die hochgezogenen Augenbrauen der Anwesenden entgingen mir nicht. Der Kanzlerkandidat der deutschen Opposition sah die amerikanischen Juden also nicht als Bürger der Vereinigten Staaten, sondern als Israelis im Exil. Eine peinliche »Fehlleistung«, die gerade einem deutschen Spitzenpolitiker schlecht zu Gesicht stand. Leider war und ist diese Geisteshaltung nicht auf Strauß beschränkt – der im Übrigen ein tatkräftiger Freund Israels war –, sondern noch heute weit verbreitet.

Zwei Tage später waren wir in Washington. Ich hatte ein Treffen mit Außenminister Cyrus Vance arrangiert. Der Amerikaner führte Klage über die Zurückhaltung und mangelnde Kooperationsbe-

reitschaft Bonns in wirtschaftlicher Hinsicht und was den Boykott der Olympischen Spiele betraf.
Kurz darauf wurden wir von Präsident Jimmy Carter empfangen. Trotz der enormen Probleme, die zu dieser Zeit auf ihn einstürzten, wirkte er erstaunlich gelöst und wohlgemut. Er kannte mich von meiner Türkei-Mission, auf die er mich gleich ansprach und über deren Fortgang er sich berichten ließ. Danach sprach Carter mit Strauß und Sicherheitsberater Brzezinski. Nach einem kurzen Lagebericht im Hotelzimmer – ich hatte den Eindruck, Strauß war dabei, sich zum regelrechten Atlantiker zu wandeln! – fand unsere gemeinsame Reise hier ihr Ende. Wenigstens hatte es diesmal keine grundlegenden Meinungsverschiedenheiten zwischen uns gegeben.

Briefwechsel

Den Krach bekamen wir wenige Wochen später in umso größerem Ausmaß. Strauß war erzürnt über ein Zeitungsinterview, das ich gegeben hatte, und über meine Rede vom 26. April 1980 auf dem Landesparteitag der CDU Niedersachsen. Er schrieb mir einen Brief, den er mit »Privat – Persönlich« betitelte, in Kopie unter anderen aber an Albrecht, Kohl und Geißler sandte. Das war ein unmögliches Vorgehen, ein klarer Vertrauensbruch. Strauß warf mir vor, zu sehr um die FDP als möglichen Koalitionspartner geworben zu haben, »der zuliebe der Kanzlerkandidat geopfert werden solle«. Er beeilte sich hinzuzufügen: »Im Übrigen verbindet sich die Hoffnung von Millionen Wählern mit meinem Namen, mit dem andere, die ich dazu nicht legitimiert habe, keine Manipulationen vornehmen dürfen.«
Strauß behauptete, ich hätte damit der CDU in der bevorstehenden Landtagswahl in Nordrhein-Westfalen geschadet. Tiefes Misstrauen sprach aus seinem Vorwurf, wonach in einer »der Union

gegenüber unfreundlich eingestellten Zeit der Massenmedien solche Äußerungen wie die Ihren gut ankommen ... Man kann in der Regel davon ausgehen, dass der Ruf eines Unionspolitikers umso besser wird, je mehr er den politischen Gegner lobt und sich von den eigenen Reihen abhebt.«

Strauß wäre nicht Strauß gewesen, wenn er nicht im gleichen Atemzug persönlich beleidigend geworden wäre. Er warf mir Eskapaden und Alleingänge vor. Damit hätte ich treue CDU-Anhänger verprellt. »Im gleichen Zusammenhang muss ich Ihnen auch mitteilen, dass es nicht ein Problem Strauß-Leisler Kiep gibt, sondern ein Problem Leisler Kiep-CDU. Wenn aus verständlicher Angst vor Publizität und den damit verbundenen unangenehmen Erörterungen viele getreue Politiker der CDU sich zurückgehalten haben, Ihre Einzelgänge in der Öffentlichkeit anzuprangern, so (muss) ich Ihnen doch bei dieser Gelegenheit sagen, dass viele erprobte, bewährte, treue CDU-Politiker dieses Ihr Verhalten zur offiziellen Politik der CDU missbilligt haben und es nicht verstehen würden, wenn solche Verhaltensweisen ohne Flurbereinigung noch als besonders verdienstvolle durch besondere Versprechungen hervorgehoben würden.«

Der CSU-Vorsitzende verwechselte Loyalität mit Vasallentreue, eine deutsche Untugend, die unserem Land bereits genug Katastrophen beschert hatte. Natürlich versäumte er nicht, noch eine Drohung hinzuzufügen – »Wenn Gutmütigkeit als Einfalt ausgelegt werden sollte, dann ist die Grenze erreicht« – und die eigene Überhöhung nachzuschieben: »Ohne mich oder gegen mich wird die CDU die Wahl weder im Bund noch in Niedersachsen gewinnen.«

Ich war empört. Das war schlechter Stil: politisch wie menschlich. Drohungen, Beleidigungen, egomanische Überhöhung der eigenen Person sind eines Kanzlerkandidaten unwürdig. Zudem fand ich es unter aller Kritik, dass Strauß den von ihm selbst als vertraulich dekretierten Brief ohne mein Wissen in Umlauf gebracht hatte.

Nachdem mein erster Ärger verraucht war, überlegte ich mir, was zu tun war. Ich beriet mich auch mit Ernst Albrecht. Ein persönliches Gespräch mit Strauß kam zu diesem Zeitpunkt nicht in Frage. Am Ende entschloss ich mich, Strauß ebenfalls schriftlich zu antworten. Zuvor las ich noch einmal das Interview mit dem »Hamburger Abendblatt«, das ein Stein des Anstoßes gewesen war. Zu meinem Ärger musste ich feststellen, dass das von mir freigegebene Interview vor Erscheinen noch einmal von einem Redakteur geändert worden war. Der Mann verstand sein Handwerk offenbar nicht besonders gut, denn einige Passagen waren durch seine Streichungen sinnentstellt. Meine Rede auf dem Parteitag der CDU-Niedersachsen hingegen, die Strauß auch vorlag, war unverfälscht zu ihm gelangt.

Ich entschied mich, Strauß' Vorwürfe in einem Brief zu entkräften, die Tatsachen so darzustellen, wie sie waren, und im Übrigen den Adressaten zu bitten, von Wertungen meiner politischen Tätigkeit Abstand zu nehmen. Ich tat all dies in bewusst moderatem Tonfall, wollte ich doch vermeiden, dass in der ohnehin prekären Situation unserer Partei noch mehr Porzellan zerschlagen würde. So schrieb ich: »Die konservativ-liberale Mehrheit, die es nach wie vor in der Bevölkerung Deutschlands gibt, in eine konservativ-liberale Regierung umzusetzen, ist die von uns bisher nicht gelöste, aber wichtigste Aufgabe. Dabei hat die Sache, das politische Ziel, Vorrang vor Personen. Die Begründung für die Notwendigkeit des Wechsels in den wichtigsten Bereichen deutscher Politik muss von uns überzeugender herausgearbeitet werden. Die SPD und auch Schmidt versagen in den wichtigsten Bereichen der deutschen Politik: Außen- und Sicherheitspolitik, Bündnispolitik, Wirtschafts- und Finanzpolitik.«

Strauß' Ausgrenzung der FDP, der er übrigens noch im März 1980 ein Koalitionsangebot gemacht hatte, hielt ich für wahlkampftaktisch ausgesprochen unklug: »Die FDP muss nach meiner Meinung in den Wahlkampf einbezogen werden, da wir deutlich zu machen haben, dass sie sich als Partei in einem Zweckbündnis zur Machterhaltung mit der SPD verbunden hat, den Wechsel herbeizuführen deshalb außer Stande ist und insoweit als Motor der notwendigen Veränderung ausscheidet. Dies, obwohl es in der Sache – wie Außen- und Wirtschaftspolitik – weitgehende Übereinstimmung mit uns gibt.

Auf Grund dieser Konstellation muss eine unserer Zielrichtungen im Wahlkampf der FDP-Wähler sein, den wir zu einer Koalition mit uns auffordern sollten, wobei wir angesichts der Haltung der FDP-Führung ... sozusagen treuhänderisch diese Stimmen für liberale Politik sammeln müssen. Nichts anderes habe ich in meinem Interview mit dem ›Hamburger Abendblatt‹ und auch anderswo gesagt.«

Strauß' Abrechnung mit meiner politischen Arbeit wollte ich ebenfalls nicht stehen lassen. Für meine Linie bin ich in der Partei schon ausreichend kritisiert worden.

»Erlauben Sie mir die persönliche Bemerkung, dass sich aus heutiger Sicht meine Aussagen und mein Verhalten zur Deutschlandpolitik, zum Vertrag mit Polen, der KSZE-Schlussakte, dem Atomwaffensperrvertrag und dem NATO-Beitritt als richtig erwiesen haben, wobei ich stets auf die Gefahr des Faktors Illusion bei der Brandt-Scheel'schen Außen- und Deutschlandpolitik hingewiesen habe. Unsere Kraft zur Auseinandersetzung mit dem politischen Gegner wäre größer und die Bündelung aller unserer Aussagen überzeugender, wenn wir heute von der Inhaltskritik an dieser Vertragspolitik und zur Sicherung von Frieden und Freiheit in der gegenwärtigen Krise übergehen könnten. Was die Bewertung meiner politischen Arbeit ... betrifft, möchte ich Sie bitten, diese der CDU selbst zu überlassen.«

Dass ich gegen Meinungsmaulkörbe aller Art höchst allergisch bin, musste ich Franz Josef Strauß auch noch wissen lassen: »Pluralismus mit Leitideen, die alle miteinander verbinden, scheinen mir ein wirkungsvolleres Kontrastprogramm zum Sozialismus zu sein als Ihr Versuch, Meinungsvielfalt durch verordnete Sprachregelung ersetzen zu wollen. Auch die Andeutung einer Infragestellung der Einheit der Union für den Fall des Ungehorsams ... wird uns dem Ziel, die Bundesregierung am 5. Oktober 1980 abzulösen, nicht näher bringen.«

Parteitag in Berlin

Obwohl ich vom Charakter her ein unverwüstlicher Optimist bin, musste ich mir in nachdenklichen Momenten eingestehen, dass wir von diesem erklärten Ziel des Wahlsiegs weit entfernt waren. Auch in Gesprächen mit Ernst Albrecht und meinen Mitarbeitern Ralf Lützenkirchen sowie Peter Radunski war deren Zweifel an unserem Sieg unüberhörbar. Der CDU-Parteitag in Berlin am 19./20. Mai war ebenfalls nicht dazu angetan, unsere Siegeschancen zu verbessern. Die bedrückende Atmosphäre unseres Versammlungsorts, des Berliner Kongresszentrums, hob meine Stimmung nicht. Am ersten Tag sprach der Parteivorsitzende Helmut Kohl, der heftig beklatscht wurde. Dann referierte Heiner Geißler sehr klar und deutlich, wie er die SPD-Mehrheit brechen wollte. Als polemisch völlig überspitzt habe ich die Rede Kurt Biedenkopfs in Erinnerung. Ich war verblüfft, dass ein so intelligenter und gebildeter Mann und gewiefter Politiker nicht erkannte, dass seine Rhetorik entgleiste. Vor der Kongresshalle hatten sich mittlerweile etwa 15 000 Menschen versammelt, die gegen Franz Josef Strauß demonstrierten. Die Unruhe griff auch auf den Saal über; viele Delegierte fürchteten anscheinend eine gewaltsame Auseinandersetzung und machten sich aus dem Staub. Während meiner Rede über Außen- und Deutschlandpolitik spürte ich deutliche Unruhe im Publikum. Meinen Nachrednern Stoltenberg und Albrecht ging es ähnlich – kein guter Anfang. Für den zweiten Tag war Franz Josef Strauß' Rede angekündigt.

Frei nach Dante: Wer hier eintritt, lasse jede Hoffnung fahren …
Nach den ersten Sätzen war klar, dass uns eine Redeschlacht bevorstand, die schweren Schaden anrichten würde. Unser Kandidat war dabei, sich in die ihm eigene Maßlosigkeit hineinzusteigern, die unserer Sache erheblich mehr schadete als nützte.

Dabei nahmen sich die folgenden Anwürfe gegen Bundeskanzler Schmidt noch milde aus: Dumm sei er und verfüge über kein Geschichtsbewusstsein. Er sei ein willfähriges Werkzeug der Linken, ein Partner, kein Gegenspieler Moskaus, unter dessen Führung Deutschland verrotte.

Das Ende des Parteitags ließ mich bedrückt und zugleich erleichtert zurück. Ich war zwar froh, dass ich meine Position Strauß gegenüber so deutlich kundgetan hatte. Gleichzeitig war mir jedoch klar, dass ich damit meine Chancen auf einen Platz im »Schattenkabinett« verspielt hatte. Das war einerseits schade, andererseits aber war ich auch erleichtert. So, wie Strauß sich bereits im Wahlkampf gebärdete, würden wir zwei keine gemeinsame Linie finden, die ich hätte glaubwürdig nach außen vertreten können. Als Spitzenkandidat der CDU-Niedersachsen würde ich gern in den Wahlkampf ziehen und mein Bestes geben. Ich fühlte mich befreit.

Schattenregenten

Doch so schnell ließ mich die Münchener Verbindung nicht aus ihren Fängen. Wenige Tage nach dem Parteitag benannte Franz Josef seine »Kernmannschaft«, die im Falle des Wahlsieges mit Ministerposten rechnen konnte. Zu dieser Mannschaft gehörten Alfred Dregger, Manfred Wörner, Heiner Geißler, Friedrich Zimmermann, Hans Maier, Helga Wex und – zu meiner großen Überraschung: ich. Strauß teilte mir Wirtschaft und Außenpolitik als mögliche Aufgaben in einer von ihm geführten Bundesregierung zu. Diese Riege ergänzte er durch Alfred Dollinger, Rainer Barzel und Gerhard Stoltenberg. Helmut Kohl gehörte ebenfalls zur Kernmannschaft, hatte aber deutlich gemacht, dass er Fraktionsvorsitzender bleiben wolle.

Wenige Wochen später trafen wir Schattenregenten uns erneut. Ein wichtiges Thema war die Erwiderung des Kanzlerkandidaten der CDU/CSU auf die Regierungserklärung, die Bundeskanzler Helmut Schmidt am nächsten Tag im Bundestag abgeben würde. Strauß hatte sich längst zu einer persönlichen Beschimpfungs- und Disqualifizierungsstrategie entschlossen. Es bedurfte einer konzertierten Aktion der gesamten Kernmannschaft, um ihm diesen invektiven Feldzug auszureden. Der Kanzlerkandidat war derart empört, dass er den Bettel hinwerfen und gar nicht sprechen wollte. Die Sitzung glich einem Tollhaus. Nur mit Mühe konnte Helmut Kohl Strauß einigermaßen beruhigen. »Soll ich den Schmidt etwa loben«, schnaubte der Kandidat. »Genau, Herr Strauß«, ergriff ich das Wort. »Finden Sie gute Worte für Schmidt, verdammen Sie seine Partei. Sie sei seiner nicht wert, des treuen Dieners ...«

Strauß sah mich ungläubig an und lachte. »Herr Kiep, das wird die langweiligste Rede meines Lebens.«

Unter diesen Umständen begannen wir uns für den Wahlkampf zu rüsten. Mit großer Überredungskraft war es gelungen, der CSU-Riege den von Stoiber propagierten Wahlkampfslogan »Moskau will Schmidt, Deutschland wählt Strauß« auszureden. Man einigte sich dann auf: »Frieden und Freiheit. Mit Franz Josef Strauß für Deutschland.«

Für Niedersachsen, wo ich als Spitzenkandidat auftrat, hatten wir »Mit Kiep kämpfen und mit Strauß siegen« ausgeknobelt. 70 Wahlveranstaltungen waren zu absolvieren, rund 10 000 Kilometer tourte ich im »Kiep-Bus« zwischen Helmstedt, Hameln, Göttingen und Cuxhaven. Auch in diesem Wahlkampf blieb ich meinen erprobten Prinzipien treu: voller Einsatz, keine Beschimpfungen gemäß der Maxime: Man muss dem politischen Gegner auch nach der Wahl noch in die Augen sehen können. Wilfried Hasselmann, CDU-Vorsitzender in Niedersachsen, prägte folgenden Satz über mich: »Die Gegner fürchten ihn, die Bevölkerung liebt ihn, Feinde hat er keine.« Schmeichelhaft, doch gewählt werden wollte ich auch.

Auch bundesweit hielt ich Wahlkampfveranstaltungen ab. In Bayern trat ich vor allem in sozialdemokratischen Hochburgen, in Franken und in liberalen Domänen auf.

Ein großes Interview, das ich dem »Spiegel« gab, sorgte erneut für einigen Wirbel. Das Hamburger Nachrichtenmagazin hatte damals Biss, und das Gespräch mit den zwei Redakteuren war ein intellektueller und verbaler Schlagabtausch, der mir viel Freude bereitete. Wie erwartet stellten die Journalisten zunächst die Divergenzen zwischen Strauß und mir in den Mittelpunkt. Auf diese Weise versuchten sie, mich in Widersprüche zu verwickeln. Als dies nicht gelang, wurden plötzlich nahtlose Übereinstimmungen behauptet – mit dem Schluss: »Da bleibt ja nicht mehr viel übrig von dem Bild des liberalen Kiep. Der marschiert nun im Gleichschritt mit Dregger und Franz Josef Strauß.«

Am meisten Ärger aber brachte mir die Äußerung ein, dass »im Prinzip ... Europa und Deutschland bereit sein [müssen], ihre Lebensinteressen in extremen Fällen zu sichern ... Ich sehe die Notwendigkeit für einen Einsatz von Marineeinheiten auch außerhalb des geografischen Geltungsbereiches des Bündnisses (NATO), wenn die Lebenslinien Europas und der Bundesrepublik Deutschland gefährdet sind.« Dies wurde dann in der Überschrift reduziert auf »Im Extremfall deutsche Marine am Kap«. Befremden löste auch aus, dass auf der Fotografie von den beiden Redakteuren und mir im Hintergrund deutlich das Bismarck-Porträt zu sehen war. Mir gefiel das, und mir gefiel auch die kleine Karikatur im Text: Zwischen einer Starkstromleitung und einer Stehlampe ist ein Transformator angebracht. Bildunterschrift: »Eine erstaunliche Erfindung: Der Kiepschalter, der Transformator von bayerischem Starkstrom auf sanftes Nordlicht!«

Den Wahlkampf führten alle Beteiligten mit großer Energie und Vehemenz. Schläge unter die Gürtellinie und persönliche Schmähungen blieben nicht aus in einer Auseinandersetzung um die Wählerstimmen, die von Personen eher denn von Sachthemen geprägt war. Dies war durchaus im Sinne der SPD, da Helmut Schmidt in der Bevölkerung hohes Ansehen genoss. So gesehen war das Ergebnis der Union bei den Wahlen am 5. Oktober 1980 respektabel: 44,5 Prozent. Die SPD erhielt 42,9 Prozent, die FDP 10,6 Prozent. Das Resultat hat in unseren Reihen niemanden wirklich verwundert.

Ich war als niedersächsischer Spitzenkandidat in den Bundestag gewählt worden. Eine schwere Entscheidung stand bevor: Sollte ich nach Bonn gehen oder in Hannover bleiben? Diverse Optionen waren für beide Möglichkeiten über die vergangenen Monate hin im Gespräch aufgetaucht: Hamburg, Hessen, Auswärtiger Ausschuss, Ministerpräsident, Fraktionschef. Pressestimmen verlautbarten gar den »nächsten Kanzlerkandidaten«.

Ein Parteifreund wollte mich offenbar nicht in Bonn wissen: Am Abend der Niederlage, am 5. Oktober, unterhielten wir uns kurz über meine Zukunftsperspektiven. Mein Gegenüber munkelte von einem bunten Schmetterling, der in eine Herde von Kohl-Weißlingen gerät – ein schönes Bild, doch ein zweifelhaftes Kompliment. Weitergeholfen hat mir das alles nicht.

Doch innerlich hatte ich meinen Entschluss längst getroffen. Zusagen und Versprechungen zu fortgeschrittener Stunde konnten mich letztlich nicht in meiner eigenständigen, schwer errungenen Entscheidung beeinflussen. Ich würde nach Bonn zurückkehren.

Engagiert für Hamburg

ALSTERWASSER

Gerade hatte ich damit begonnen, mich in Bonn in meine neuen Aufgabenbereiche als stellvertretender Fraktionsvorsitzender und Wirtschaftspolitischer Sprecher der CDU/CSU einzuarbeiten, hatte auch meine Tätigkeit als Bundesschatzmeister wieder aufgenommen, die ich während meiner Ministerzeit in Hannover hatte ruhen lassen, da bat mich meine Partei, als Kandidat für das Amt des Ersten Bürgermeisters bei den Hamburger Bürgerschaftswahlen im Juni 1982 zur Verfügung zu stehen.

Ich zögerte. Ich war eigentlich sehr zufrieden, wieder in Bonn Politik auf Bundesebene mitgestalten zu können. Mein Amt als Finanzminister in Niedersachsen hatte mir viel gutes Rüstzeug für die Aufgaben des Wirtschaftspolitischen Sprechers meiner Fraktion mitgegeben.

Auf der anderen Seite reizte mich die Aufgabe in der Hansestadt sehr. Hamburg war traditionell rot. Gegen meinen Rivalen von der SPD, Klaus von Dohnanyi, anzutreten war eine wirkliche Herausforderung. Hamburger Politik konnte auch auf Bundesebene maßgebend sein, und auf lokaler Ebene gab es jede Menge zu tun: Die wirtschaftliche Lage der Hansestadt war instabil, die Bildungspolitik krankte, die Entscheidung über die Hamburger Beteiligung am Atomkraftwerk Brokdorf war außerordentlich kontrovers. Hamburg lag mir natürlich auch aus persönlichen Gründen ganz besonders am Herzen. Schließlich war ich hier geboren und hatte an der Elbe eine glückliche Kindheit verbracht.

In drei Anläufen war es meiner Partei nicht gelungen, den Machtwechsel in Bonn herbeizuführen. Doch auf anderer Ebene hatten wir Erfolge erzielt: Stuttgart, Frankfurt, München und Berlin waren bereits zu unseren Gunsten gekippt. Ein Wechsel in Hamburg schien ebenfalls möglich.
Meine Parteigenossen leisteten unermüdliche Überzeugungsarbeit. Besonders der Parteivorsitzende Helmut Kohl bedrängte mich auf, wie ich fand, nahezu unanständige Art. Ich behielt diesen Gedanken aber für mich. Seit einiger Zeit gab es in der Presse immer wieder Spekulationen darüber, dass Kohl mich aus Bonn weghaben wolle – zu groß sei meine Konkurrenz um die anstehende Kanzlerkandidatur. Ende August 1981 entschloss ich mich für Hamburg. Der Landesvorstand kürte mich einstimmig zum Kandidaten für die bevorstehende Wahl.

Gerüchte

Kaum dass ich meine Kandidatur in Hamburg bekannt gegeben hatte, rauschte erneut das Gerücht vom Kanzler Kiep durch den gesamten Blätterwald – vom »Spiegel« zu »Bild am Sonntag« bis hin zum »Playboy«. Auch der Historiker Golo Mann äußerte sich in dieser Richtung. Das war durchaus ehrenvoll, allein: Ich wusste nichts davon. Dieses »Wissen« beschränkte sich offenbar auf Herrn Kohl.
In Hamburg hatte ich meiner Partei allerdings deutlich dargelegt, dass ich im Fall einer Niederlage nicht als Oppositionsführer in der Bürgerschaft zur Verfügung stehen würde: entweder das Amt des Ersten Bürgermeisters oder die Rückkehr nach Bonn. Diese Entscheidung brachte mir viel Unwillen ein: Was sei das für ein Kandidat, der die Rückfahrkarte quasi schon gelöst hatte? Diese Formulierung freute mich zwar nicht, machte mir aber nur bedingt zu schaffen. Denn ich war mir sicher: Hamburg brauchte und wollte

einen neuen Ersten Bürgermeister, nicht einen neuen Oppositionsführer. Diesbezügliche Anwürfe aus den Reihen der SPD konnte ich getrost abwehren. Deren Spitzenkandidat Klaus von Dohnanyi hatte 1979 bei der Landtagswahl in Rheinland-Pfalz, wo er gegen Helmut Kohl angetreten war, gleiche Bedingungen gefordert und durchgesetzt. Ich hielt dies für einen völlig legitimen, klaren und wohlbegründeten Schritt. Dass man uns beide als »rückimportierte Hanseaten« titulierte, störte mich nicht weiter.

Mitten in die Vorbereitungen des Auftakts für den Hamburger Wahlkampf platzte eine Bombe. In der »Neuen Ruhr Zeitung« erschien am 29. August 1981 ein Beitrag mit der Zeile »Spenden-Affaire: Ermittlungen gegen CDU-Prominenz«, Unterzeile: »Vorwürfe auch gegen Kiep«. Hierin wurde berichtet, dass gegen 40 CDU-Mitglieder ein strafrechtliches Ermittlungsverfahren eröffnet worden sei. Ähnliche Untersuchungen liefen bereits gegen die SPD und die FDP. An den Präsidenten des Bundestags sowie des Landtags Düsseldorf sei das Gesuch gerichtet worden, die Immunität mehrerer Abgeordneter aufzuheben, darunter auch meine. »CDU-Schatzmeister Walther Leisler Kiep soll bei Firmen Spenden für eine im Jahre 1954 gegründete Vereinigung erbeten und dafür von der Steuer absatzfähige Geldquittungen geliefert haben.« Weil das Geld aber zum großen Teil nicht bei der überparteilichen Vereinigung, sondern in der CDU-Kasse gelandet sei, fühlte sich der Fiskus betrogen.

Das stimmte so nicht. Hier wurden Verbindungen postuliert, die so nie existiert hatten. Die Staatsbürgerliche Vereinigung, deren dunkle Wege ich ans Licht gebracht hatte, wurde hier in unwahrer Art und Weise in Verbindung mit mir gebracht. Ich war mir keinerlei Schuld bewusst. Trotzdem war ich niedergeschmettert. Die Aufklärung der Sachverhalte konnte Monate, vielleicht Jahre dauern. Damals konnte ich noch nicht ahnen, dass meine schlimmsten Befürchtungen in dieser Hinsicht noch übertroffen werden sollten.

Mein Hamburger Wahlkampf begann gerade. Ein schlechterer Start war kaum vorstellbar! Ich bot der CDU an, meine Kandidatur zurückzuziehen. Man bat mich, dies nicht zu tun. Keiner der gegen mich erhobenen Vorwürfe sei auch nur im Geringsten untermauert, bewiesen sei überhaupt nichts. Der Wähler wüsste dies sehr wohl zu differenzieren. Der Parteitag der Hamburger CDU Anfang Oktober bestätigte diese Auffassung.

Am ersten Oktoberwochenende 1981 wählte mich die Hamburger CDU mit 166 von 167 Stimmen zum Spitzenkandidaten für die Bürgerschaftswahlen im Juni 1982. In meiner Rede erläuterte ich mein Wort von der »liberalen Erneuerung« der Hansestadt. Dies war keineswegs als Koalitionsangebot an die FDP gemeint. Mit solchen Aussagen hielt ich mich in diesem Stadium des Wahlkampfs wohlweislich noch zurück. Ich zielte vielmehr darauf ab, dass es auf Liberalität keinen Monopolanspruch geben könne. Mir war es darum getan, mit den Bürgern der Hansestadt eine Koalition einzugehen. Das hieß, ich musste auch SPD- und FDP-Wähler für einen politischen Wechsel im Rathaus gewinnen. Meiner Meinung nach waren in der Ära Klose und Dohnanyi die wichtigen Entscheidungen für Hamburg nicht vom Senat gefällt worden, sondern eher vom Landesparteitag der SPD. Das konnte nicht angehen. Eines meiner Ziele war es, die Hamburger Verfassung – in meinen Augen eine der freiesten und liberalsten überhaupt – gegen das Parteiregiment wieder in Kraft zu setzen. Da galt es, das Gute nicht nur zu wahren, sondern ihm auch wieder zur Geltung zu verhelfen.

WAHLPROGRAMM

Ich skizzierte darüber hinaus die wichtigsten Punkte, auf die ich im Wahlkampf abzuheben gedachte. Dies waren Schaffung und Sicherung von Arbeitsplätzen. Immerhin waren 50000 Hamburger ohne Beschäftigung. Dazu brauchte es auch eine vernünftige und solide Finanzpolitik – hier verwies ich auf meine Erfahrungen im »Süden«, in Niedersachsen. Doch Hamburg, trotz aller Weltoffenheit immer ein wenig provinziell, musste auch über seine Grenzen schauen. Als Erster Bürgermeister wollte ich den Ausbau des Großflughafens Kaltenkirchen und des Hafens, Stolz und Aushängeschild der Hansestadt, vorantreiben. Auch würde ich gezielt eine bessere Zusammenarbeit mit den »Nordlichtern« anstreben, sprich den benachteiligten Küstenländern.

Auch eine ausgewogene Schulpolitik musste realisiert werden. Unter der SPD-Regierung hatte man sich in meinen Augen in Hamburg allzu leichtfertig auf allerhand Bildungsexperimente eingelassen. Meinen Wahlkampf gedachte ich mit Hamburg-spezifischen Themen und Argumenten zu führen. Weltpolitik, die mir sonst so am Herzen lag, würde außen vor bleiben müssen. Einen gelegentlichen Seitenhieb auf die Identitätskrise der Sozialdemokratischen Partei hingegen behielt ich mir vor.

Die zu bewältigende Aufgabe war alles andere als leicht. Hamburg war traditionell eine SPD-Hochburg. Der Erste Bürgermeister konnte mit Rückendeckung von 51,5 Prozent der Wählerstimmen rechnen. Die CDU hatte bei der letzten Bürgerschaftswahl gerade einmal 37,6 Prozent der Hanseaten für sich begeistern können. Die FDP dümpelte unter 5 Prozent vor sich hin. Bundeskanzler Helmut Schmidt, zu diesem Zeitpunkt – unbestritten – von hoher Popularität, würde seinem Parteigenossen Dohnanyi im Wahlkampf beispringen.

Ich habe niemals dazu geneigt, meine politischen Gegner zu unterschätzen. Bei Klaus von Dohnanyi bestand dazu überhaupt kein Grund. »Ein Linker, der seine Ideologie unter aristokratischen Manieren verbirgt und entsprechende Angriffe unter Zurschaustellung dieser Herrenpose abzieht.«

So hatte ich meinen Eindruck von ihm einst nach einem Gespräch in meinem Tagebuch festgehalten. Doch Dohnanyi war weltoffen, politisch versiert und mit Hamburg bestens vertraut – kein einfacher Rivale.

»Die Gentlemen bitten zur Urne« – was so elegant und mühelos klingt, war in Wirklichkeit wieder einmal Knochenarbeit. Es war ein harter, aber fairer Wahlkampf. Im Rückblick kann ich ohne Überheblichkeit sagen, dass Dohnanyi und ich ihn »gentlemanlike« führten. Natürlich schlug mein politischer Gegner aus dem Vorwurf der Spendenaffäre Kapital. Politik ist keine Veranstaltung zur Förderung guter Manieren. Doch alles in allem geschah dies in erträglichem Maß und ohne die Häme und Ausfälle, wie sie inzwischen in der Politik zum schlechten Ton gehören.

Ich erinnere mich allerdings an eine Veranstaltung, auf der ich gerade das Podium bestieg, als ich in der ersten Reihe einen Mann im Sträflingskostüm entdeckte. Er trug ein Schild um den Hals mit der Aufschrift: »Ich bin ein Steuerhinterzieher«. Solche Momente, von denen ich gottlob nur ganz wenige erlebte, gehören zu den Schattenseiten im Dasein eines Politikers.

Ein typischer Wahlkampftag sah so aus: Morgens Besuch auf dem Langenhorner Markt, dort Gespräche mit Landwirtsfrauen. Weiter in eine Fußgängerzone. Das »Bad in der Menge« ist häufig alles andere als vergnüglich: Man muss alle Sinne beisammen haben, für alle Fragen, Bekundungen von Unwillen oder Sympathie gerüstet sein, dazu sachlich, aber gut verständlich formulieren. Dann Gespräche in einem Seniorenheim, gefolgt von einem Treffen mit dem Betriebsrat der Harburger Phönix-Werke. Am Abend eine Rede vor Hamburger Vertretern der deutschen Landsmannschaften. Thema: Deutschland- und Ostpolitik. Abschließend kurze Lagebesprechung mit dem Wahlkampf-Team.

Mittlerweile war ich dermaßen in meine Hamburger Aufgaben eingebunden und mit der Stadt meiner Kindheit wieder so vertraut, dass ich mich entschloss, an der Elbe zu bleiben. Mit Wirkung vom 26. April 1982 legte ich mein Bundestagsmandat nieder. Sollte die CDU die Wahl nicht gewinnen, würde ich als Abgeordneter der

Bürgerschaft an der Elbe bleiben. Meine Veranstaltungen in Hamburg hatten ein großes Echo gefunden. Ich hatte viel Sympathie und Unterstützung für meine Arbeit erfahren. Diesem Vertrauen wollte ich mit Vertrauen begegnen.

In der Bonner Parteizentrale stieß meine Entscheidung auf Zustimmung. Der Bundesvorsitzende meinte, ich hätte der Union »einen großen Dienst« erwiesen. Ich war damals zu beschäftigt mit meiner Arbeit, um über Kohls Worte nachzudenken.

Erfolg und Enttäuschung

Zunächst schien es, als bräuchte ich das auch gar nicht. Die Hamburger honorierten das CDU-Wahlprogramm und meinen Einsatz. Am 6. Juni votierten 43,2 Prozent der Hanseaten für die CDU. Das war sensationell, verglichen mit den 37,6 Prozent der letzten Wahlen 1978. Die SPD fuhr eine schwere Niederlage ein: Statt der 51,5 Prozent vier Jahre zuvor erreichte sie nur 42,7 Prozent. Die Grün-Alternative Liste schaffte mit 7,7 Prozent den Sprung in die Bürgerschaft, die FDP blieb vor verschlossener Fünf-Prozent-Tür.

Wir waren überglücklich! Die CDU hatte das beste Ergebnis erzielt, das sie je in Hamburg eingefahren hatte. Wir hatten uns Richtung Bonn in Bewegung gesetzt. Endlich! Doch obwohl das Wahlergebnis hervorragend war, sicherte es der CDU nicht die Regierung. Wir kamen auf 56 Sitze in der Bürgerschaft, die SPD auf 55, die GAL auf 9.

»Die Grünen existieren für mich nicht mehr«, hatte Klaus von Dohnanyi im Wahlkampf erklärt. Doch schon bald nach der Wahl gab er Interviews, in denen er sagte, er habe den Eindruck, dass die SPD und die GAL bei Sachfragen gar nicht weit auseinander lägen. Ich wollte eine Regierungsbeteiligung der GAL auf alle Fälle verhindern. Die Tolerierungsgespräche zogen sich hin, die Koalitionäre in spe trennten in Fragen wie dem Ausstieg aus der Atomenergie und der Hafenerweiterung Welten. So warb ich bei der SPD für meinen Bürgersenat. Meiner Meinung nach war es sehr gut möglich, dass wir im Rahmen eines überparteilichen Senats eine vernünftige Politik gestalten könnten. Dies würde natürlich Kompromisse auf beiden Seiten notwendig machen. Voraussetzung für die Bildung des Bürgersenats war der Rücktritt des jetzigen Senats. Doch die SPD ging auf meine Vorschläge nicht ein. Eine große Koalition kam nicht in Frage. Die Situation wurde immer verfahrener. Anfang Oktober stellte die CDU-Fraktion in der Hamburger Bürgerschaft den Antrag auf die Auflösung des Stadtparlaments. Wie erwartet lehnten SPD und GAL diesen Antrag ab. Daraufhin brachte die SPD den Antrag auf Selbstauflösung der Bürgerschaft ein. Neuwahlen sollten am 19. Dezember stattfinden. Die CDU wollte diesem taktischen Manöver nur zustimmen, wenn der Senat unverzüglich zurücktrat. Doch man schien an den Sesseln zu kleben.

Der neue Wahltermin am 19. Dezember 1982 war, so kurz vor Weihnachten, ungünstig gelegen. Trotzdem stürzte ich mich erneut in den Wahlkampf. Ein einziges Volksparkstadion, 50 000 Stimmen mehr für die CDU, würde genügen. Dieses Ziel schien zum Greifen nahe. Doch der Wahlsonntag geriet zum Desaster für die CDU. Die ersten Meldungen um 18 Uhr berichteten über eine hohe Wahlbeteiligung. Dies war für uns nicht gut. Eine Stunde später begann sich das Ausmaß der Katastrophe abzuzeichnen: Die CDU kam unter 40 Prozent, die SPD errang mit 51,3 Prozent die absolute Mehrheit, die GAL 6 Prozent. Die FDP war erneut an der Fünf-Prozent-Klausel gescheitert. Kurz darauf fuhr ich ins Hamburger Rathaus und gestand offen meine Niederlage ein. Die Presse interpretierte den Erfolg der SPD damals als den »Schmidt(Mit)leidseffekt«. Der Kanzler war am 1. Oktober in einem Misstrauensvotum gestürzt worden. Ein Bild aus dieser Zeit ist mir unvergesslich geblieben: Hans-Dietrich Genscher als finsterer Hagen von Tronje, der den blonden wackeren Recken Siegfried, alias Helmut Schmidt, rücklings meuchelt.

Für mich war diese Niederlage eine Ernüchterung. Anderthalb Jahre harter politischer Arbeit hatten nichts gebracht. Der Einsatz in Hamburg war umsonst gewesen, der Fortgang aus Bonn ein Fehler. Hatte ich das Ende meiner politischen Laufbahn erreicht, ohne dabei auch nur eine Spur zu hinterlassen? Zum ersten Mal in den 15 Jahren, die seit meinem Eintritt in die Politik vergangen waren, trug ich mich mit Rückzugsgedanken. Es wäre ein Leichtes für mich gewesen, wieder in meinem eigentlichen Beruf zu arbeiten. Einmal mehr bewies sich meine Maxime der finanziellen Unabhängigkeit als segensreich. Doch sollte ich meine Berufung aufgeben? Wie immer in komplizierten Lebensphasen dachte ich an meinen Onkel Otto Kiep. Selbst in schwierigsten Augenblicken, in lebensbedrohlichen Situationen war er sich und seinen Idealen treu geblieben. Und ich wollte wegen einer verlorenen Wahl aufgeben?

Zudem hatte sich in Bonn die Szenerie verändert. Der Wechsel, auf den wir Jahre hingearbeitet hatten, war – wenn auch nicht gerade über Nacht – vollzogen. Am 17. September 1982 hatte Helmut Schmidt den Rücktritt der vier FDP-Minister Hans-Dietrich Genscher, Gerhart Baum, Otto Graf Lambsdorff und Josef Ertl bekannt gegeben. Dies bedeutete das Ende der sozialliberalen Koalition. Schmidt, dem Enttäuschung und Wut ins Gesicht geschrieben standen, bildete eine sozialdemokratische Minderheitsregierung. Zu diesem Zeitpunkt waren sich CDU/CSU und FDP hinter kaum noch verschlossenen Türen längst einig geworden.

Am 1. Oktober 1982 sprach der Bundestag mit den Stimmen von CDU/CSU und FDP dem Bundeskanzler das Misstrauen aus. Der CDU-Parteivorsitzende war am Ziel: Helmut Kohl wurde zum neuen Bundeskanzler gewählt. Die Wahlen zum 10. Deutschen Bundestag sollten am 6. März 1983 stattfinden.

Schatzmeisters Sorgen

GETRÜBTE FREUDE

Im Rückblick war Dienstag, der 5. Oktober 1971 kein guter Tag für mich. An diesem Tag willigte ich in das schlechteste Geschäft meines Lebens ein. Doch da der Mensch nicht in die Zukunft blicken kann, dachte ich damals, ich hätte einen respektablen Erfolg errungen. Der Parteitag der CDU in Saarbrücken wählte mich mit 401 von 450 Stimmen zum Schatzmeister der Christlich-Demokratischen Union. Ich hatte mich nicht nach diesem Amt gedrängt. Der Vorsitzende der Bundestagsfraktion, Rainer Barzel, hatte mich wiederholt gebeten, mich als »Kassenwart« zur Verfügung zu stellen. Immer wieder hatte ich abgelehnt. Allein pragmatische Überlegungen bewogen mich zum Umdenken. Ich wusste, dass meine Position in der Partei nicht unumstritten war. Meine »Alleingänge« in der Deutschland- und Ostpolitik waren vielen Parteifreunden ein Dorn im Auge. Keine Partei liebt Dissens, nicht einmal mein christlicher Verein ist dafür bekannt, besonders nachsichtig mit Abweichlern und Querdenkern umzugehen.
Der Schatzmeister der CDU war gleichzeitig Mitglied des Präsidiums, das konnte meine Stellung in der Partei nur stärken. Schließlich entschied ich mich für die Kandidatur. Das gute Wahlergebnis stimmte mich frohgemut. Auch Rainer Barzel ging strahlend aus diesem Parteitag hervor. Er war in Saarbrücken zum Bundesvorsitzenden gewählt worden. Die Partei hatte ihm den Vorzug vor dem rheinland-pfälzischen Ministerpräsidenten Helmut Kohl gegeben.

Recht bald begann ich zu erkennen, welche Bürde ich mir mit meinem neuen Amt aufgeladen hatte, und das Lächeln ist mir angesichts der angespannten Kassenlage vergangen. Im Präsidium hatte man es offenbar nicht für nötig befunden, die Finanzierung der Partei im Auge zu behalten. Ich zog eine ernüchternde Bilanz: Die Bundespartei war bereits mit zwölf Millionen Mark verschuldet. Damit nicht genug, erwies sich der laufende Etat der Bundesgeschäftsstelle als eine viel zu knappe Decke, die obendrein zahlreiche Löcher aufwies: Das Haushaltsdefizit für 1972 wurde auf weitere 15 Millionen veranschlagt. Im Konrad-Adenauer-Haus residierte die Partei zwar angemessen, aber die Immobilie war alles andere als solide finanziert. Vor meiner Wahl zum Schatzmeister war sogar in Erwägung gezogen worden, das Objekt möglichst rasch zu veräußern.

1973 würde uns wieder ein Wahlkampf ins Haus stehen. In einer Demokratie, in der alle vier Jahre ein Urnengang zum Bundestag vorgesehen ist, sollte dies ein kalkulierbarer Kostenfaktor sein. Wir schätzten das Volumen auf 60 bis 70 Millionen Mark. Woher sollten wir das Geld nehmen?

Die Partei ging am Bettelstab. Es war nun meine Aufgabe, sie wieder ohne Gehhilfe zum Laufen zu bringen. Ich setzte auf meine Erfahrungen als hessischer Landesschatzmeister, der ich seit 1967 war. Ich musste die Spendeneingänge erheblich erhöhen, das war klar. In diesem Zusammenhang erinnere mich an einen Abend, an dem ich als neu gewählter Schatzmeister erstmals eine Ahnung vom bestehenden Spendensystem bekam. Seinerzeit hatte ich mit einem ungläubigen Kopfschütteln reagiert. Zusammen mit Rainer Barzel war ich bei Fritz Berg zu Gast. Er war Präsident des Bundesverbandes der Deutschen Industrie (BDI) und gleichzeitig Geschäftsführer der »Staatsbürgerlichen Vereinigung 1954 von Köln und Koblenz e.V.«. Vertreter von anderen Parteien waren ebenfalls anwesend. Wir trugen unsere jeweiligen Anliegen und Ansichten vor. Daraufhin äußerte Fritz Berg seine Wünsche an die Politik, sagte Gelder für die Parteien zu, und wir wurden entlassen.

Staatsbürgerliche Vereinigung e.V.

Nach dieser Erfahrung war eine meiner ersten Amtshandlungen, die Staatsbürgerliche Vereinigung e.V. (SV) näher zu betrachten. Die SV hatte 1954 der Bankier Robert Pferdmenges gegründet, der Vertraute Adenauers. Die Geschäfte wurden von Prof. Dr. Gustav Stein geführt. Im Hauptberuf war er der Geschäftsführer des BDI. Die SV nahm Spenden von Unternehmen und Privatpersonen entgegen. Diese waren steuerlich absetzbar, und damit bestand insbesondere für Unternehmen ein Anreiz, für politische Institutionen zu spenden. Mit ihren Zuwendungen an die SV konnten sich die Unternehmen auch elegant den Spendenwünschen von Parteien und Kandidaten entziehen. Die SV entschied selbst über die Verteilung der Spenden an die einzelnen Parteien, wobei sie sorgfältig zwischen Bundes- und Landespartei unterschied.

1959 hatte das Bundesverfassungsgericht die steuerliche Absetzbarkeit von Zuwendungen an Parteien in der Höhe begrenzt. Die Staatsbürgerliche Vereinigung war eine Möglichkeit, diese Beschränkung zu umgehen; denn als gemeinnütziger Verein war sie steuerbegünstigt. Die meisten Gelder aus der SV flossen der CDU und der FDP zu. Die SPD wurde vergleichsweise sparsam bedacht. Sie sicherte ihre Finanzierung durch eigene Unternehmen wie den Druck- und Zeitungsverbund DDVG sowie ihre Nähe zu den Gewerkschaften. Diese pflegen die Sozialdemokraten trotz gelegentlicher Kritik finanziell massiv zu unterstützen.

Die Führungsriege der Staatsbürgerlichen Vereinigung las sich wie ein »Who's who« des deutschen Wirtschaftswunders. An der Spitze der Hierarchie standen Persönlichkeiten der Industrie, des Bankwesens und des BDI sowie des Deutschen Industrie- und Handelstages. Die Spendenbelege der SV wurden von den jeweils begünstigten Parteien nie eingesehen; denn die SV legte großen Wert darauf, dass die Quittungen unmittelbar an die Spender gingen. Die Parteien hatten somit keinen Überblick über die wahren Spendensummen. Diese Handhabe der Parteispenden war üblich geworden und blühte beileibe nicht im Verborgenen.

Mir erschien das System jedoch mehr als zweifelhaft, insbesondere nachdem ich im Februar 1976 Finanzminister in Niedersachsen geworden war und Gelegenheit hatte, die Spendenpraxis an die SV aus anderer Perspektive zu betrachten. Der Text der mir vorliegenden Spendenquittungen sprach ausdrücklich von einer Verwendung der gespendeten Mittel für staats-, nicht aber für parteipolitische Zwecke. Ich beriet mich mit Ministerpräsident Ernst Albrecht und dem seit 1973 als CDU-Parteichef amtierenden Helmut Kohl. Beide sagten mir ihre Unterstützung bei einer Überprüfung des Spendensystems zu.

Meine Tätigkeit als Schatzmeister auf Bundesebene ruhte im Übrigen während meiner Amtszeit in Hannover. Während dieser Periode akquirierte ich keine Spenden. Dies war nun die Aufgabe von Uwe Lüthje. Ich setzte mich alsbald mit meinen Schatzmeister-Kollegen Wilhelm Dröscher (SPD), Heinz Herbert Karry (FDP) und Karl Heinz Spilker (CSU) zusammen. Anfang April 1976 berieten wir über eine Neuordnung der Parteienfinanzierung. Zudem schlug ich eine Begrenzung der Wahlkampfkosten vor. Ich war davon überzeugt, dass eine Überprüfung und Neugestaltung des Parteienfinanzierungsrechts unbedingt nötig war. Mittels einer Erhöhung der Obergrenze für die steuerliche Abzugsfähigkeit, die damals bei 600 DM im Jahr lag, hoffte ich, die Handlungsfähigkeit wenigstens teilweise wiedergewinnen zu können.

Doch die Zustimmung zu meinem Reformvorhaben, die mir von allen Parteien zunächst zugesagt worden war, schmolz wie Butter in der Sonne, je näher es zum Schwur kam. Von Unterstützung konnte nun keine Rede mehr sein. Jeder versuchte das zu bewahren, was er hatte. Auch die Landesverbände der CDU reagierten auf meinen Vorstoß mit Zurückhaltung. Zu einer Begrenzung der Wahlkampfausgaben ist es im Übrigen zu meiner Zeit nie gekommen.

Mir war klar, dass wir eine Klärung der Parteienfinanzierungsfrage auf höchster juristischer Ebene benötigten. Zusammen mit Horst Weyrauch und Uwe Lüthje wollte ich ein Gutachten erarbeiten und dieses im Rahmen eines Normenkontrollverfahrens beim Bundesverfassungsgericht einreichen. Uwe Lüthje war mein Generalbevollmächtigter in meiner Funktion als CDU-Bundesschatzmeister, Horst Weyrauch mein Wirtschaftsprüfer und Steuerberater, der mich über Jahre begleitet hatte; mittlerweile war er auch der Wirtschaftsprüfer der CDU. Beide genossen mein absolutes Vertrauen. Ich konnte schließlich meinen Ministerpräsidenten, Ernst Albrecht, dazu bewegen, im Namen des Landes Niedersachsen die Normenkontrollklage beim Bundesverfassungsgericht einzureichen. Helmut Kohl unterstützte mein Vorhaben.

Noch während das Normenkontrollverfahren lief, informierten Weyrauch, Lüthje und ich die uns bekannten Spender an die SV, dass dieses Procedere rechtlich fragwürdig war. Es stand zu erwarten, dass das Karlsruher Urteil negativ ausfallen würde, dass also die Spenden nicht steuerlich absetzbar sein würden. Auf diese Weise waren alle großen Geldgeber bereits vor der Urteilsverkündung gewarnt. Das Echo bei den Spendern war keineswegs negativ. Meine Argumentation leuchtete ein: Spendet die Hälfte des früheren Betrages direkt an die CDU. Eine solche Zuwendung ist zwar nicht steuerlich abzugsfähig wie Spenden an die SV, aber dafür vollkommen legal. Mit dem von mir erwarteten Urteil des Bundesverfassungsgerichtes vom 24. Juli 1979 war für mich das Kapitel Staatsbürgerliche Vereinigung abgeschlossen.

In der Partei hingegen herrschte keine Freude. Auch der FDP-Politiker Otto Graf Lambsdorff ärgerte sich: Der »Idiot Kiep« säge den Ast ab, auf dem wir alle säßen ...

GRAUZONE

Eines war mir in meiner Arbeit als Schatzmeister schnell geworden: Auf Grund der unklaren gesetzlichen Lage bewegte man sich auf diesem Terrain notgedrungen immer in einer Grauzone. Die erfreuliche Seite der Schatzmeisterarbeit war, dass es mir gelang, die CDU aus ihrer defizitären Lage herauszubringen. Schon im Dezember 1979 berichtete mir Uwe Lüthje euphorisch von einem Überschuss von 16 Millionen Mark zum Ende des Jahres. Der weniger erfreuliche Aspekt war, dass ich keine Zeit fand, mich ausreichend um die Details meiner täglichen Arbeit zu kümmern. Daher stattete ich Weyrauch mit allen Vollmachten aus, im privaten Bereich wie in Parteiangelegenheiten. Ich konzentrierte mich darauf, Spenden zu werben, denn das war eine meiner Hauptaufgaben als Schatzmeister. Die Verwaltung der Spenden oblag Uwe Lüthje und Horst Weyrauch.

Am 29. August 1981 berichtete die »Neue Ruhr Zeitung«: »Düsseldorf. Strafrechtliche Ermittlungsverfahren wegen Steuerhinterziehung zu Gunsten der CDU hat die Justiz jetzt gegen mehr als 40 Personen … eingeleitet. Wie … berichtet … laufen ähnliche Untersuchungen bereits gegen SPD und FDP.« Es folgte eine Reihe von Namen. Meiner wurde an erster Stelle genannt – eine zweifelhafte Ehre. Mein Wahlkampf in Hamburg war gerade fünf Tage alt. Ein größeres Handicap als ein laufendes Verfahren war kaum vorstellbar. Die Nachricht traf mich wie ein Blitz aus heiterem Himmel. Als ich mich wieder ein wenig gesammelt hatte, rief ich meinen Parteivorsitzenden Kohl an, um mit ihm die missliche Situation zu besprechen.

Das Verfahren

Am 3. September 1981 leitete die Staatsanwaltschaft im Zusammenhang mit der so genannten Parteispendenaffäre ein strafrechtliches Ermittlungsverfahren wegen Beihilfe zur Steuerhinterziehung gegen mich ein. Dabei ging man wohl mit außerordentlicher Gründlichkeit ans Werk. Denn es dauerte acht Jahre, bis 1989 Anklage am Landgericht Düsseldorf gegen mich erhoben wurde. Mit mir wurde mein Generalbevollmächtigter Uwe Lüthje angeklagt. Gegenstand der Anklage war, dass ich eine Reihe von Spendern veranlasst hätte, über die SV Spenden an die CDU zu leisten. Nachdem ich aber derjenige gewesen war, der versucht hatte, das System der SV-Spenden zu beenden und ein neues, rechtlich unangreifbares Verfahren der Parteienfinanzierung zu entwickeln, war dies für mich recht befremdlich.

Im Vorfeld hatte mein Anwalt, Professor Günter Kohlmann, versucht, sich mit der Staatsanwaltschaft zu einigen. Er schlug vor, den Prozess auf meine Funktion als Schatzmeister der CDU zu fokussieren. Dies würde wenigstens die Spender aus der Öffentlichkeit heraushalten. Die Staatsanwaltschaft lehnte dies ab. So kam es, dass eine ganze Reihe von hochangesehenen Personen angeklagt wurde. Am 8. Mai 1991 wurde ich wegen »fortgesetzter Beihilfe zur Steuerhinterziehung« zu einer Geldstrafe verurteilt: 270 Tagessätze à 2500 Mark.

Noch im Gerichtssaal beschlossen mein Anwalt und ich, gegen dieses Urteil Revision einzulegen. Der Preis dafür war allerdings hoch. Das Verfahren würde erneut aufgerollt werden. Monate, Jahre gar würden wieder ins Land gehen. In dieser langen Zeitphase würde mein Wirken in Politik und in Wirtschaft behindert werden. Ich war bereits 65 Jahre alt – wie viel aktive Jahre blieben mir noch? Ich fühlte mich ungerecht behandelt. Daher war ich nicht bereit, das Urteil hinzunehmen – auch und schon gar nicht, als mir Helmut Kohl am darauf folgenden Montag nach der CDU-Präsidiumssit-

zung nahe legte, aus parteipolitischen Gründen von einer Revision abzusehen. Es sei doch besser,»dein Urteil« zu akzeptieren und die 625000 Mark zu bezahlen. Die Partei könne weitere Turbulenzen diesbezüglich nicht gebrauchen. Dem konnte ich nicht folgen. Dies war nicht »mein« Urteil. Ich fühlte mich in meiner Funktion als Bundesschatzmeister der CDU angeklagt und nicht als Privatperson. Während des Prozesses hatte ich aber alles, was das Verfahren unnötig in Parteinähe hätte rücken können, bewusst vermieden. Ich wollte weiteren Schaden von der Partei abwenden. Dies war mir gelungen. Nun aber musste ich meinen Namen und den meiner Familie rehabilitieren.
Am 30. September 1992 entschied der 5. Strafsenat des Bundesgerichtshofes in Karlsruhe, meine Verurteilung wegen »Rechts- und Verfahrensmängeln« aufzuheben. Von den 41 Spendenfällen, bei denen ich wegen fortgesetzter Hilfe zur Steuerhinterziehung angeklagt war, waren alle bis auf einen bereits verjährt. Dieser Fall wurde an das Landgericht Bochum verwiesen, das Verfahren später eingestellt. Ich bin fest davon überzeugt, dass die verjährten Fälle sich ebenfalls als gegenstandslos erwiesen hätten.
Im Oktober 1992, nur wenige Tage nach der Verkündung des Revisionsurteils, legte ich mein Amt als Schatzmeister der CDU nieder. Auf dem Bundesparteitag der CDU hielt Helmut Kohl eine überschwängliche Dankesrede für meine 21-jährige Tätigkeit als Schatzmeister. Zu meiner Nachfolgerin wurde Brigitte Baumeister gewählt.

TREFFEN MIT FOLGEN

Bis zur Niederlegung meines Amtes übte ich meine Tätigkeit als Schatzmeister aktiv aus und sammelte Spenden. In den Achtzigerjahren lernte ich über die Atlantik-Brücke Karl-Heinz Schreiber kennen. Dieser hatte sein Geld zunächst mit einem Unternehmen für Straßenmarkierungen verdient. Er unterhielt nach meiner Einschätzung eine enge Beziehung zu Franz Josef Strauß und pflegte wichtige Kontakte in Kanada; daher wurde er auch in der Atlantik-Brücke aktiv. Schreibers besonderer Freund war der kanadische Premier Brian Mulroney.

Im August 1991 erhielt ich während meiner Ferien in der Schweiz einen Anruf Schreibers. Mir war aus Andeutungen in der Atlantik-Brücke bereits bekannt, dass er beabsichtigte, der CDU eine Spende zukommen zu lassen. Zu diesem Zweck bat er mich um ein Treffen. Ich verspürte dazu wenig Neigung – immerhin war ich in den Ferien. Doch auf sein inständiges Bitten hin willigte ich ein, ihn auf meiner Heimreise am Ende der Ferien zu treffen. Ich verständigte Horst Weyrauch, damit dieser sich der zu erwartenden Spende und ihrer Einzahlung annehmen würde. Wir verabredeten uns hierzu in einem Lokal in St. Margarethen.

Nachdem ich die Herren miteinander bekannt gemacht hatte und einige kurze Höflichkeiten ausgetauscht worden waren, übergab Karl-Heinz Schreiber Weyrauch ein großes braunes Kuvert. Herr Weyrauch und ich bedankten uns. Sodann verließen wir das Lokal und verabschiedeten uns. Ich fuhr daraufhin nach Zürich, während Weyrauch samt Umschlag mit dem Wagen nach Frankfurt fuhr. Er verbuchte die Spende, eine Summe von einer Million Mark, auf diversen von ihm für die CDU unterhaltenen Konten. Erst jetzt erfuhr ich von der für mich überraschenden Höhe der Spende.

November 1999

Ich kümmerte mich nicht weiter um die Angelegenheit, und sie geriet in Vergessenheit – bis zum 5. November 1999. Es war ein kalter und regnerischer Tag. Ich war mit Herrn von Pierer in der Hauptverwaltung der Siemens AG verabredet.

Gegen Mittag verließ ich das Gebäude und sah mich plötzlich meinem langjährigen Anwalt Professor Günter Kohlmann gegenüber. Wir waren nicht verabredet. Wie hatte er mich ausfindig gemacht und weshalb gesucht?
Er sah mich ernst an: »Herr Kiep, ich muss Ihnen mitteilen, dass ein Haftbefehl der Staatsanwaltschaft Augsburg gegen Sie vorliegt. Ihnen wird eine Steuerhinterziehung in Höhe von 529 000 Mark vorgeworfen.«
Ich war erstaunt. Eine Erklärung für diese Maßnahme hatte ich nicht. Vor allem dachte ich nicht an die viele Jahre zurückliegende Spende von Karl-Heinz Schreiber. Günter Kohlmann teilte mir mit, dass für den nächsten Morgen ein Termin am Amtsgericht Königstein anberaumt war. Dort würde eine Staatsanwältin aus Augsburg, von wo der Haftbefehl ergangen war, ihn vor der zuständigen Amtsrichterin eröffnen. Da es offensichtlich um steuerliche Themen ginge, solle auch Horst Weyrauch anwesend sein. Sonstige Details kannte er nicht. Im Vertrauen darauf, dass es sich um einen Irrtum handeln müsse, beschloss ich, mein geplantes Tagesprogramm zu absolvieren. Ich fuhr nach Stuttgart, wo eine Präsentation meines Buches »Was bleibt ist große Zuversicht« stattfand. Eine kurzfristige Absage des lang geplanten Termins mit vielen Gästen wäre für diese unzumutbar gewesen.
Ich war überzeugt, dass der Haftbefehl auf Beschuldigungen beruhen musste, die gegenstandslos waren. Verstimmt war ich allerdings, dass die Nachricht über einen gegen mich vorliegenden Haftbefehl aus der Staatsanwaltschaft, auf welchem Wege auch immer, an die Presse gelangt war. Um eine sachliche Anhörung ohne öffentliches Spektakel zu gewährleisten, hatte die Amtsrichterin den Termin für sieben Uhr morgens anberaumt – aus gutem Grund, wie sich herausstellte. Denn um neun Uhr war das ganze Gebäude von Journalisten und Fotografen umstellt.
Der Haftbefehl war – wie ich nunmehr erfuhr – auf Grund eines Ermittlungsverfahrens ausgestellt worden, das 1994 gegen mich ein-

geleitet worden war. Es ist mir allerdings unerklärlich, warum ich in diesen fünf Jahren niemals von der Staatsanwaltschaft aufgefordert worden war, mich zu den erhobenen Vorwürfen zu äußern.

Der Haftbefehl wurde verlesen. Mir wurde vorgeworfen, im Jahre 1991 eine Million Mark erhalten und nicht ordnungsgemäß versteuert zu haben. Dies konnte ich sofort entkräften. Das Geld war von Karl-Heinz Schreiber gespendet worden, und Horst Weyrauch würde den entsprechenden Nachweis über die Verwendung liefern. Ich beantragte daher nun die Aufhebung des Haftbefehls. Herr Weyrauch erschien und versicherte, in der darauf folgenden Woche alle Nachweise über die Verwendung, wie von mir vorgetragen, beizubringen.

Für die Außerkraftsetzung des Haftbefehls forderte die Augsburger Staatsanwaltschaft die Abgabe meines Reisepasses, die Hinterlegung einer Kaution von einer Million Mark sowie eine wöchentliche Meldung bei der Polizei. Ich machte dem Gericht deutlich, dass der Entzug meines Passes de facto ein Berufsverbot für mich bedeuten würde. Am nächsten Tag sollte ich im Rahmen meiner Arbeit für die Atlantik-Brücke eine Delegation der Bundesregierung und des Bundestages nach Amerika begleiten. Die Annahme einer Fluchtgefahr war in meinem Fall absurd. Dem folgte die Richterin und verfügte die Aussetzung des Haftbefehls gegen eine Kaution von 500 000 Mark. Meinen Pass konnte ich behalten. Ich war der Richterin für ihre Objektivität und ihr Vertrauen dankbar, und am nächsten Tag reiste ich nach San Francisco.

Der Haftbefehl wurde nach einer Anhörung bei der Augsburger Staatsanwaltschaft Ende November 1999 aufgehoben. Im September 2000 verkündete das Oberlandgericht München, dass die Annahme der Schreiber-Spende keine strafrechtliche Relevanz habe. Damit war das Verfahren abgeschlossen. Allerdings muss ich zugeben, dass die Entgegennahme der Spende unter diesen Umständen, an diesem Ort im Ausland und in dieser Höhe eine der größten Dummheiten meines Lebens war.

Im Dezember 1999 richtete der Bundestag einen Untersuchungsausschuss ein. Wiederholt habe ich vor diesem Ausschuss ausgesagt, einen umfangreichen Bericht für alle Mitglieder erstellt und darüber hinaus einen weiteren vertraulichen Bericht für den Ausschussvorsitzenden anfertigen lassen. Der Untersuchungsausschuss hat mich in diesem Verfahren zu allen möglichen Komplexen vernommen. Dazu gehörte auch ein Vorgang im Zusammenhang mit einer Spende in Höhe von 100 000 Mark, die Herr Schreiber angeblich Herrn Schäuble oder dessen Beauftragten übergeben habe. Diese Zahlung wurde in einen Zusammenhang mit einer Spende in gleicher Höhe gebracht, die ich der CDU gemacht hatte. Zu den Einzelheiten des Vorganges gab es eine abweichende Darstellung von Herrn Weyrauch. Auf Grund dieser Divergenz leitete die Staatsanwaltschaft Berlin ein Verfahren wegen »uneidlicher Falschaussage« ein. Ich habe einen hierzu ergangenen Strafbefehl akzeptiert, um zu verhindern, dass im Jahre 2004 ein neues Strafverfahren stattfinden würde.

Eine meiner festen Überzeugungen habe ich im Untersuchungsausschuss immer wieder kundgetan. Niemals in all den Jahren der Regierung Kohl und meiner Tätigkeit als Bundesschatzmeister gab es auch nur den kleinsten Hinweis darauf, dass eine Spende an die CDU eine Gegenleistung politischer Art nach sich gezogen habe. Der Untersuchungsausschuss hat dies bestätigt: Es konnte niemals eine Käuflichkeit von politischen Maßnahmen unter der Regierung von Bundeskanzler Kohl nachgewiesen werden.

Zusammenfassend möchte ich festhalten, dass ich von September 1981 bis Dezember 2003 mit gerichtlichen Verfahren belastet wurde. Dies war auch für meine Familie und meine Freunde, besonders in der Atlantik-Brücke, bedrückend.

Im Rückblick stehen den 21 Jahren als Schatzmeister der CDU 22 Jahre an gerichtlichen Verfahren gegenüber. Immer ging es darum, dass Mittel für die Finanzierung der Partei gewonnen werden mussten. Die rechtlichen Vorgaben – Staatsferne, Transparenz und Vermeidung unangemessenen Einflusses – traten in einen kaum aufzulösenden Gegensatz zu dem in der Realität der Parteidemokratie ständig wachsenden Finanzierungsbedarf der Partei. Als Schatzmeister begab ich mich hierbei in eine Grauzone. Die Hoffnung, mit Hilfe dieses Amtes für meine politische Überzeugung zu wirken, hat sich nicht erfüllt.

Amerikas Freund

FAMILIENBANDE

Die enge Verbundenheit mit den Vereinigten Staaten von Amerika ist ein Leitmotiv meines Lebens. Diese Verbundenheit hat Geschichte – Familiengeschichte. Ein Vorfahr, Jacob Leisler, kam 1640 als Sohn einer calvinistischen Familie in Frankfurt am Main zur Welt. Bereits als 19-Jähriger arbeitete er für die »Niederländische Westindische Kompagnie«. Als junger Offizier wanderte er in die Neue Welt aus. 1689 übernahm Jacob Leisler im Handstreich die Herrschaft über die Provinz New York, die die Engländer erst 25 Jahre zuvor den Niederländern abgerungen hatten.
Jacob Leisler war unerschrocken, zielstrebig und beharrlich. Im folgenden Jahr berief er den ersten interkolonialen Kongress des englischen Teils von Amerika ein und etablierte in seiner Provinz eine Bürgerwehr. Leisler erarbeitete eine Verfassung, die auch die Rechte der Schwarzen und der Indianer berücksichtigte. Unter seiner Regierung bildeten sich zwei politische Fraktionen heraus, vergleichbar den Whigs und den Torys im englischen Mutterland. Vielleicht liegt hier der Ursprung des einmaligen Zwei-Parteien-Systems der Vereinigten Staaten begründet.
Den Engländern war Leislers Bestreben nach Unabhängigkeit selbstverständlich ein Dorn im Auge. Nachdem britische Truppen die Herrschaft über New York zurückerobert hatten, machten sie mit ihm kurzen Prozess. Im Mai 1691 wurde er auf einem öffentlichen Platz, dem heutigen City Hall Park, gemeinsam mit einem Vertrauten gehenkt. Leislers Leichnam wurde anschließend ge-

köpft. Vier Jahre später wurde das Urteil auf Betreiben von Leislers Verwandtschaft, die im Unterhaus interveniert hatte, annulliert und Jacob Leisler rehabilitiert. Immerhin. Leisler hatte sein Leben verloren, aber seine Ehre war wiederhergestellt.

Jacob Leisler kommt das Verdienst zu, Demokratie unter widrigen Umständen gewagt zu haben. Er hatte die Bildung einer gesetzgebenden Versammlung veranlasst, die nicht von reichen Kaufleuten und Landbesitzern bestimmt war. Vielen Amerikanern gilt Jacob Leisler als Vorkämpfer der Amerikanischen Revolution, die hundert Jahre später Unabhängigkeit und Demokratie bringen sollte.

1952 reiste ich in die USA. Ich hatte kurz zuvor meine erste Stelle bei der Insurance Company of North America angetreten, ein renommiertes Haus, 1792 in Philadelphia gegründet und damit die älteste Versicherung der Vereinigten Staaten. Ich war überwältigt von dem, was ich während meiner vierwöchigen Reise sah: Während Deutschland sieben Jahre nach Kriegsende noch ein ziemlich trauriges Bild bot, schien hier alles auf Fortschritt, Tempo, Zukunft zugeschnitten.

Ich wollte die Menschen, für die ich arbeitete, auch persönlich kennen lernen. Also stellte ich mich im Hauptsitz meiner Versicherungsgesellschaft in Philadelphia vor. Nachdem sich das Erstaunen darüber gelegt hatte, dass ein junger Mitarbeiter aus Germany »einfach so« vorbeikam und sich bekannt machen wollte, wurde ich sehr freundlich aufgenommen. Innerhalb von drei Tagen traf ich die gesamte Company – bis hin zum Präsidenten John A. Diemand. Es beeindruckte mich tief, dass er sich die Zeit nahm, sich mit mir zu unterhalten. Einen derart unkomplizierten Umgang kannte ich aus Deutschland nicht.

Gleich nach meiner Rückkehr nach Deutschland erhielt ich eine Einladung, im Folgejahr einen sechsmonatigen Schulungskurs bei der Agents School der Insurance Company in Philadelphia zu absolvieren. Als es endlich so weit war, befand der Senior Vice President drei Tage nach meiner Ankunft, dass ich dringend ein Auto brauchte: »We have a car for you!« Mir wurde ein wundervoller Plymouth nebst Gratis-Treibstoff zur Verfügung gestellt, mit dem ich in meiner Freizeit durch die Gegend fuhr.

1955, mittlerweile war ich zum Hauptbevollmächtigten der Gruppe in Deutschland befördert worden, bedeutete man mir, dass ein nächster Karrieresprung für mich nur in den USA möglich sei. Das Angebot war natürlich verlockend. Ich entschied mich trotzdem dagegen. Denn mittlerweile war ich angesichts der Entwicklung unseres Landes voller Optimismus. Außerdem hatte ich mein Vorhaben, mich politisch zu betätigen, nicht aus den Augen verloren.

Die Verbindungen, die ich bei meinen ersten Aufenthalten in Amerika geknüpft hatte, pflegte ich über die Jahre weiter. Auch in meiner neuen beruflichen Tätigkeit bei Gradmann & Holler und später als Bundestagsabgeordneter und CDU-Vertreter reiste ich oft in die USA. Viele Begegnungen aus diesen verschiedenen Lebensperioden sind mir unvergesslich geblieben. Gerne denke ich an Johnny von Neumann, einen Wiener Juden, der nach Los Angeles emigriert war. Er heiratete dort und betrieb am Sunset Boulevard eine Tankstelle.

Johnny machte einmal mehr deutlich, dass die Möglichkeiten in »God's own country« tatsächlich unbegrenzt sind. Kaum rollten die ersten Beetles durch Kalifornien, erkannte Johnny, dass in dem buckligen Käfer aus Germany enormes Potenzial steckte. Er bemühte sich um die alleinige Importlizenz für Kalifornien und bekam sie. Johnny von Neumann verdiente damit ungeheuer viel Geld – und betrieb aktive Vermögensbildung. So kaufte er Ende der Fünfzigerjahre eine Villa in Beverly Hills, die kein Geringerer als Frank Lloyd Wright entworfen hatte. Johnny genoss seinen Wohlstand ebenso unbekümmert, wie er Freunde daran teilhaben ließ. Eines Abends fragte er mich, ob ich mit ihm essen gehen wolle. Gerne! Der Rolls Royce stand draußen bereit, brachte uns zu Johnnys

Learjet, der uns in etwa 45 Minuten zu einem Golfplatz der Traumklasse in Palm Springs flog. Dort im Klubhaus aßen wir fabelhaft zu Abend, bestiegen wieder den Jet und flogen zurück. Verrücktes Amerika!

Senator John F. Kennedy

Ende der Fünfzigerjahre besuchte ich meinen Freund Arthur Stanton, Volkswagen-Importeur, in New York. »Ich will, dass du jemanden kennen lernst«, sagte er auf dem Weg zu einem Restaurant zu mir. Wir traten ein, an der Bar saß John F. Kennedy, den Stanton aus seiner Zeit bei der US-Navy kannte, in Begleitung einer hübschen Frau. Kennedy war eben zum Senator von Massachusetts gewählt worden. Manche sagten ihm eine große Zukunft voraus, möglicherweise würde er eines Tages sogar Präsident werden. Dieser Senator hatte etwas Besonderes an sich. Er war intensiv, hörte sehr konzentriert zu, antwortete knapp, kam sogleich auf den Punkt. Wir unterhielten uns eine Zeit lang. Dann verabschiedeten sich der Senator und seine Begleiterin und zogen in die New Yorker Nacht.

So oft ich konnte, suchte ich während meiner Amerikaaufenthalte Averell Harriman auf, den Freund meines Vaters aus Hamburger Tagen. Von Harriman erhielt ich erstmals Informationen über die reale Lage im Vietnamkrieg. Harriman war seit 1963 Under Secretary of State for Political Affairs im amerikanischen Außenministerium. In den Jahren 1968 und 1969 leitete er die amerikanische Delegation in den Vorverhandlungen zu den Pariser Friedensgesprächen.

Harrimans Analyse des Krieges war vernichtend. Er sagte klar und deutlich, dass der Krieg für die Amerikaner verloren war – nicht allein auf Grund des Geschehens an der Front, wo die US-Army trotz ihrer militärischen Überlegenheit eine Niederlage nach der ande-

ren einsteckte. Vielmehr, so Harriman, ging der Krieg an der »home front« verloren, daheim in den Vereinigten Staaten.
In den USA herrschte damals allgemeine Wehrpflicht. Zu Spitzenzeiten waren mehr als 500 000 GIs in Vietnam stationiert, deren Familien daheim von der Angst um ihre jungen Männer zermürbt. Die Antikriegsbewegung erhielt immer mehr Zulauf. »Not one more dead!« prangte auf den Bannern der riesigen Demonstrationen im Land. Selbst als Besucher gewann man den Eindruck, die amerikanische Gesellschaft drohe auseinander zu brechen.
Unter der ersten Regierung Lyndon B. Johnsons waren die Amerikaner von »Militärberatern« zu Kombattanten geworden. Trotzdem wurde Johnson mit überwältigender Mehrheit 1964 im Amt bestätigt. Sein Gegenkandidat, der Republikaner Barry Goldwater, musste eine demütigende Niederlage hinnehmen, allerdings nicht wegen unterschiedlicher Auffassungen zum Vietnamkrieg, sondern weil er als innenpolitischer Hardliner galt.
Zu diesem Geschehen ergeben sich in der Gegenwart interessante Parallelen. Auch George W. Bush wurde 2004 wiedergewählt, obwohl die Krise im Irak nicht beigelegt war, sondern immer weiter eskalierte. Man traute ihm eher zu, den Konflikt zu beenden, als seinem Opponenten John F. Kerry. In schwierigen Zeiten vertrauen die Menschen offenbar mehr dem amtierenden Staatsoberhaupt als dem Herausforderer. Mitten im Fluss wechselt man nicht die Pferde, meinen die US-Wähler. Im Vietnam- wie im Irakkrieg verließen sich die amerikanischen Präsidenten auf ihre militärischen Berater. Im Fall Johnsons war dies General William Westmoreland, der Oberbefehlshaber in Vietnam, der dem Präsidenten stets das Licht am Ende des Tunnels vor Augen hielt. George W. Bush wiederum folgte weitgehend der Expertise seines Verteidigungsministers Donald Rumsfeld.
General Westmoreland verwies auf die militärische Überlegenheit und die totale Luftherrschaft der US-Air Force. Diese war den Amerikanern auch im Irakkrieg sicher. Trotzdem gelang es ihnen,

ähnlich wie in Vietnam, bislang nicht, das Land zu beherrschen. Damals wie heute kursiert die Domino-Theorie. Würde Vietnam fallen, so wäre Kambodscha verloren, dann Laos, später Thailand, schließlich ganz Südostasien. Versinkt der Irak im totalen Chaos, so wird das Feuer übergreifen auf die arabischen Länder, besonders auf die Ölstaaten, an ihrer Spitze Saudi-Arabien. Schließlich würde der ganze Mittlere Osten brennen. Doch grau ist alle Domino-Theorie. Washington sollte eine pragmatische Politik zur Beilegung des Konflikts dem Versuch einer gewaltsamen Lösung vorziehen.

Nelson A. Rockefeller

Anfang der Sechzigerjahre traf ich erstmals Nelson Rockefeller, mit dem mich bald eine freundschaftliche Beziehung verband. Nelson, ein Enkel des legendären Öl-Tycoons John D. Rockefeller, war ein Mann von unendlicher Energie und sprudelnder Phantasie, zudem ein ausgezeichneter Kenner moderner Kunst. Zwischen 1959 und 1973 war Nelson Gouverneur des Staates New York, wo er entscheidende und umfassende Gesetzgebungen gegen Drogenbesitz durchsetzte. Drei Mal, 1960, 1964 und 1968, warf er seinen Hut in den Ring im Kampf um das höchste Amt im Staate. 1960 überholte ihn Richard Nixon schnell in den Umfragen, 1964 erregte Rockefellers Scheidung von seiner langjährigen Frau und die unmittelbar darauf folgende Heirat mit der wesentlich jüngeren Happy den Unmut seiner Anhänger. 1968 verlor er wiederum gegen Nixon.
In diesem Jahr beauftragte mich die CDU, den Wahlkampf in den USA zu beobachten. So traf ich am 4. August 1968 nach einer etwas umständlichen Reise über London, Bermuda und Freeport/Bahama in Miami ein. Am folgenden Abend gaben Nelson und Happy einen großen Empfang im Hotel Americana. »5000 Leute, Berge von Essen und Tausende Flaschen!«, vermerkte ich

nachts noch rasch in meinem Tagebuch – Rockefeller'sche Ausmaße eben.
Am 7. August gegen 17 Uhr begann das Riesenspektakel der Convention, des Parteitags. Ich bekam einen vorzüglichen Platz zugewiesen, genau neben der Loge von Mrs. Nixon und Mrs. Reagan. Deren Mann Ronald war ein bekannter B-Picture-»Held«, ein ehemaliger Schauspieler, Gewerkschafter und nunmehr republikanischer Jungpolitiker mit Ambitionen auf das Amt des Gouverneurs von Kalifornien. Von meinem Platz aus konnte ich die Menschenmengen beobachten: 10 000 Gäste, Journalisten, Zuschauer und 1300 Delegierte. Bei der Nominierung Nixons kochte der Saal. Die Galerien tobten. Den größten Beifall gab es bei der Nominierungsrede des Vizepräsidentenkandidaten Spiro Agnew, als dieser die »selbstlose und aufopfernde Arbeit« erwähnte, die Nixon während der acht Jahre seines politischen »Exils« geleistet habe.
Hinsichtlich der Chancen meines Freundes Rockefeller wurde ich skeptisch, nachdem ich mit zahllosen Delegierten über die Frage Rockefeller oder Nixon gesprochen hatte. Mit seiner »Ich-war-immer-für-euch-da«-Kampagne entschied Richard Nixon die Nominierung eindeutig für sich. Rockefellers liberaler Kurs hatte sich in der Partei nicht durchsetzen können. Doch es war nicht seine Art, etwas Begonnenes nicht zum guten Ende zu führen. Von 1974 bis 1977 wirkte er als Vizepräsident unter Gerald Ford. »Not much of a job«, meinte er mit seinem verschmitzten Lächeln …
Nelson Rockefeller war ein Grandseigneur, dabei von großer Herzlichkeit und Offenheit. Er liebte das Leben – und die Frauen. Als Freund war man bei ihm stets in besten Händen. Wiederholt habe ich ihn in seinem eindrucksvollen Büro im Kapitol besucht. Nelson und seine Frau Happy waren auch bei uns in Kronberg zu Gast. Bei unseren lebhaften Gesprächen wurde ernsthaft diskutiert, aber auch immer viel gelacht. Nelson hatte einen wundervollen Humor. Wohl wissend um den zweifelhaften Ruf, den sein Großvater John

D. Rockefeller genoss, pflegte Nelson zu sagen: »The older a family gets, the more noble it becomes.«

Nelson war nicht nur witzig und schlagfertig, er war auch ein ausgezeichneter Menschenkenner. »I am not much of a student of history«, sagte er einmal zu mir – aber seine Zeitgenossen durchschaute Nelson mit einem Blick.

Henry Kissinger hingegen bekannte, kein guter Menschenkenner zu sein. Er hat Nelson Rockefeller, den er für die einflussreichste Persönlichkeit in seinem Leben hielt, ein wunderbares Denkmal gesetzt, indem er ihm seine Memoiren widmete. Doch im wahren Leben hat er Rockefeller diese Ehrerbietung nur so lange entgegengebracht, wie es ihm opportun erschien. Kissinger hat seinen Gönner und Förderer sofort fallen gelassen, als deutlich wurde, dass Nixon der Präsidentschaftskandidat sein würde. Jeder andere hätte ob dieses Verrats geschäumt – doch Nelson war Nelson und hörte nicht auf, sich Kissinger gegenüber nobel und fair zu verhalten.

Henry A. Kissinger

Am 14. Juni 1994, zehn Jahre nach meiner Wahl zum Vorsitzenden der Atlantik-Brücke als Nachfolger von Karl Klasen, wurde ich glückliches Opfer einer »Verschwörung«, die Beate Lindemann, Stellvertretende Geschäftsführende Vorsitzende der Atlantik-Brücke, über Monate hinweg organisiert hatte, ohne dass ich auch nur den Schatten einer Ahnung hatte, was auf mich zukam! Ich war offiziell zu einer Veranstaltung im Auswärtigen Amt und zu einem Dinner im Smoking beim kanadischen Botschafter eingeladen. Tatsächlich aber erwartete mich morgens ein Symposium über die Zukunft der deutsch-amerikanischen Beziehungen im Weltsaal des Auswärtigen Amts, an dem mir zu Ehren Henry A. Kissinger und cirka 70 maßgebliche Persönlichkeiten aus Regierung und Bundestag, Wirtschaft und Wissenschaft teilnahmen. Abends fuhr mich dann mein Fahrer, anstatt in die Residenz des kanadischen Botschafters, zur wunderschönen »Redoute« nach Bad Godesberg, wo ich von vielen Freunden und Weggenossen begrüßt wurde. Vor dem festlichen Diner verlieh mir Rita Süßmuth, Präsidentin des Deutschen Bundestages, zu meiner großen Überraschung und Freude im Namen des Bundespräsidenten das große Bundesverdienstkreuz mit Stern und Schulterband. Als besondere Auszeichnung empfand ich, dass Henry Kissinger mich mit einer Laudatio ehrte. Damit noch nicht genug: Beate überreichte mir das Typoskript des mir gewidmeten Sammelbandes »Amerika in uns. Deutsch-Amerikanische Erfahrungen und Visionen« mit Beiträgen von mehr als fünfzig namhaften Autoren.

Ich habe Henry Kissinger in den frühen Sechzigerjahren in New York durch meine freundschaftliche Beziehung zu Nelson Rockefeller kennen gelernt. Henry Kissinger war in den Dreißigerjahren als Junge mit seinen Eltern aus Fürth in Bayern nach Amerika ausgewandert, um der Verfolgung in Nazi-Deutschland zu entgehen. Seine Beziehung zu Nelson Rockefeller war eng und freundschaftlich, und ich hatte den Eindruck gewonnen, dass er bei seiner Ausbildung und seinem Studium von Nelson stark gefördert worden war.
Henry ist ein Historiker besonderer Art, dessen Weltbild ebenso durch die Geschichte Europas geprägt wurde wie durch die Entwicklung, welche die USA nach zwei Weltkriegen als Großmacht und spätere Supermacht genommen hat. Unvergessen ist sein besonderer Respekt für die Bemühungen Europas, nach der Niederlage Napoleons eine Ordnungsmacht des Kontinents zu werden unter der Führung Österreichs mit seinem Kanzler Fürst Metternich.
Als ich 1968 als Wahlkampfbeobachter der CDU die Parteitage der Republikaner in Miami und der Demokraten in Chicago erlebte und im folgenden Wahlkampf die beiden Kandidaten Richard Nixon und Hubert Humphrey je zehn Tage auf ihren Wahlkampfrei-

sen begleitete, war Henry Kissinger bereits der außenpolitische Berater Nixons. Nach dessen Wahlsieg wurde er sein Sicherheitsberater. Auf dem republikanischen Parteitag in Miami war Nelson Rockefeller zwar der Gegenkandidat Richard Nixons, aber nachdem dieser als Sieger aus dem Wahlparteitag hervorgegangen war, bewarb sich Henry Kissinger mit dem Segen Rockefellers erfolgreich beim Präsidentschaftskandidaten.

Im Tross von Humphrey und Nixon auf deren Wahlkampfreisen waren für mich zweifellos die Gespräche mit Nixon und auch mit Kissinger über Fragen der Außenpolitik besonders faszinierend. Die außenpolitische Strategie, die von Henry Kissinger und Richard Nixon entwickelt wurde, war schließlich auch für den Beobachter der CDU von größtem Interesse. Neben der schrecklichen Problematik des Vietnamkrieges, der die amerikanische Gesellschaft gespalten und aufgewühlt hatte, verfolgten Nixon und Kissinger Ansätze für eine veränderte und verbesserte Beziehung zu den beiden kommunistischen Weltmächten, der Sowjetunion und China. Dieses Streben nach Annäherung war aus der Erkenntnis erwachsen, dass der Kalte Krieg und das Wettrüsten zwischen Ost und West durch Annäherung und Veränderung der Beziehungen entschärft, die Gefahr eines »nuklearen Holocaust« vermindert werden konnte. Im weiteren Verlauf sollte diese Politik zur schrittweisen Annäherung und zu vertrauensbildenden Maßnahmen zwischen Ost und West führen.

Für mich als deutschen Bundestagsabgeordneten waren diese Signale von besonderer Bedeutung. Wenn die westliche Führungsmacht, die seit dem Ende des Zweiten Weltkrieges die Sicherheit Europas und damit auch der Bundesrepublik Deutschland und Westberlins garantierte, sich für eine neue Politik gegenüber Moskau entschied, hieß das für uns, dass auch wir in Europa und besonders wir Deutsche in unserem Rahmen und mit unseren geringeren Möglichkeiten eine – diese neue amerikanische Strategie unterstützende – »Ostpolitik« zu formulieren hätten.

Dabei bedeutete diese neue Ostpolitik der USA für uns als geteiltes Land, dass wir die »Offenhaltung der deutschen Frage« für einen späteren Zeitpunkt sichern mussten, damit im Zuge einer Entspannung und Annäherung zwischen dem Westen, unter der Führung der USA, und dem Ostblock auf der Agenda einer zukünftigen deutschen und westlichen Politik eine Wiedervereinigung möglich würde. 1968 dachte ich an eine solche Entwicklung in einer fernen Zukunft. Im 20. Jahrhundert hielt ich sie kaum für denkbar.

In der Folge entwickelte sich dann auch eine deutsche Ostpolitik, erst in der Zeit der großen Koalition von 1966 bis 1969 mit Kanzler Kiesinger und Außenminister Willy Brandt und dann verstärkt unter der SPD/FDP-Regierung von Bundeskanzler Brandt und Außenminister Walter Scheel in der Zeit von 1969 bis 1982. Später, nach dem Rücktritt Willy Brandts, übernahm Helmut Schmidt das Kanzleramt, während der FDP-Vorsitzende Walter Scheel Außenminister blieb.

Richard Nixon

Von allen amerikanischen Präsidenten, die ich persönlich kennen gelernt habe, war Richard Nixon die komplexeste Persönlichkeit. »Tricky Dick« war Realpolitiker par excellence und verfügte über den »Metternich-Blick«. Besonders in der Außenpolitik besaß Nixon großes strategisches Geschick und einen langen Atem dazu. Sein Ruf als bester Pokerspieler der US-Navy kam wohl nicht von ungefähr. Bereits in seiner Antrittsrede am 20. Januar 1969 machte Richard Nixon deutlich, dass er der Weltpolitik eine Wendung geben wollte: »Nach einer Phase der Konfrontation treten wir nun in eine Ära der Verhandlungen ein. Alle Völker sollen wissen, dass in der Amtszeit dieser Regierung unsere Kommunikationswege offen sein werden.«

Richard Nixon machte sein Versprechen wahr: Als erster Präsident der Vereinigten Staaten reiste er nach China und in die Sowjetunion.

Auch für die deutsche Ostpolitik spielte Nixon eine wichtige Rolle: Vor der Abstimmung über die Ostverträge 1972 ließ er über den US-Botschafter in Bonn den Unionsfraktionsvorsitzenden und CDU-Chef Rainer Barzel wissen, dass es nicht im Interesse der USA sei, dass diese Verträge scheiterten.

Ungeachtet seiner unbestrittenen Fähigkeiten als Realpolitiker habe ich Richard Nixon als gespaltene Persönlichkeit erlebt. Auf der einen Seite war er der kühl-überlegte Stratege, auf der anderen Seite ein höchst empfindlicher, leicht gekränkter, vor allem aber ein extrem jähzorniger Mensch. Ich erinnere mich an einen Zwischenfall bei einem Abendessen im Hamburger Hotel »Vier Jahreszeiten« im Rahmen meiner Hamburger Kandidatur für die Bürgerschaftswahlen 1982. Richard Nixon war mein Tischnachbar. Ich brachte die Sprache auf die Zwischenwahlen unter der Präsidentschaft von Ronald Reagan und fragte Nixon, ob er denn für seine republikanischen Kollegen Wahlkampf machen werde. Nixon wurde blass, sein Gesicht verzerrte sich vor Zorn. »Me? Campaign for these bastards? Never!«, zischte er. Es war der Ausbruch eines Menschen, der sich verraten und verachtet fühlte, grundsätzlich und immer wieder. Ob von Präsident Eisenhower, dessen Vizepräsident er acht Jahre lang war und der, nach von Nixon durchgesetzten Entscheidungen befragt, mit böser Ironie antwortete: »Give me a week and I might think of something«, oder von seinen Parteigenossen während der von ihm zu verantwortenden Watergate-Affäre. Nixons Leben glich dem immerwährenden Ausbruchsversuch eines Unterprivilegierten, der nichts mehr hasste als die etablierte Society der Kennedys und Rockefellers, die in Politik und Gesellschaft den Ton angaben. Nixons Wutanfall in Hamburg ebbte ebenso rasch ab, wie er gekommen war. Danach unterhielten wir uns entspannt weiter.

Im Oktober 1968 begleitete ich Richard Nixon auf seiner Wahlkampagne in Pennsylvania, wobei ich ihn aus nächster Nähe beobachten konnte. Damals erschien er mir steif, ungelenk und unsicher. Ich vermisste Charisma, gleichwohl zog ich den Hut vor seiner geschliffenen Rhetorik. Sein bevorzugtes Thema war »law and order«, und er setzte es ganz bewusst ein. Sein Ziel war es, die Mehrheit zu gewinnen. Er taxierte seine potenziellen Wähler als »non-black and non-poor« – »gewöhnliche Amerikaner«, die »silent majority«, die nichts für Hippies und für Demonstranten übrig hatten, die für Frieden und Bürgerrechte auf die Straße gingen. Nixon behielt Recht. Mit dieser Strategie gelangte er ins Weiße Haus.
Der Präsidentschaftswahlkampf 1968 nahm auf Grund der dramatischen Entwicklung des Vietnamkrieges und der damit verbundenen Spaltung der Bevölkerung bürgerkriegsähnliche Dimensionen an. Er wurde begleitet von Protesten, hauptsächlich an Universitäten. Dabei kam es immer wieder zu harten, ja teilweise brutalen Einsätzen der Polizei gegen die Demonstranten. Nach der Ermordung Robert F. Kennedys in Kalifornien nach einer Parteiveranstaltung am 6. Juni 1968 fragten sich viele Amerikaner verzweifelt, warum eine Atmosphäre in ihrem Land herrschte, die derartige Taten möglich machte.

HUBERT H. HUMPHREY

Am 28. August 1968 besuchte ich die Convention der Demokraten in Chicago. Während in der Halle die Kandidaten ihre Ansprachen hielten, versammelten sich draußen auf der Michigan Avenue Tausende von Anti-Vietnam-Demonstranten. Als die Abstimmung begann, wurden in der »Convention Hall« die ersten Klagen über das Vorgehen der Polizei und der National Guard gegen Demonstranten und Fernsehjournalisten laut. Die TV-Reporter beschwerten sich, sie seien beschattet worden. Die Polizei ging mit Holzknüppeln und Tränengas gegen die Demonstranten vor. Üble Prügelszenen spielten sich ab, und bei den Straßenschlachten gab es zahlreiche Verhaftungen. Ein Antrag, aus Protest gegen den überaus harten Polizeieinsatz die Wahlen um 14 Tage zu verschieben, fand keine Berücksichtigung. Die Abstimmung lief weiter, der Lärm draußen schwoll an. Ich werde nie vergessen, wie allmählich Schwaden von Tränengas an dem Hotel, in dem der Kandidat Hubert Humphrey sich aufhielt, emporstiegen – eine gespenstische Szene. Hubert Humphrey, der Joseph Raymond McCarthy im ersten Wahlgang eindrucksvoll geschlagen hatte, gab am nächsten Tag ein Interview, in dem er die Brutalität der Polizei bedauerte. Während seiner anschließenden Wahlkampftour begleitete ich Hubert H. Humphrey mehrere Tage lang durch Ohio und Pennsylvania. An einem regnerischen Morgen sprach »HHH« in einem riesigen Stahlwerk vor 15 000 Arbeitern, darunter viele Gewerkschafter. Mich erstaunte, dass ich kein einziges schwarzes Gesicht darunter sah, obwohl ich vorher erfahren hatte, dass in diesem Werk 2000 bis 3000 Schwarze beschäftigt waren. Die Stimmung war gespannt, fast feindselig. Humphrey begann mit seiner Ansprache. Er redete gegen eine Mauer des Schweigens an. Ich bemerkte, wie er tief Luft holte. Dann donnerte er der Menge entgegen: »Before I tell you more about myself, let me make one thing clear: Your place here is not safe until the last black person in this country has a job!«

Augenblicklich brachen Geheul und tosender Beifall los. Humphrey hatte die Männer gewonnen. Am Ende seiner Ansprache drehte sich Humphrey zu uns: »I gave it to them«, grinste er herüber. Nach einem solchen Nervenkrieg konnte man eine der »Bloody Marys«, die im Flugzeug auf dem Weg von einer Wahlveranstaltung zur nächsten immer reichlich serviert wurden, gut gebrauchen. Wenn es darum ging, Gefühle in den Zuhörern zu wecken, konnte man von »HHH« nur lernen. Wann immer er auf die Rassenfrage zu sprechen kam, war er außerordentlich überzeugend und

von großem Mitgefühl und Mut. Er brachte es fertig, diese Emotionen auf die Zuhörer überspringen zu lassen.
Privat war er großzügig, witzig und ein guter Freund. Er hatte ein sehr sympathisches Gesicht: Wenn er sein mächtiges Kinn vorreckte und zu lachen begann, gab es bald kein Halten mehr.
Bei der Amtseinführung von Präsident Nixon, dem er bei der Wahl am 5. November 1968 unterlegen war, sah ich Hubert Humphrey am 20. Januar 1969 auf dem Kapitol wieder. Welche Gedanken mochten ihm durch den Kopf gehen? Die Enttäuschung stand ihm ins Gesicht geschrieben. Wie nahe war er dem Amt gewesen. Vielleicht dachte er auch daran, wie viel größer seine Chancen gewesen wären, wenn Präsident Johnson vor dem Parteitag der Demokraten auf Humphreys gemäßigtere Linie in der Vietnam-Politik eingegangen wäre.

Ronald Reagan

Wohl kaum ein amerikanischer Präsident musste mehr Kritik und Häme über sich ergehen lassen als Ronald Reagan. Die Contra-Affäre, also illegale Waffenexporte an den Iran, deren Erlöse den antisandinistischen Contras in Nicaragua zugute kamen, die Invasion der winzigen Insel Grenada durch US-Truppen – die Liste der Untaten Reagans ist lang. Doch bei einer Unterhaltung mit Michail Gorbatschow gestand mir dieser, nicht ohne ein gewisses Maß an Anerkennung, dass es Reagan gewesen sei, der mit seinem Star-Wars-Rüstungsprogramm die Sowjetunion in den Konkurs getrieben hatte. Um seine legendären Worte am Brandenburger Tor sprechen zu können, hatte Ronald Reagan eine unbeirrbare Festigkeit und einen sehr langen Atem beweisen müssen: »Mr. Gorbatchev, tear down this wall.«
Ich lernte Ronald Reagan aber auch als außerordentlich humorvollen Zeitgenossen kennen. Bei einem Abendessen für den frühe-

ren US-Hochkommissar in Deutschland John J. McCloy, dem die deutsch-amerikanischen Beziehungen so unendlich viel zu verdanken haben, hielt Reagan die Festansprache – und beging in seiner Eloge einen Versprecher, vielleicht ein erstes Anzeichen der Alzheimer-Krankheit, die bald darauf bei ihm diagnostiziert wurde: »You, Jack, you are the most unfaithful public servant I have ever met …« – Reagan lachte: »Well, Jack, I could not have found a wronger word …« Die peinliche Situation war durch Reagans Schlagfertigkeit sofort entschärft.

George H. W. Bush

Reagans Nachfolger war George Herbert Walker Bush, der 41. Präsident der Vereinigten Staaten. Sein Sohn George W. ist der 43. Amtsträger. Vater und Sohn Bush pflegen die etwas skurrile Angewohnheit, sich mit ihrer jeweiligen »Dienstnummer« anzusprechen, die auch auf ihren Baseballkappen vermerkt ist, um Verwechslungen auszuschließen. Diese Unterscheidung ist nicht nur auf Grund des Alters unnötig. Viel gravierender sind die divergierenden Charaktere von Vater und Sohn.
Ich lernte George Bush persönlich kennen, als er noch als Vizepräsident unter Reagan diente. Ich war damals im Auftrag von Helmut Kohl unterwegs, um die gerade ausgelaufenen deutschen Zahlungen für den German Marshall Fund of the United States wieder zu erneuern. Willy Brandt hatte 1972 den German Marshall Fund (GMF) ins Leben gerufen und ihn mit der beachtlichen Summe von insgesamt 150 Millionen Mark ausgestattet, zahlbar in zehn Jahresraten. Der GMF sollte den Dank der Deutschen für die Marshallplan-Hilfe der Amerikaner nach dem Zweiten Weltkrieg auf tatkräftige Weise dokumentieren. Er finanziert Projekte auf beiden Seiten des Atlantiks, die der transatlantischen Verständigung dienen.

Ich sollte im Bundestag eine Mehrheit für eine Verlängerung der Bewilligung dieser Gelder beschaffen. Es wurden zähe Verhandlungen. Die Schwierigkeit bestand darin, dass das Parlament zukünftig Einfluss auf die Verwendung der Mittel nehmen wollte. Es gab Abgeordnete in allen Parteien, vor allem aber in der CDU/CSU-Bundestagsfraktion, die beklagten, dass der GMF zu wenige Mittel für deutsch-amerikanische Projekte verwenden würde. Derartige Auflagen, die Willy Brandt nicht an die deutschen Gelder geknüpft hatte, sollten nun zur Voraussetzung für die Verlängerung gemacht werden, was wiederum vom GMF heftig abgelehnt wurde.

Meine Bemühungen waren schließlich erfolgreich, und eine weitere Förderung des GMF in Höhe von 100 Millionen Mark für die Jahre 1987 bis 1996 durch die deutsche Bundesregierung stellte die amerikanische Stiftung langfristig auf eine solide finanzielle Basis. Die Arbeit als »grant-making institution« zur Förderung des Verständnisses insbesondere zwischen Deutschland und den Vereinigten Staaten konnte fortgesetzt werden. Mit dem Scheck für die erste Jahresrate in der Tasche begab ich mich auf den Weg nach Washington. George Bush empfing mich mit Wohlwollen in seinem Büro im alten »Senate Building«. Nach einer ausführlichen Unterhaltung und der Überreichung des Schecks in Höhe von zehn Millionen Mark verabschiedete mich Bush mit den Worten: »Do come again!«

Das war der Beginn einer freundschaftlichen Beziehung, die wir beide bis heute pflegen. George Bush ist ein äußerst sympathischer, humorvoller Mann. Ich habe ihn immer als Internationalisten erlebt – für einen amerikanischen Politiker keine selbstverständliche Haltung. Sicher war in dieser Hinsicht die Zeit prägend, die er als Botschafter bei der UNO und später, 1974/75, als Leiter des amerikanischen Verbindungsbüros in Peking verbrachte, was ihn zum ersten diplomatischen Vertreter der Vereinigten Staaten im Reich der Mitte machte. Bush hat immer wieder die Bedeutung der Beziehungen zwischen den USA und China hervorgehoben. Europa und die UNO waren ihm stets wichtige Partner in der internationalen Politik, und er plädierte dafür, Amerika solle sich mehr um die Sowjetunion bemühen. Der Präsident hatte auch ein offenes Ohr für die Nöte Afrikas und befürwortete die Öffnung des Handels mit dem Schwarzen Kontinent.

Nationalistische Scheuklappen waren George Bush völlig fremd. Am 12. Juni 2001, seinem 77. Geburtstag, besuchte ich ihn in seinem Haus in Kennebunkport, Maine, zusammen mit Beate Lindemann. Als Mitbringsel überreichten wir die Ankündigung, dass die Atlantik-Brücke ihn im folgenden Jahr für seine Verdienste um die deutsche Wiedervereinigung mit dem Eric-M.-Warburg-Preis auszeichnen wollte. Bush war hocherfreut, bewegt und nahm diese Ehrung gerne an. Er sagte zu, zur Verleihung nach Berlin zu kommen. Wir verbrachten mehrere Stunden miteinander. Zunächst unterhielten wir uns im Haus, dann bemängelte Bush, dass wir für einen Strandspaziergang doch viel zu korrekt gekleidet seien. Er lieh uns wetterfeste Jacken, und wir stapften los, am Meer entlang. Bush kritisierte die Art und Weise, in der die deutsche Wiedervereinigung abgelaufen war. Er habe doch auch dafür gesorgt, dass im Rahmen des 2-plus-4-Vertrages den beiden deutschen Staaten in der Gestaltung dieser Vereinigung freie Hand gegeben worden sei. Man habe fest darauf vertraut, dass die Bundesrepublik alle Prinzipien und Grundsätze des freiheitlichen Staatswesens durchsetzen würde. »Ihr hättet zumindest dafür sorgen müssen, dass von der DDR beschlagnahmter privater Grundbesitz an die Eigentümer zurückgegeben wird.«

Natürlich kamen wir auch auf China zu sprechen, ein Thema, das uns beiden sehr am Herzen liegt. Bush betonte, dass die Beziehungen zu diesem Land in der amerikanischen Außenpolitik eine äußerst wichtige Rolle spielten. Er deutete an, dass dieser Aspekt in der gegenwärtigen Außenpolitik seines Landes nicht ausreichend gewürdigt werde. Bush betonte aber, dass er sich generell mit politischen Ratschlägen seinem Sohn gegenüber zurückhalte.

Ich berichtete Bush, dass ich beabsichtigte, von den USA über Japan nach China zu reisen. Kaum waren wir wieder im Hause angekommen, setzte sich Bush sofort an seinen Schreibtisch und schrieb einen Brief an Chinas Ministerpräsidenten Zhu Rongji. Er gab ihn mir mit der Bitte, ihn zu lesen und ihn Zhu Rongji bei meinem Besuch in Peking zu übermitteln.

Nach meiner Ankunft dort musste ich allerdings feststellen, dass es zur Zeit meines Aufenthaltes keinen amerikanischen Botschafter gab. Entgegen der ursprünglichen Planung hatten sich die Termine des Premiers Zhu Rongji wegen einer Auslandsreise verschoben, sodass ich ihm den Brief auch nicht persönlich übergeben konnte. Der Botschafter der Bundesrepublik Deutschland, den ich konsultierte, war zutiefst erschrocken und lehnte es ab, in dieser Sache als Bote zu dienen. Es blieb mir also nichts anderes übrig, als den Brief an George Bush zurückzusenden. Doch offenbar war die Geschichte von der Reise des Briefes mit ihren Umwegen inzwischen bekannt geworden: Während eines Festessens, das Ma Yi, ehemaliger Chef der Wirtschaftskommission der Volksrepublik China, in der »Verbotenen Stadt« für mich gab, regte mein Gastgeber an, ich möge doch ihm das Schreiben zwecks Verwahrung und Übergabe überlassen. Diesen Vorschlag musste ich jedoch dankend ablehnen.

Die Verleihung des Eric-M.-Warburg-Preises an meinen Freund George Bush am 17. April 2002 in Berlin war für mich ein bewegendes und unvergessliches Ereignis. An diesem Abend beging die Atlantik-Brücke ihr fünfzigjähriges Bestehen. Eine kleine Episode sorgte für Auflockerung in all der Anspannung und Hektik, die einem so großen und kompliziert zu organisierenden Ereignis vorausgeht. Da ich wusste, dass George Bush ein begeisterter Autofreund ist, ließ ich ihn am Flughafen Tegel mit einem funkelnagelneuen Audi A8 abholen, einem der ersten dieser Serie. Sicherheitsleute geleiteten Bush zu dem Wagen und baten ihn, rasch einzusteigen. Dazu aber war der einst mächtigste Mann der Welt nicht zu bewegen. »Das ist ja ein tolles Auto«, begeisterte er sich und ging um den Wagen herum. »Kann ich mal den Motor sehen?« Der verdutzte Fahrer öffnete die Haube, und schon verschwand Bushs Kopf darunter. Er nahm sich Zeit für eine genaue Inspektion. »Smart engine!«, lobte er. Die Sicherheitsbegleitung schwankte zwischen Besorgnis, Humor und Bewunderung. Als Bush endlich einstieg, waren die diskreten Herren sichtlich erleichtert.

Bei dem Festakt am Abend im Schloss Charlottenburg waren Bundeskanzler Gerhard Schröder und seine Frau Doris, die längere Zeit in den USA gelebt hatte, anwesend, dazu Otto Schily, Rudolf Scharping und Helmut Kohl. Vor 450 geladenen Gästen hielt Außenminister Fischer die Laudatio auf den Preisträger Bush. Fischer ging ausführlich auf Bushs Rolle bei der deutschen Wiedervereinigung ein. Ich habe die Worte des Außenministers noch genau im Ohr: »Ohne Sie, Herr Präsident, wäre der Umbruch in Europa anders und, wer weiß, womöglich weniger friedlich verlaufen … Die Politik der Vereinigten Staaten … hat entscheidend zum Erfolg der Wiedervereinigung Deutschlands in Frieden und Freiheit beigetragen.« Joschka Fischer pries die »Sternstunde der Demokratie, in der es gelang, der Sowjetunion als anerkannter Macht eine Perspektive zu bieten und gleichzeitig den legitimen Wunsch Deutschlands zu erfüllen, seine volle Souveränität wiederzuerlangen«.

Ich traute meinen Ohren kaum. Hier sprach Joschka Fischer, einst einer der großen Wiedervereinigungsskeptiker! Mir kam bei diesen Worten das Bibelwort in den Sinn: Ein reuiger Sünder ist wertvoller als tausend Gerechte!

Joschka Fischer betonte die auch in Zukunft unverzichtbare amerikanische Präsenz in Europa und »die enge Bindung zwischen unseren beiden Kontinenten«. Wer konnte damals ahnen, wie schnell diese »enge Bindung« in Missstimmung, Konflikte, Alleingänge und Bündnisverweigerungen umschlagen würde?

Tosender Beifall belohnte Fischers Rede. Er hatte alle Register der Rhetorik und des Intellekts gezogen. George Bush dankte in einer äußerst humorvollen Art und Weise. Dabei erlaubte er sich eine ironische Anspielung auf seine derzeitige gesellschaftliche Stellung: Heutzutage werde er entweder als der Ehemann von Barbara Bush, die gerade ihr drittes Buch veröffentlicht hatte, oder als der Vater des Präsidenten vorgestellt.

Ein Glückwunschtelegramm eben dieses berühmten Sohnes wurde verlesen, bevor die beiden Nationalhymnen erklangen. Dann begaben wir uns in die zauberhaft geschmückte Orangerie des Schlosses zu einem festlichen Diner. Der Bundeskanzler sprach eine freundliche Begrüßung. Danach wurde es bei gutem Essen und schönen Weinen ein würdiger, doch entspannter Abend. Kenner Berliner Ereignisse nannten den Abend für George Bush »den schönsten Abend in Berlin seit der Vereinigung«. Am nächsten Tag war in der Presse zu lesen, dass Berlin »eine Veranstaltung ohnegleichen« erlebt habe. Beate Lindemann hatte sich bei der Gestaltung und dem Ablauf der Preisverleihung selbst übertroffen.

Ich glaube, George Bush hat es nie ganz verwunden, dass er als Sieger des Golfkrieges 1993, der es zudem verstanden hatte, den Truppen der Verbündeten einen langwierigen Landkrieg im Irak zu ersparen, die Wahlen gegen den Demokraten Bill Clinton verlor. Doch bei allem außenpolitischen und diplomatischen Geschick, das ihr Präsident auf dem internationalen Parkett zeigte, übersahen die Amerikaner die Missstände im Lande nicht. Eine Wirtschaftskrise, eine für die USA relativ hohe Arbeitslosigkeit, zunehmende soziale Ungerechtigkeit – der dynamische jüngere Mann aus Arkansas schien auf diese Fragen die besseren Antworten zu haben.

BILL CLINTON

Bill Clinton ist ein ungemein charmanter Mann. Er besitzt zudem das seltene Talent, in »friedlicher Durchdringung«, wie ich es nenne, Menschen für sich zu gewinnen. Es gelingt ihm in kurzer Zeit, sich so vollständig auf den Anderen einzustellen, dass aus dem Gegenüber unweigerlich ein Gesprächspartner wird. Clinton vermittelt einem das Gefühl, man könne einfach über alles mit ihm sprechen. Als wahrer »Menschenfischer« ist er während eines Gespräches tatsächlich davon überzeugt, dass sein jeweiliges Gegenüber für ihn in diesem Moment der wichtigste Mensch ist. Darüber hinaus ist Bill Clinton frei von jeglichem Autoritätsgehabe. In politischer Hinsicht hat er mich immer wieder dadurch beeindruckt, dass er vollständig unbeirrt von Ideologie und Dogma offen ist für neue Situationen, Interpretationen und Lösungen.

Ich lernte William Jefferson Clinton am Rande der Convention der Demokraten im Juli 1992 im New Yorker Plaza Hotel kennen. Mir gegenüber saß ein offener, entspannter, interessierter und informierter Gesprächspartner, der, das darf nicht übersehen werden, mitten in der Hektik der Nominierungskampagne stand. Sein jungenhafter Charme verfehlte auch auf mich nicht seine Wirkung.

Voller Bewunderung sprach er über den Wiederaufbau Deutschlands nach dem Krieg. Die soziale Marktwirtschaft sei das eigentlich erstrebenswerte Modell einer Volkswirtschaft: weg von einer Wirtschaft ohne staatlichen Einfluss, hin zum Vorbild Deutschland mit seinem umfangreichen Sozialsystem.

Dann kam Bill Clintons fulminante Rede vor den Delegierten. Rhetorisch ausgefeilt, in der Thematik geschickt gehalten und in einer Art vorgetragen, die die Zuhörer zum Jubeln und zu nicht enden wollendem Applaus hinriss. Tenor: Ich bin ein Produkt der Mittelklasse, habe mich durchbeißen müssen. Ich kenne eure Lage. Ich weiß, dass ihr alle mühselig und beladen seid. Clintons Redenschreiber hatten die Inschrift am Fuße der Freiheitsstatue nicht vergessen: »Gebt mir die Mühseligen, die Beladenen ...« Das wirkt immer noch im Einwandererland Amerika.

Außenpolitisch, so Clinton, habe Amerika viele Schlachten und den Kalten Krieg gewonnen, doch innenpolitisch sei das Land dabei, im Kampf gegen Wirtschaftskrise und um soziale Gerechtigkeit zu unterliegen. Er prangerte die Versäumnisse der Bush-Administration an und skizzierte dann seine eigene politische Marschrichtung. Die Krönung seiner Rede war jedoch der Entwurf des »New Covenant«, des »Neuen Bundes«, den er mit den Amerikanern schließen wollte. Ähnlichkeiten mit dem Bund zwischen Gott und Noah am Ende der Sintflut waren weder zufällig noch unbeabsichtigt. Dieser Bund würde Amerikas lahmende Wirtschaft voranbringen, das Bildungssystem reformieren, das Gesundheitswesen verbessern, die Steuerabgaben gerechter gestalten und sich nicht bei ausländischen Diktaturen »from Baghdad to Beijng« anbiedern.

Wer unter den Zuhörern noch zweifelte, rief sich die eingangs vorgetragene Liebeserklärung Clintons an seine Mutter und an seine Frau Hillary ins Gedächtnis zurück und war begeistert. Bei aller Sympathie für George Herbert Walker Bush hätte auch ich in diesem Moment diesem charismatischen Redner und seiner Politik des Neubeginns meine Stimme gegeben.

Kontinuität und Wandel bestimmten Clintons Politik als Präsident. Für viele Wähler schien er der einzige Hoffnungsträger für den innenpolitisch ersehnten Wandel zu sein. Er würde die immens hohe Staatsverschuldung in den Griff bekommen und die Wirtschaft in Gang bringen müssen. Das Gesundheits- und Sozialversicherungssystem der Vereinigten Staaten ist in einem beklagenswerten Zustand. Dass es einem derartig reichen und mächtigen Land nicht glücken will, 45 Millionen Mitbürger im Krankheitsfall angemessen zu betreuen, ist unverständlich. Ein anderes heißes Thema würde für Clinton die Umweltpolitik sein. Die Rolle des Bremsers, die Amerika auf dem Klimagipfel in Rio kurz zuvor gespielt hatte, würde sich kaum aufrechterhalten lassen. Einige Jahre später wurden wir allerdings eines Schlechteren belehrt. Außenpolitisch würde Clinton für Kontinuität stehen, war mein Eindruck.

In seiner achtjährigen Amtszeit ist es Clinton tatsächlich geglückt, die innenpolitischen Probleme, insbesondere die Wirtschaftskrise, zu lindern. Seinen Bemühungen und Experimenten im Gesundheitswesen dagegen blieb der große Durchbruch verwehrt. Außenpolitische Glanzlichter seiner Regierungszeit waren insbesondere das Abkommen zwischen Israelis und Palästinensern von Camp David im Jahre 1994 und seine Bemühungen um eine Aussöhnung mit China, die schon sein Vorgänger eingeleitet hatte. Die größte Katastrophe hingegen war der Völkermord in Ruanda, bei dem die USA ebenso wie die restliche Völkergemeinschaft, einschließlich der Vereinten Nationen, tatenlos zusahen. Clinton hat dies später einmal als das schwerste Versäumnis seines Lebens bezeichnet. Auch in Deutschland erfreute sich Clinton außerordentlicher Beliebtheit. Die in meinen Augen völlig unerhebliche Lewinsky-Affaire hat der Popularität des US-Präsidenten bei uns keinen Abbruch getan. Jeder Nachfolger dieses 42. Präsidenten würde mit einem Handicap starten.

George W. Bush

Den derzeitigen Präsidenten der USA, George W. Bush, habe ich als Gouverneur von Texas kennen gelernt. Unser Gespräch, das wir im Rahmen einer Reise der »Investitions-Brücke« der Atlantik-Brücke führten, wurde von George W. Bush mit einer sehr ausführlichen Schilderung der politischen und wirtschaftlichen Lage von Texas eingeleitet. Um meinen Delegationsmitgliedern, alles Abgeordnete des Deutschen Bundestages, die Chance zum Dialog zu ermöglichen, nutzte ich eine kurze Atempause, um den Redefluss von George W. Bush zu unterbrechen. Ich befragte ihn nach seiner Meinung zum Euro, dessen Einführung vor der Tür stand. Was hielt er davon, dass die europäischen Währungen, die, besonders die D-Mark, jede für sich ein Teil nationaler Identität waren, nun bald dem Einheitsgeld geopfert werden sollten? Wie dachte er über die neue Währung? Empfand er diesen Schritt als einen Angriff auf den US-Dollar oder sah er im Euro quasi eine zweite Reservewährung?

Würde der Euro die transatlantischen Beziehungen voranbringen oder die Monopolstellung des Dollar untergraben? Oder sei eine Reservewährung vielleicht sogar eine gute Sache?
Bush sah mich lange an und hob die Augenbrauen: »Good questions. What do you think?«

Supermacht in der Krise

»Die amerikanische Weltmacht hat erkannt, dass sie mit einem ihr gestellten Konflikt nicht fertig wurde ... Daher wird die politisch-moralische Führungsmacht der USA in Frage gestellt ... Selbst Amerikaner, die den ... Krieg ablehnen, sind verwundert, mit welcher Härte und Amerikafeindlichkeit der ... Krieg in der Welt beurteilt wird.«
Ich zähle die Prophetie nicht zu meinen Stärken, doch bin ich erstaunt, dass diese Analyse, die ich 1972 in meinem Buch »Goodbye Amerika – was dann?« zu Papier brachte, mehr als dreißig Jahre später erneut aktuell ist. Die transatlantischen Beziehungen, besonders die zwischen den USA und der Bundesrepublik, stecken derzeit in ihrer umfassendsten Krise. Der Anti-Amerikanismus, in Deutschland seit 1968 ein hartnäckiges Phänomen, treibt derzeit wieder die eigenartigsten Blüten. Unsere deutschen Landsleute vertrauen in der Mehrzahl dem russischen Präsidenten eher als dem Mann im Weißen Haus. Nicht wenige sind bereit, den Kauf amerikanischer Waren zu boykottieren. Fast ein Viertel der Deutschen glaubt, mit den Vereinigten Staaten verbinde uns nicht mehr als mit anderen Ländern. Nur ganze sieben Prozent meinen, wir sollten den Amerikanern noch heute dankbar sein, weil diese den Nationalsozialismus besiegt haben.
Mehr als achtzig Prozent der Deutschen glauben, dass infolge des Irakkriegs die Amerikaner heute weniger vertrauenswürdig sind als zuvor. Fast die Hälfte der Deutschen, 49 Prozent, ist der Ansicht,

dass die Amerikaner die Bedrohung durch den internationalen Terrorismus übertreiben.
Bedauerlicherweise deckt sich das demoskopisch ermittelte Urteil der Deutschen über die amerikanische Politik im Allgemeinen und den Irakkrieg im Besonderen mit der öffentlichen Meinung des größten Teils der EU-Mitglieder ebenso wie mit der Meinung in Kanada, Südamerika und anderen Teilen der Welt. Völlig falsch wäre es, wenn diese Kritik in eine Art von Schadenfreude einmünden würde und wir so täten, als ob die Lösung der Instabilität im Nahen und Mittleren Osten nicht auch wichtigste außenpolitische Aufgabe für Deutsche und Europäer sei. Im Übrigen erkennt der amerikanische Präsident George W. Bush in seiner schwierigen Situation in zunehmendem Maße, wie notwendig die Vereinigten Staaten die Unterstützung ihrer Verbündeten brauchen – insbesondere von Deutschland und der Europäischen Union.
Außenpolitisch stehen die USA vor »unfinished business« atemberaubenden Ausmaßes: Die Lage in Afghanistan ist alles andere als stabil, der Prozess des »nation-building« keineswegs abgeschlossen. Im Irak vergeht kein Tag ohne Schreckensmeldungen von neuem Terror, Anschlägen und Toten. Die Misshandlungen der Häftlinge des Abu-Ghraib-Gefängnisses durch amerikanische Soldaten sind ein Schandfleck in der Geschichte der Vereinigten Staaten und haben das Ansehen der Amerikaner zutiefst beschädigt. Selbst die überraschend erfolgreich ausgegangenen Wahlen Ende Januar 2005 mit einer hohen Beteiligung der Schiiten und Kurden haben am grundsätzlichen Dilemma der amerikanischen Position im Irak wenig geändert.
Auf dem internationalen Parkett ist das Verhalten Washingtons zunehmend problematisch, zunächst im Hinblick auf die Vereinten Nationen. Die UNO entstand als von den USA initiierte Antwort auf zwei Weltkriege und zur unbedingten Verhinderung eines weiteren globalen Waffengangs. Die UNO ist darauf angelegt worden, das Sicherheits- und Machtmonopol zu gestalten. Vieles an der

Weltorganisation mag reformbedürftig sein, über eine Neuordnung des Sicherheitsrats, der größtenteils noch die machtpolitischen Verhältnisse aus der Zeit nach dem Zweiten Weltkrieg widerspiegelt, mag man sich ebenso Gedanken machen wie über eine Abschaffung des Vetorechts seiner Mitglieder. Doch an der UNO als international bindendes legales Zentrum sollten wir unbedingt festhalten. Es geht daher nicht an, dass die USA im Alleingang über Krieg und Frieden bestimmen. Bislang war die Hegemonialmacht der USA immer auch darauf gegründet, dass Washington seine Verbündeten zumindest formal als gleichberechtigt behandelte und dementsprechend agierte. Donald Rumsfelds Aussage »The mission defines the coalition« kann nicht zum Maßstab einer kooperativen Außenpolitik Washingtons werden. »Going it alone« führt außenpolitisch ins Verderben.

In Hinblick auf den Internationalen Strafgerichtshof, IStGH, verwundert die strikte Ablehnung der Vereinigten Staaten, sich dessen Jurisdiktion zu unterwerfen. Schließlich liegen die Ursprünge des IStGH, der 1998 mit dem Statut von Rom begründet wurde, in den Nürnberger Prozessen, an deren Einsetzung die Vereinigten Staaten maßgeblich beteiligt waren. Diese bahnbrechenden Gerichtsverhandlungen waren dazu angetan, abzuschrecken sowie künftige Kriege und die damit einhergehenden Verbrechen zu vermeiden. Es befremdet, dass die Maßstäbe der Demokratie, der Menschenrechte und der Verfolgung von Kriegsverbrechen von Washington nunmehr anders angelegt werden. Im Mai 2002 machte Präsident George W. Bush in einem diplomatisch einmaligen Schritt die einstige Zustimmung der USA zu dem Strafgerichtshof rückgängig. Abgesehen von dieser fragwürdigen Entscheidung war dies eine sichere Methode, Verbündete, darunter die EU-Staaten, die für den Gerichtshof gestimmt hatten, ebenso kräftig wie nachhaltig vor den Kopf zu stoßen.

Die Ablehnung des Strafgerichtshofes durch Amerika führte zu weiteren geradezu absurden Konsequenzen. So erhielt die Regierung der Niederlande von Washington eine Note mit dem Hinweis, dass im Falle eines Verfahrens am IStGH in Den Haag gegen einen amerikanischen Soldaten die USA sich ein militärisches Eingreifen zur Befreiung des Angeklagten vorbehalten. Man mag diese Drohung gar nicht konsequent zu Ende denken: Bei einem militärischen Angriff auf einen NATO-Partner wäre auch die Bundesrepublik verpflichtet, diesem Partner militärisch beizuspringen.

Nicht weniger ungeschickt auf dem internationalen Parkett ist die Weigerung der USA, sich dem Atomteststoppvertrag und dem Kyoto-Klimaabkommen anzuschließen. Den Atomteststoppvertrag lehnte der US-Senat im Oktober 1999 ab. Der letzte internationale Vertrag, den der Senat verwarf, war der Versailler Vertrag von 1919, was dazu führte, dass die USA dem Völkerbund nicht beitraten. Völlig unverständlich ist die Ablehnung des Kyoto-Klimaschutzprotokolls durch Washington. Die Einigung der Industriestaaten auf der UN-Klimakonferenz 1997 in Kyoto, den Ausstoß von sechs Treibhausgasen bis zum Jahre 2012 um fünf Prozent zu senken, gilt angesichts der bedrohlichen Klimaveränderungen als bahnbrechendes internationales Umweltschutzprogramm. Die Kyoto-Vereinbarung geht auf die Klimaschutzkonvention von Rio de Janeiro 1992 zurück. Präsident Clinton unterschrieb diese Übereinkunft zunächst, aber die USA versäumten es, das Abkommen zu ratifizieren. George W. Bush widerrief die Unterschrift 2001. Auf dem Klimagipfel in Buenos Aires im Dezember 2004 signalisierten die USA zwar Bereitschaft, das Protokoll zu akzeptieren, allerdings unter absurden Konditionen: Es müsse gewährleistet sein, dass die amerikanische Wirtschaft keinen Schaden nähme – eine denkbar unscharfe Formulierung – und dass weltweit wirklich alle Länder, also auch Entwicklungsländer, sich an die Kyoto-Vorgaben hielten. Angesichts der massiven globalen Klimaprobleme ist dies eine unverantwortliche Haltung.

Auch innenpolitisch bewegen sich die USA derzeit in eine fatale Richtung. Freiheitliche Grundrechte erfahren Einschränkungen, die mit der Notwendigkeit der Terrorismusbekämpfung nur notdürftig begründet werden können. Unverständliches kommt hinzu. Es ist nicht erklärlich, dass eine der ersten Maßnahmen nach dem 11. September 2001, das Flugverbot, offenbar mit Ausnahmen durchlöchert wurde. So durften unmittelbar nach den Anschlägen Angehörige des Bin-Laden-Clans sowie saudische Prinzen ausfliegen, von denen vermutet wird, dass die Familie Bush mit ihnen geschäftliche Verbindungen pflegt. Derartige Aktionen sind natürlich dazu angetan, Misstrauen gegenüber offiziellen Maßnahmen zu wecken.

Dies gilt auch für Maßnahmen wie die Aufforderungen der Homeland-Security-Behörde an Lee Bollinger, den Präsidenten der Columbia University in New York, Auskunft darüber zu erteilen, welche Bände wann aus der Universitätsbibliothek an bestimmte verdächtige Personen ausgeliehen worden sind. Als Mitglied des Internationalen Beirates der Universität war ich über diese Aufforderung entsetzt. Bollinger verweigerte diese Gesinnungsschnüffelei. Doch das Ansinnen allein erinnerte fatal an die Hexenjagden des Senators Joseph McCarthy zur Untersuchung »unamerikanischer Umtriebe« in den frühen Fünfzigerjahren. Nicht zu rechtfertigen ist auch der Umgang mit den politischen Gefangenen in Guantanamo Bay. Dies ist ein krasser Bruch mit den amerikanischen Idealen der Menschenwürde und der Gleichheit vor dem Gesetz sowie der angemessenen Behandlung von Kriegsgefangenen. All dies summiert sich zu einem eklatanten Verrat an den Idealen der Gründerväter, an den Prinzipien der amerikanischen Verfassung und jenen Freiheiten, für die die Vereinigten Staaten in den Zweiten Weltkrieg zogen, um Europa und Deutschland von der Tyrannei zu befreien.

George Walker Bush ist im November 2004 in seinem Amt bestätigt worden. Ob uns der Mann im Weißen Haus passt oder nicht – wir müssen uns mit ihm und seiner Politik arrangieren, damit die transatlantischen und gerade die besonders gearteten deutsch-amerikanischen Beziehungen nicht weiter aus den Fugen geraten. Dies ist in unserem wohlverstandenen nationalen Interesse. Es entspricht auch unserer demokratischen Tradition und dem historischen Dank, den wir Amerika für die Beseitigung des Nazi-Regimes zu zollen haben.

Krieg oder Frieden?

Die Frage nach Krieg oder Frieden wird die zweite Amtszeit des George W. Bush entscheiden. Die Situation im Irak ist noch immer äußerst instabil, ein Ende der Terroranschläge nicht abzusehen. Der Demokratisierungsprozess kommt durchaus voran, doch gerade dies reizt die vielfach aus dem Ausland und von internationalen Terrornetzwerken unterstützten Aufständischen, ihre Anschläge zu intensivieren. Auch nach Ausgang der Wahlen zur Nationalversammlung im Irak, die allem Terror und Unkenrufen zum Trotz eine Beteiligung von sechzig Prozent aufwiesen, steht eine rasche Beruhigung des Landes kaum in Aussicht. Die neue Regierung wird Washington bitten müssen, seine Truppen als Helfer, nicht als Besatzer im Land zu belassen, so wie es auch ursprünglich geplant war, bevor die Situation für die US-Amerikaner schier unbeherrschbar wurde.

Der Irakkrieg hat nicht nur die Beziehungen zwischen Washington und den Verbündeten, die nicht mit Amerika in den Krieg ziehen wollten, wie Frankreich und Deutschland, stark belastet. Auch die treuen Briten sind nicht mehr ohne weiteres bereit, sich auf neue militärische Abenteuer an der Seite Washingtons einzulassen. Es beginnt sich die Erkenntnis breit zu machen, dass man mit dem Irak, um mit Winston Churchill zu sprechen, »das falsche Schwein geschlachtet hat«.

George W. Bush hat gleich zu Beginn seiner zweiten Amtszeit deutlich gemacht, dass er im Konflikt mit Teheran einen militärischen Einsatz nicht ausschließt. Seine Außenministerin musste sogleich die Wogen der Empörung hierüber glätten. Condoleezza Rice sprach sich für die diplomatische Lösung des eskalierenden Konflikts aus. Die USA bereiteten keinen Angriff vor. Es gäbe auch keine diesbezüglichen Pläne, versicherte Rice, kurz bevor sie zu ihrer Antrittsreise zu den erschreckten europäischen Partnern aufbrach.

Seit 2002 untersucht die Internationale Atomenergiebehörde, IAEA, unter Mohammed El Baradei das Nuklearprogramm des Iran. Bisher sind keine eindeutigen Hinweise auf die Entwicklung und Umsetzung eines Atomwaffenprogramms gefunden worden. Iran gibt an, schwach angereichertes Uran in Atomkraftwerken zur Energiegewinnung verwenden zu wollen, doch nicht alle glauben daran. Die USA und Israel sind davon überzeugt, dass Iran mit Hochdruck an einem Kernwaffenprogramm arbeitet, und auch ausgewiesene europäische Experten sehen eine Reihe von Indizien, dass Teheran sich die Option über den Bau von Kernwaffen offen hält und die Entwicklung vorantreibt. Sogar Mittelstreckenraketen werden gebaut, deren Einsatz nur als Träger von Massenvernichtungswaffen militärisch »sinnvoll« ist.

In dieser Situation bemühten sich die europäischen Regierungen um eine Deeskalation durch Diplomatie. Frankreich, Großbritannien und Deutschland versuchten, Iran zur Offenlegung seiner atomaren Strategie zu bewegen. Es gibt sogar entsprechende Zusagen Teherans. Washington akzeptierte die Verhandlungen, möchte jedoch nicht daran teilnehmen. Die USA verliehen stattdessen den Argumenten und Forderungen der Europäer Nach»druck«, denn Washington rechnete von vornherein mit einem Scheitern der Gespräche. Doch die verbalen Drohgebärden Bushs waren bestenfalls dazu angetan, die Fronten zu verhärten. Schlimmstenfalls hätten sie dazu führen können, dass die Verhandlungen um eine friedliche Beilegung des Konflikts scheiterten. Die iranischen Mullahs sind keine Unschuldslämmer. Doch sollte man Verhandlungspartnern nicht von vornherein Unehrlichkeit und Hinterhältigkeit attestieren und sie als »Schurkenstaaten« denunzieren.

Die Uneinigkeit des Westens könnte Hardliner in Teheran dazu verleiten, uns nicht ernst zu nehmen. Iran pocht darauf, dass die Produktion von angereichertem Uran, die der Atomwaffensperrvertrag übrigens nicht verbietet, in den Bereich staatlicher Souveränität falle. Selbstbewusst bieten die Mullahs den Amerikanern die Stirn und erklären, als »große Kulturnation« sei Iran nicht gewillt, sich einem Diktat zu unterwerfen. Viel davon ist bloßes verbales Säbelgerassel, aber die Situation ist dennoch ernst. Daher müssen die Verhandlungen mit Nachdruck geführt werden, die USA sollten die Europäer nicht nur »gewähren« lassen, sondern sie aktiv unterstützen und von Störfeuern jeglicher Art Abstand nehmen. Eine zeitliche Begrenzung der Verhandlungen ist unbedingt gefordert.

Sollten die Verhandlungen scheitern, so müssen die angedrohten Sanktionen gegen Iran auch verhängt werden. Dies müsste natürlich im Rahmen der Vereinten Nationen geschehen. Dabei ist jedoch keineswegs gewährleistet, dass der Sicherheitsrat den hierzu nötigen einstimmigen Beschluss fassen würde. China würde möglicherweise zustimmen, Russland dagegen exportiert Öl und baut das von Deutschland einst begonnene Kernkraftwerk bei Isfahan. So ist mit einem Veto Moskaus zu rechnen, was dann wiederum die Position der UNO schwächen würde.

Die Androhung wirksamer Sanktionen gegen Iran könnte aus Furcht vor Unruhen ein Umdenken bei der iranischen Regierung bewirken. Die niedrige Wahlbeteiligung bei den Präsidentschaftswahlen im Juni 2005 zeigt, dass sich die Bevölkerung von der Politik distanziert hat. Sollte Iran trotz der diplomatischen Bemühungen Europas und der Drohungen Washingtons seine Anstrengungen zum Bau von Kernwaffen intensivieren, müsste allerdings klar und unmissverständlich mit einem Militärschlag gedroht werden, und zwar einhellig und einstimmig.

Die Vernichtung Israels ist zumindest ideologisch-religiös ein vorrangiges Ziel des Mullah-Regimes. Teheran unterstützt mit Geld, Waffen und Logistik die Untergrundgruppen Hisbollah und Hamas. Der israelische Vizepremier und Friedensnobelpreisträger Shimon Peres hat mehrfach betont, dass nicht Irak, sondern Iran die größte Gefahr für Jerusalem darstellt. Peres ist davon überzeugt, dass Teheran dabei ist, Massenvernichtungswaffen zu entwickeln. Die Verhandlungen mit dem Westen dienen den Mullahs lediglich als Mittel, um Zeit zu gewinnen.

In Deutschland herrscht ein parteiübergreifender Konsens, dass man Verantwortung für die Sicherheit Israels zu tragen habe. Diese Haltung hat Bundespräsident Horst Köhler bei seinem Israel-Besuch im Frühjahr 2005 unmissverständlich bestätigt.

Die Iraner sollten ihr friedliches Nuklearprogramm weiterführen dürfen und europäische Unterstützung in den Bereichen Technik und Entwicklung erhalten. Im Gegenzug müssen sich sich jedoch verbindlich verpflichten, keine Massenvernichtungswaffen zu produzieren und einer regelmäßigen Überprüfung zustimmen.

Im Reich der Mitte

Im Frühjahr 1984 erfüllte ich mir einen lang gehegten Wunsch. Die Wirtschaftskommission der Kommunistischen Partei Chinas hatte mich zu einer großen Rundreise durch ihr Land eingeladen. Begegnungen mit Politikern und Wirtschaftsfachleuten standen ebenso auf dem Programm wie Besichtigungen von Fabriken und Kommunen.
Acht Jahre nach dem Tod des Vorsitzenden Mao Zedong schien China im Wandel begriffen. Davon wollte ich mir vor Ort ein Bild machen. Ich fragte meinen Bruder Jürgen, der aus seiner Heimat Brasilien gerade zu Besuch in Deutschland war, ob er nicht mitkommen wolle. Jürgen war ebenso begeistert wie ich von dem Vorhaben. Wir beschlossen, uns viel Zeit für diese Reise zu nehmen und uns China langsam anzunähern. Wir würden nach Moskau fliegen und dort die Transsibirische Eisenbahn besteigen mit dem Ziel Peking.

Moskauer Intermezzo

In Moskau legten wir einen kleinen Zwischenstopp ein. Eine Stippvisite führte mich zu Valentin Falin, dem früheren Botschafter des Kreml in der Bundesrepublik. Wir kannten einander gut aus Bonn. Ihn hatte es mittlerweile zur Zeitung »Iswestija« verschlagen. Er war dort in einer Art Dachkammer untergebracht, die zwei Fenster aufwies, von denen das eine nach Osten, das andere nach Westen blickte. Vielleicht verleitete ihn diese neue Aussicht zu den abenteuerlichen Thesen, die er mir alsbald zu unterbreiten begann: »Hier entwickelt sich ein Vortrag, dem ich nur mit wachsendem Erstaunen und zunehmender Ungläubigkeit zuhören kann«, schrieb ich am Abend in mein Tagebuch.

Falin legte mir ausführlich dar, dass die USA seit 1949 zur »Vorbereitung eines ideologischen Krieges mit dem Ziel der Vernichtung und Zerstückelung der UdSSR übergegangen« seien. Man sei in Washington nämlich zu der Überzeugung gelangt, dass es keine Koexistenz geben könne. Da man aber gewusst habe, dass eine derartige Politik nicht mehrheitsfähig sei, habe man von Anfang an diese »Kriegspolitik als Verteidigungspolitik« getarnt.

Falin hielt inne und kramte ein Papier hervor. Dies, so erklärte er mit gewichtiger Mine, sei ein »Cosmic top secret« NATO-Dokument. Hierin sei das »Two key system« praktisch aufgehoben. Wenn dies so wäre, hätte der amerikanische Präsident allein einen nuklearen Krieg veranlassen können.

Natürlich interessierte mich die Herkunft des Papiers. Man habe es von einem Oberstleutnant namens Miller erhalten – einen der am leichtesten verifizierbaren Namen, dachte ich –, der sich mittlerweile in die DDR abgesetzt habe. An dieser Politik der USA habe sich nichts geändert, fuhr Falin fort. Der derzeitige Präsident Reagan betreibe sie nur noch entschlossener als seine Vorgänger.

Im Rückblick war dies natürlich eine Ironie der Geschichte: Während ich ungläubig Falins Ausführungen lauschte, war Ronald Reagan tatsächlich dabei, mit seinem Star-Wars-Wettrüstungsprogramm und der Drohung einer nuklearen Nachrüstung in Europa Moskau in die Knie zu zwingen.

Falin fuhr fort, dass er Hinweise auf die 1974 begonnene »Nachrüstungspolitik« der USA – unter Mitwirkung der Bundesrepublik Deutschland! – als Botschafter in seiner Bonner Zeit erhalten habe. Sie seien ihm anonym »von einem Freund« zugespielt worden.

Falin behauptete, er habe die Informationen damals an Außenminister Gromyko weitergeleitet. Auf meinen etwas verdutzten Einwurf hin, dass doch zu dieser Zeit Willy Brandt Bundeskanzler gewesen sei, lächelte Valentin Falin verschmitzt: »Die CDU hat immer den Fehler gemacht, Brandt zu unterschätzen.«

Die lange Reise

Ich hatte ausreichend Gelegenheit, über Falins Hypothesen nachzudenken, mich darüber zu amüsieren oder mir über die diesen Gedanken zu Grunde liegende Paranoia Sorgen zu machen. Am Abend des 28. Februar bestiegen Jürgen und ich im Jaroslawer Bahnhof den Peking-Express. Durch die endlosen Moskauer Vororte und Trabantenstädte begann unsere Reise in die Dunkelheit. 7865 Kilometer legten wir in den nächsten sechs Tagen auf dem Schienenstrang zurück. Ich erinnere mich an diese Zugreise als an eine ebenso eindrucksvolle wie eigenartige Erfahrung. Dieser Zug erschien uns wie in einem Kokon eingesponnen und auf sich gestellt. Draußen flogen endlose, tief verschneite Landschaften und graue, anonyme Städte vorbei, das Stampfen der Räder, das Pfeifen der Lokomotive und das Rauschen der entgegenkommenden Züge begleiteten mich bis in meine nächtlichen Träume.
Am späten Abend des 4. März erreichten wir die chinesische Grenze. Jürgen und ich wurden von drei Delegierten in Mao-Anzügen in Empfang genommen und im Stationsgebäude mit der ersten von jetzt an unzähligen Tassen Tee begrüßt. Währenddessen wurden die Waggons auf Normalspur umgerüstet und die Diesel- durch eine Dampflokomotive ersetzt.
Am nächsten Morgen sah ich die Pekinger Vorstädte am Fenster vorbeigleiten – aneinander gereihte armselige Hütten, engster Raum, bevölkert von Massen von Menschen, dann Fabriken, die ersten Hochhäuser. Alles machte auf mich einen sehr viel »aufge-

räumteren« Eindruck als in Russland. Am Bahnsteig wurden wir vom deutschen Botschafter und einem Vertreter der chinesischen Wirtschaftskommission in Empfang genommen. Vor dem Bahnhof erwartete uns eine Staatskarosse der Marke »Rote Fahne« samt Fahrer, die zu unserer ständigen Verfügung stand.

Bevor wir unser umfangreiches Programm begannen, stimmten wir uns in der deutschen Vertretung mit einem Kostümfest ein: Der Botschafter trat als Zirkusdirektor auf, umgeben von einer Truppe von Schauspielern, Pantomimen und fabelhaften Akrobaten, alles in allem ein amüsantes, wenngleich skurriles Kontrastprogramm zu unserer kontemplativen Zugreise. Es war Fastnachtdienstag!

Am ersten Tag führten wir eine Reihe von Gesprächen, darunter mit Ma Yi, dem stellvertretenden Vorsitzenden der Wirtschaftskommission. Ich war zutiefst erstaunt über die Offenheit der Unterhaltungen. Nein, die Fehler anderer Entwicklungsländer wolle man hier in China keinesfalls wiederholen: Vier Milliarden Dollar Verschuldung im Inneren und etwa zwei bis drei Milliarden Dollar Auslandsschulden stünden Devisenreserven in Höhe von 17 Milliarden gegenüber.

Meine ersten Eindrücke hielt ich noch spätabends fest: »Die Öffnung Chinas ist in der Tat atemberaubend, ... es wird immer klarer, dass die neue Führung entschlossen ist, die durch die Kulturrevolution in zehn Jahren verlorene Wirtschaftsentwicklung aufzuholen, die den ganzen südostasiatischen Raum in dieser Zeit so vorangebracht hat! Dabei scheint man bereit zu sein, für Kooperationen oder ausländische Investitionen eine Sonderwirtschaftsordnung zuzulassen, die mit der weiterhin gültigen staatlichen Planwirtschaft wenig gemein hat!«

Was diese zukünftigen Investoren anbelangte, fuhr ich fort: »Die USA und Japan sind offensichtlich in voller Fahrt begriffen, diese Möglichkeiten auszunutzen. Dabei ist eine Präferierung für uns nicht zu überhören, teils aus Tradition, teils wohl auch, weil man die Japaner nicht so sehr schätzt, teils weil man die Abhängigkeit von den USA fürchtet, auch in Erinnerung an die frühere Abhängigkeit von der UdSSR.«

Diese ersten Eindrücke des Sich-öffnen-Wollens, des starken Gesprächsinteresses und der Bereitschaft, ausländische Investoren ins Land zu lassen, verstärkten sich im Laufe meines Aufenthaltes in der Volksrepublik immer mehr, sei es bei Gesprächen mit dem stellvertretenden Finanzminister Tian Yinong, bei der Zentralbank oder mit Vizeministerpräsident und Staatsratsmitglied Zhang Jinfu, den ich in der Halle des Volkes aufsuchte. Ich erlebte ihn als außerordentlich gut informierten, lebhaften Gesprächspartner. Umso größer war mein Erstaunen, als mir der deutsche Botschafter und sein chinesischer Berater später sagten, dass sie Zhang Jinfu noch niemals mit einem Ausländer derart aufgeräumt und offen erlebt hätten.

Die nächste Station war Wuhan. Hier läutete 1911 der Wuchang-Aufstand das Ende des chinesischen Kaiserreiches ein. Doch wir waren der Gegenwart zugewandt: Ich besichtigte ein Stahlwerk, in dem die unglaubliche Zahl von 140000 Menschen arbeitete. Von ihnen, so erläuterte mir unser Führer, seien sechzig Prozent ungelernte »Relikte« der Kulturrevolution, die ausgebildet werden mussten, aber wenig leisteten. Entlassen durften sie aber nicht werden – das jedoch hat sich in ganz China bald geändert! Stolz führte man uns durch ein Bauprojekt für Musterwohnungen. Was mich mehr beeindruckte, war die selbstverständliche Würde, mit der die Familien uns in ihrem Zuhause empfingen.

Die Mehrheit der Chinesen lebt heute wie einst auf dem Land. 49 Prozent der 1,3 Milliarden Chinesen sind gegenwärtig in der Landwirtschaft beschäftigt. Mitte der Achtzigerjahre experimentierte man auch mit »Mischformen«. In der Nähe von Shanghai besuchte ich eine Kommune, ein wirtschaftliches Kollektiv, das sich nicht in Staatsbesitz befindet. Das Kapital wurde vielmehr durch örtliche Stellen aufgebracht. Ich fand eine interessante Kombination aus Landwirtschaft und Industrie vor. 38000 Menschen lebten und arbeiteten hier. In einer der Fabriken wurden Hemden für eine Schweizer Großhandelskette gefertigt. Die Frauen arbeiteten mit Grundlohn und gleichzeitig im Akkord.

Die Bauern wiederum verfügten jeder über ein Stück privates Land, dessen Erträge sie frei verkaufen konnten. Ich sah hier erste Schritte von der staatlichen, alles kontrollierenden Planwirtschaft hin zur – wenn auch gesteuerten – Eigeninitiative. Obwohl die Bevölkerung in den ländlichen Gebieten noch heute erheblich ärmer ist als die Menschen in den boomenden Küstenregionen, wurden enorme Anstrengungen unternommen, den »Provinzlern« ein gutes Auskommen zu sichern – vor allem auch, um die Landflucht einzudämmen, die für China zu einem erheblichen Problem geworden ist.

Professor Wang und Frau Li

In Shanghai verließ uns unser Dolmetscher Herr Professor Wang kurzfristig. Ich hatte ihn in den vorangegangenen Tagen als außerordentlich intelligenten, zurückhaltenden und feinsinnigen Mann schätzen gelernt. Unseren Unterhaltungen, die wir zwischen offiziellen Terminen führten, verdanke ich zahlreiche und tief greifende Einsichten in die chinesische Gesellschaft und Lebensweise. Immer wieder drehten sich unsere Gespräche um die Kulturrevolution. Gerade sieben Jahre waren seit ihrem Ende vergangen, doch die Wunden dieser schrecklichen Zeit waren noch keineswegs verheilt. Professor Wang, ebenso wie der uns von der Wirtschaftsdelegation zugeteilte Herr Liang, waren zutiefst traumatisiert von ihren damaligen Erlebnissen. Sie berichteten von Zigtausenden Erschlagenen, zahllosen Selbstmorden, um Erniedrigungen und Schande zu entgehen. Unzählige Familien waren auseinander gerissen worden, für Millionen hatten Bildung und Erziehung schlichtweg nicht stattgefunden. Professor Wang schilderte mir zudem, wie mühselig es war, im China der Achtzigerjahre als Intellektueller ein Auskommen für sich und seine Familie zu finden.

Für ein paar Tage wurde er von Frau Li vertreten, einer außerordentlich aufgeschlossenen jungen Dame, die sich sehr für alle Einzelheiten des Lebens in Deutschland interessierte. So fragte sie mich sogleich, ob Bundespräsident Karl Carstens eine Konkubine habe. Ich glaubte, dies guten Gewissens verneinen zu können.

Wir reisten weiter nach Hangzhou, die Stadt, die Marco Polo einst als die schönste der Welt bezeichnet hatte. Dort besuchten wir eine Schule. Die bunt gekleideten Zöglinge waren sehr munter und neugierig, und zum Schluss musste unsere kleine Delegation noch eine Kostprobe unserer Tanzkünste abliefern!

»Ein Ergebnis der Ein-Kind-Politik: Kinder sind zu einem Schatz geworden«, schrieb ich in mein Tagebuch. Das ist, trotz der rasanten Veränderungen, bis heute so geblieben. Auf der Liste ihrer Lebensziele steht bei den Chinesen die Ausbildung des Nachwuchses an erster Stelle. Erst dann folgen Konsumwünsche, z. B. nach einer guten Wohnung und einem Auto. Was das Verhältnis zur Sowjetunion betrifft, so bestätigte sich mein in Peking gewonnener Eindruck bei einem Abendessen mit dem Vizegouverneur der Provinz Zhejiang: Der UdSSR stand man, gelinde gesagt, sehr reserviert gegenüber.»Sobald der Name fällt, verdüstern sich hier die Mienen«, bemerkte ich.

Rivalen

Seit Anfang der Sechzigerjahre bestimmen Rivalitäten und Feindseligkeiten das sowjetisch-chinesische Verhältnis. Zunächst wetteiferte man um die Wahrheit der reinen Lehre, beschuldigte sich bald gegenseitig des Verrats am Marxismus-Leninismus und vergaß darüber nicht, um die Stellung als Großmacht zu konkurrieren. Bewaffnete Grenzzwischenfälle mit mehreren Toten am Grenzfluss Ussuri Ende der Sechzigerjahre ließen die Spannungen eskalieren. Dieses Kräftemessen wiederum machte sich Washington zu Nutze. Mit ihrer Gleichgewichtspolitik, nach dem Empfang einer amerikanischen Tischtennisequipe durch Ministerpräsident Zhou Enlai auch Ping-Pong-Diplomatie genannt, näherten sich die USA und China einander an. Richard Nixon stattete Peking 1972 einen Besuch ab, und damit begann die reale »Einkreisung« der Sowjetunion.

Shenzhen einst und heute

Unsere letzten beiden Stationen auf dem chinesischen Festland waren Guangzhou und Shenzhen. In Guangzhou wollte ich mich über das Angebot an Konsumgütern informieren, das in der Stadt, die stets mit Shanghai um den Rang der weltläufigsten Metropole des Landes konkurriert, erhältlich war. Ich war angenehm überrascht: »Großes Warenangebot, unvergleichlich viel besser als alles, was der Ostblock zu bieten hat, einschließlich Moskau und DDR«, vermerkte ich in meinen täglichen Notizen. Der Vizegouverneur der Provinz Guangdong, immerhin ein Gebiet von der Größe der damaligen Bundesrepublik, äußerte den dringenden Wunsch nach Kontakten zu Deutschland und zu deutschen Firmen. Am nächsten Tag reisten wir weiter nach Shenzhen, das 1980 zu einer der ersten Sonderhandelszonen der Volksrepublik erklärt worden war. »In vier Jahren aus dem Boden gestampfte Stadt mit 200 000 Menschen«, hatte ich mir damals notiert.
Mittlerweile ist Shenzhen zu einem Synonym für das Wirtschaftswunderland China geworden. Über zwei Millionen Menschen leben hier. Wo sich bei meinem ersten Besuch noch Felder zwischen vereinzelten Fabriken erstreckten, befinden sich heute Straßenschluchten, dazwischen zehnspurige Highways. Der Perlfluss, auf dem damals Enten gezüchtet wurden, ist mittlerweile zu einer

schwarzbraunen Brühe verkommen. Shenzhen ist die Stadt der unzähligen Wanderarbeiter und vor allem Wanderarbeiterinnen geworden, die aus den Provinzen an die Küste drängen, in der Hoffnung auf eine Anstellung.

Über Hongkong und Taipeh beendeten wir unsere dreiwöchige China-Reise mit einem Zwischenstopp in Japan. China hat mich seitdem nicht mehr losgelassen. Mehr als zwanzig Jahre sind seit meinem ersten Besuch vergangen, und seither bin ich jedes Jahr dorthin zurückgekehrt. Viele Entwicklungen, für die 1984 nur leise Anzeichen erkennbar waren, haben sich mittlerweile vollzogen. China befindet sich auf dem Weg zu einer riesigen Industriegesellschaft, das Land ist heute die sechstgrößte Volkswirtschaft der Welt. Seit Chinas Beitritt zur Welthandelsorganisation (WTO) vor vier Jahren hat sich sein Handelsvolumen verdoppelt. Der Ölverbrauch wird nur noch von dem der Vereinigten Staaten übertroffen. Das Reich der Mitte verbraucht 30 Prozent der Weltstahlproduktion, 40 Prozent der Kohle, und Koks ist vom Abfallprodukt zu einem »Edelmaterial« geworden.

»Made in China« ist längst nicht mehr ein Synonym für Billigprodukte von zweifelhafter Qualität. Der Lebensstandard hat sich in den vergangenen Jahren vervierfacht. Doch das Gefälle zwischen den urbanen Zentren und dem ländlichen Raum ist natürlich noch immer gewaltig.

Volkswagen in China

Im März 1984 besichtigte ich während meiner ersten China-Reise Shanghai Motors, den künftigen Kooperationspartner von VW. Der Wolfsburger Konzern engagiert sich seit 1982 in China, ein Prozess, den ich seit 1984 intensiv begleitet habe. Nach meinem Eindruck von der Montagehalle, in der täglich 600 Stück des Modells Santana montiert wurden, bestand noch ein riesiger Bedarf an baulichen und maschinellen Investitionen. Ein Jahr später gründete Volkswagen die Jointventure-Gesellschaft »Shanghai Volkswagen Automotive Company Ltd.«, die sich zur größten und modernsten Pkw-Fabrik Chinas entwickelt hat. Bis Januar 1992 liefen dort 100 000 Santanas vom Band, die in China hauptsächlich als Taxis herumfahren. Im Februar 1991 rief VW die »FAW Volkswagen Automotive Company« in Changchun ins Leben, das zweite Standbein des niedersächsischen Konzerns in China.

Über die Jahre hinweg hat Volkswagen sich die Position des Marktführers in China sichern können. Besonders in den Boomjahren 2000 bis 2003 konnte der Konzern große Wachstumsraten und hohe Gewinnmargen erzielen. Dies blieb natürlich anderen Automobilherstellern nicht verborgen, die nun ebenfalls mit Macht auf den chinesischen Markt drängten. Schnell rückte General Motors auf Platz zwei im Automobilgeschäft. Die Prognosen für den chinesischen Automobilmarkt sind atemberaubend: Für 2005 erwartet man »lediglich« eine Wachstumsrate von acht bis zehn Prozent. Über die nächsten zehn Jahre hin werden allerdings Raten von bis zu zwölf Prozent avisiert.

»Derzeit wird China von Auslandsinvestitionen nahezu überschwemmt«, analysiert ein führender chinesischer Bankier. Doch es sollte nicht übersehen werden, dass Investitionen in China – gleich in welcher Branche – immer auch ein Risiko sind. Fast alle großen Firmen, die im Reich der Mitte agieren, können ein Lied davon singen. Im Fall von VW hat sich als ein Handicap herausgestellt, dass man an die beiden staatlichen Partner SAIC (in Shanghai) und FAW (in Changchun) gebunden ist, wobei VW nicht mehr als 50 Prozent Anteile halten darf – ein in China gesetzlich festgelegtes Limit. SAIC und FAW hingegen dürfen auch andere Partnerschaften eingehen, etwa mit General Motors oder Toyota.

»Weiche Sitze, viel Chrom«, lautet die Zauberformel für Autos, die das chinesische Publikum ansprechen, erläuterte mir ein VW-Mitarbeiter in Shanghai. Doch auch im Billig- und Kleinwagensorti-

ment sind deutliche Präferenzen erkennbar. In Brasilien hatte VW mit dem »Gol« Erfolg, während das Auto in China die Erwartungen in keiner Hinsicht erfüllte, weder bei den Käufern noch beim Konzern. Der heftig umworbene chinesische Konsument ist rasch zum kritischen und selbstbewussten Verbraucher geworden. Dem Gol, so wurde bemängelt, fehlen Radio und Klimaanlage, auch sei der Einstieg durch nur zwei Türen unbequem. Die entsprechende Nachrüstung war aufwändig und teuer für VW.
Als problematisch hat sich ebenfalls erwiesen, dass in den beiden VW-Werken unterschiedliche Modelle gebaut werden, die sich mitunter gegenseitig Konkurrenz machen. Neben den großen Investitionen, die VW für die nächsten Jahre plant – so ein Verbundwerk in Changchun und ein weiterer Produktionsstandort in Shanghai –, ist auch vorgesehen, in den Werken die gleichen Modelle zu produzieren, was sich wiederum günstig auf Vertrieb und Wartung auswirken wird.
In der chinesischen Automobilindustrie wird sich über die nächsten Jahre hin einiges ändern. Wie in anderen Branchen wird sich China vom Importeur und Zulieferer zum Exporteur eigenständiger Konstruktionen entwickeln. Die Konsequenzen für den Weltmarkt werden gravierend sein. Lange vorbei sind die Zeiten, in denen Shanghais Bürgermeister Zhu Rongji festschrieb, wie viele Autos zu bauen waren. Dienten diese Karossen der Motorisierung des Partei- und Regierungsapparats, so ist die Zahl privater Käufe mittlerweile rasant gestiegen: Siebzig Prozent der in China produzierten Wagen sind Inlandsverkäufe. Die neuen Aufsteiger in der Automobilbranche sind koreanische Marken wie Hyundai und Kia, während VW und GM, ja sogar Honda und Mitsubishi Einbußen hinnehmen müssen.
In anderen Branchen ist die Lage für Investoren ähnlich. China schwimmt sich frei – vom Know-how der Investoren. Der Transrapid überwindet die 35 Kilometer zwischen Shanghais Long Yang Road Station bis zum Flughafen Pudong in acht Minuten. Wird es

weitere Ankäufe der Magnetschnellbahn in China geben? Das Land verfügt selbst über hervorragend ausgebildete Ingenieure. Gleiches gilt für die Luftfahrt: Noch arbeiten die Chinesen mit Boeing und Airbus zusammen, aber das Ziel ist eine eigenständige Flugzeugindustrie.

Wirtschaftstrategien

Die wirtschaftliche Entwicklung Chinas über die letzten dreißig bis vierzig Jahre hin sucht ihresgleichen. Der große Vorsitzende Mao Zedong hatte noch eine Kombination aus willkürlicher Planwirtschaft und autarker Entwicklung diktiert, mit der er die chinesische Volkswirtschaft ruinierte und die Bevölkerung an den Rand des Zusammenbruchs brachte. Der »Große Sprung« nach vorn, der das Land in den Jahren 1959 bis 1961 wirtschaftlich voranbringen sollte, kostete Abermillionen Chinesen das Leben. Noch 1970 waren nach einer Schätzung der Kommunistischen Partei 150 bis 200 Millionen Chinesen vom Hunger bedroht.

Anders als Mao Zedong war Deng Xiaoping ein weltläufiger Mann, der bereits als Student in Frankreich gearbeitet hatte, das Ausland kannte und in mancher Hinsicht bewunderte. Deng wusste auch um die Schwäche des Menschen, der nicht gerne gleicher als gleich ist und zudem persönlichen Besitz schätzt. »Bereichert euch!«, ermutigte Deng seine Landsleute und öffnete und liberalisierte zugleich Chinas Wirtschaft. Deng erkannte jedoch, dass nicht alle zur gleichen Zeit würden reich werden können. Eine Spanne der Ungleichheit war sozusagen in sein System eingebaut. So gestattete Deng den Provinzen Guangdong und Fujian im Süden eine weitgehend eigenständige Gestaltung ihrer internationalen Handelsbeziehungen. Deng proklamierte dazu vier Sonderwirtschaftszonen, von denen sich drei in Guangdong befanden. Bald lockten attraktive Steuersätze und niedrige Lohnkosten die ersten Investoren aus Taiwan und Hongkong aufs chinesische Festland. Unübersehbar blieb, dass die Industrieanlagen aus Maos Zeiten bestenfalls unproduktiv, schlimmstenfalls verrottet waren. Diese immensen Probleme löste Deng durch eine gewagte politische Volte. China, so erklärte er, befände sich nicht, wie jahrelang propagiert, im fortgeschrittenen Stadium des Sozialismus. Man sei noch in dessen erster Etappe. Die Konsequenzen dieser Deklaration waren tief greifend: Die staatliche Fürsorgepflicht wurde aufgehoben, so genannte volkseigene Betriebe durften mit einem Mal ihre Arbeiter kündigen, denen sie lebenslange Versorgung zugesagt hatten. Verheerende wirtschaftliche und psychologische Probleme waren die Folge. Das Gefühl der Zugehörigkeit, der arbeitslebenslangen Loyalität war über Nacht bei den Menschen verschwunden. Die Staatsunternehmen entließen scharenweise ihre Mitarbeiter – seit 1990 sind es alleine 30 Millionen. Weitgehend ohne Kranken- und Rentenversicherung fanden sie sich auf der Straße wieder. Das Prestige des Werktätigen war zu nichts dahingeschwunden. Der lange Marsch in den Kapitalismus wird nicht allen Chinesen zugute kommen.

Neue Einblicke und alte Bekannte

Den rasanten Entwicklungen im Reich der Mitte wollen wir auch bei der Atlantik-Brücke Rechnung tragen. So führte im Frühjahr 2005 die Reise der »Investitions-Brücke« – eine Initiative der Atlantik-Brücke – erstmals nicht nach Nordamerika, sondern nach China. Ich begleitete neun Parlamentarier des Deutschen Bundestages. Ziel unserer Reise war es, mehr über die Investitionsbeziehungen zwischen Europa und Fernost zu erfahren.
Viele Stationen dieser Reise waren für mich vertrautes Terrain. Besonders freute mich ein Besuch des Werkes der FAW-Volkswagen Group in Changchun. Dort hatte ich in den Achtzigerjahren mit-

geholfen, das Engagement von VW in China aus der Taufe zu heben. In Changchun suchte man einen Partner für eine Pkw-Produktion im Rahmen der FAW, der größten Lkw-Fabrik der Welt, und das Werk favorisierte den US-amerikanischen Hersteller Chrysler.

Ich informierte Carl Horst Hahn in Wolfsburg und bat ihn, so schnell wie möglich nach Peking zu kommen, um den Vertrag für die Pkw-Produktion bei FAW abzuschließen. Hahn tat wie empfohlen. Wenig später rollten die ersten in Zusammenarbeit mit VW gebauten Autos vom Band. Heute steht in Changchun das modernste und größte VW-Werk der Welt. 800 000 Fahrzeuge können hier jährlich montiert werden.

Aller Öffnung und Liberalisierung des Marktes zum Trotz: China ist nach wie vor ein Einparteienstaat, der mit Oppositionellen oder Abtrünnigen von der Parteilinie wenig Geduld hat und keine Nachsicht zeigt. Medien und Internet unterliegen der Zensur. Die Szenen, die sich nach dem Tod von Zhao Ziyang im Januar 2005 abspielten, sprachen für sich. Zhao Ziyang, einst Premierminister der Volksrepublik und Generalsekretär der Kommunistischen Partei Chinas, hatte sich am 19. Mai 1989 an die protestierenden Studenten auf dem Platz des Himmlischen Friedens gewandt: »Es ist nur euer Recht, dass ihr uns kritisiert«, hatte Zhao den Protestierenden zugerufen und sie gebeten, den Hungerstreik abzubrechen. Einen Tag später war Zhao entmachtet, 14 Tage darauf kam es zu dem grauenhaften Massaker. Zhao stand seither bis zu seinem Tod unter Hausarrest. Nach seinem Ableben wurde bekannten Bürgerrechtlern die Teilnahme an Zhaos Trauerfeier verwehrt. Tumultartige Szenen spielten sich ab, Fernsehaufnahmen waren nicht zugelassen.

Menschenrechte waren und sind ein heikles Thema in China. Aktivisten werden verhaftet und gefoltert, die Religionsfreiheit ist nicht gewährleistet, Angehörige von Sekten wie Falun Gong und von Minderheiten, besonders Tibeter, werden verfolgt und ent-

rechtet. Im Zuge der Vergabe der Olympischen Spiele 2008 nach Peking und der Weltausstellung 2010 nach Shanghai hätte sicherlich in Sachen Menschenrechte größerer Druck auf das Land ausgeübt werden können. Diese Chance sollte im Vorfeld und während der Spiele erneut wahrgenommen werden.
Es ist anzunehmen, dass angesichts der gewaltigen wirtschaftlichen Entwicklung die Kommunistische Partei keine politischen »Experimente« wagen wird. Besserwisserei, einseitige Belehrungen in Fragen der Politik haben sich als nicht hilfreich erwiesen. Auch sollte nicht vergessen werden, dass China auf Grund des Fleißes seiner Bürger und der Effizienz seiner Wirtschaft mittlerweile die größten Devisenreserven der Welt angesammelt hat. Peking verfügt über ausländische Währungsreserven, hauptsächlich US-Staatsanleihen in Höhe von 400 Milliarden Dollar. Das Land kann also durchaus auf politischen Druck mit wirtschaftlichem Gegendruck antworten. China ist heute schließlich mit 300 Milliarden Dollar der größte Gläubiger der Vereinigten Staaten von Amerika und signalisiert die wachsende Unabhängigkeit seiner Währung vom US-Dollar, was nicht nur für die USA, sondern für die gesamte Weltwirtschaft große Bedeutung hat. Dabei darf man nicht vergessen, dass der erstaunliche wirtschaftliche Erfolg der letzten Jahre fast ausschließlich jenen etwa 20 Prozent der Bevölkerung zugute gekommen ist, die in der Küstenregion leben. Chinesische Politiker erinnern in Gesprächen immer daran, dass China trotz des gewaltigen Wirtschaftsaufschwungs im Lande ein Entwicklungsland ist, dessen ehrgeiziges Ziel es ist, die Lage der Arbeitslosen und der in der Landwirtschaft beschäftigten Menschen – also etwa 80 Prozent der Gesamtbevölkerung – im Rahmen des Wirtschaftsaufschwungs zu verbessern.
Ich bin der Meinung, dass gerade die wirtschaftlichen Erfolge das überzeugendste Instrument auf dem Weg zur Demokratie sind. Ähnlich wie in Taiwan und Südkorea werden die ökonomischen Gegebenheiten das Reich der Mitte zu immer größeren auch poli-

tischen Freiheiten führen. Am Ende wird wohl keine Demokratie westlichen Musters stehen – dazu ist China zu groß, zu traditionell, zu selbstbewusst. Ich nehme an, es wird sich eine Synthese von Freiheit und traditioneller konfuzianischer hierarchischer Ordnung entwickeln.

Lotosblüte

Zunächst war ich in einer Unterführung in Peking an dem kleinen Mädchen vorübergegangen. Doch ihr Anblick ließ mich während der gesamten Dauer meiner Sitzung, für die ich hierher gereist war, nicht mehr los. Und so musste ich nach Ende des Termins nochmals den Ort aufsuchen, an dem ich das Kind gesehen hatte. Die Kleine sah erbarmungswürdig aus: abgemagert, in Lumpen gehüllt, und, was am schrecklichsten war: Sie litt unter Spina bifida, dem »offenen Rücken«. Ich setzte mich mit dem deutschen Botschafter in Verbindung und bat um einen Wagen. Wir packten Mutter und Kind ein und fuhren in ein Krankenhaus.
Der Dolmetscher berichtete mir, dass das Kind aus einem kleinen Dorf in der Provinz Sichuan, 80 Kilometer entfernt von Chengdu, stammt. Dort war keine medizinische Versorgung möglich gewesen. In ihrer Verzweiflung hatte sich die Mutter mit der Kleinen – ihr Name ist Xuelian, »Lotosblüte« – auf den Weg nach Peking gemacht, wo sie bettelte, um ihrer kleinen Tochter eine medizinische Versorgung zu ermöglichen.
Im Hospital stießen wir keineswegs auf Hilfsbereitschaft. Erst Bargeld, dann Behandlung! Ich erklärte, dass ich als eine Art »Pate« die Kosten übernehmen würde, aber damit waren die Schwierigkeiten noch keineswegs überwunden. Am nächsten Morgen erhielt ich im Hotel Besuch von zwei Damen, die vorgaben, vom chinesischen Roten Kreuz zu kommen. Sie gaben mir zu verstehen, dass meine Einmischung hier nicht erwünscht sei und meine Unterstützung

für eine Frau, die gegen chinesische Gesetze verstoßen hatte, indem sie einfach in die Hauptstadt gefahren war und dort gebettelt hatte, ebenfalls nicht gern gesehen sei. Ich erhob mich und wünschte den Damen noch einen angenehmen Tag.

Das Schicksal von Xuelian beschäftigte mich auch nach meiner Rückkehr nach Deutschland. Ich bat ein befreundetes Ehepaar, Dr. Wenpo Lee und seine Frau Dr. Yeajen Liang-Lee, die ich Jahre zuvor in Hannover kennen gelernt hatte und die inzwischen in Shanghai lebten, wo er die Niederlassung von Swatch leitet, sich um die kleine Lotosblüte zu kümmern. Durch die liebevolle Betreuung durch Frau Dr. Lee konnte ich Xuelian finanzielle Unterstützung zukommen lassen und auch die richtige medizinische Behandlung für ihre Krankheit gewährleisten.

Im Anschluss an Xuelians Klinikaufenthalt kehrte die Mutter mit ihrer Tochter in ihr Dorf zurück. Ich selbst habe die Familie dort mehrfach besucht. Auch meine Tochter Christiane hat mich dorthin begleitet und das Mädchen und die Dorfbewohner kennen gelernt.

In den Jahren seit der ersten Begegnung mit Xuelian ist viel passiert. Die Familie hat ein Schwein angeschafft, und in diesem Jahr soll mit dem Bau eines Hauses begonnen werden. Xuelian ist im Laufe der Jahre trotz ihrer schweren Behinderung zu einem fröhlichen, allseits beliebten inzwischen zwölfjährigen Mädchen herangewachsen. Wie sich ihre Zukunft unter den gegebenen Umständen gestalten wird, ist fraglich und hängt in erster Linie von ihrer körperlichen Konstitution ab, um die es – trotz aller Bemühungen der dortigen und hiesigen Ärzte – nicht allzu gut steht.

Brückenbauer

BRÜCKEN IN NAHOST – GESPRÄCH MIT YASSIR ARAFAT

Am Morgen des 3. Oktober 1988 – in Deutschland war es bereits nachmittags – verständigte mich mein Büro in Frankfurt, dass Franz Josef Strauß im Krankenhaus der Barmherzigen Brüder zu Regensburg verstorben war. Franz Josef Strauß zählte nicht zu meinen engen politischen Freunden, zu meinen persönlichen ebenfalls nicht. Dennoch habe ich ihn stets als eine außergewöhnliche Persönlichkeit wahrgenommen. Strauß hat sich dank seines brillanten Intellekts und seiner außergewöhnlichen Tatkraft aus kleinbürgerlichen Verhältnissen an die Spitze der CSU und des bayerischen Staates hochgearbeitet. Beide Positionen hat er unumstritten eingenommen, und zwar mit vollem Erfolg.

Als Franz Josef Strauß nach dem Krieg als Landrat in Weilheim seinen politischen Werdegang antrat, war Bayern, abgesehen von den Industrieinseln um Nürnberg, Augsburg, Schweinfurt und teilweise München, ein rückständiges Agrarland mit kulturellen Zentren. Die CSU steckte noch weitgehend in den abgetragenen Kleidern der ultramontanen Bayerischen Volkspartei, die es mit ihrer antirepublikanischen Einstellung und Politik den antidemokratischen Kräften, unter ihnen der NSDAP, ermöglicht hatte, zunächst ungehindert ihre antidemokratische Hetze und ihre paramilitärischen Aktivitäten in der so genannten »Ordnungszelle Bayern« zu entfalten. Im März 1933 stimmten die Abgeordneten der Bayerischen Volkspartei im Reichstag geschlossen für das Ermächtigungsgesetz der Regierung Hitler. Diese nützte die Vollmacht

Bayerns ebenso wie die anderer Länder, um den NS-Staat gleichzuschalten.

Die klerikale Weltanschauung, die in der CSU von deren Gründer Josef Müller (»Ochsensepp«) und dem bayerischen Landwirtschafts- und späteren Kultusministers Alois Hundhammer vertreten wurde, war Franz Josef Strauß fremd. Für Strauß war Religion eine Privatangelegenheit. Mit unbeirrbarer Zielstrebigkeit und großem organisatorischem Geschick baute er die CSU zur Volkspartei mit einem durch Effizienz begründeten, quasi naturgegebenen Machtanspruch auf. Bei der Durchsetzung dieses Ziels half der CSU und Strauß auch die Unfähigkeit der SPD. Das soll die konstruktiven Leistungen des Politikers Strauß für seine Partei, vor allem aber bei der Umwandlung Bayerns von einem weitgehend landwirtschaftlich geprägten Flächenstaat in ein modernes Industrie-, Wirtschafts- und Dienstleistungsland nicht schmälern.

In der Bundespolitik dagegen blieben Strauß nachhaltige Erfolge weitgehend verwehrt. Der Münchner war ein eifriger Atomminister im Kabinett Adenauer und, im Gespann mit dem Leiter des Wirtschaftsressorts, Karl Schiller, während der kurzen Phase der großen Koalition von 1966 bis 1969 ein formidabler Finanzminister. Doch diese Erfolge blieben überschattet von der »Spiegel«-Affäre des Jahres 1962, bei der Strauß ohne Not ein Kesseltreiben gegen den »Spiegel«-Herausgeber Rudolf Augstein und seine Redakteure eingeleitet hatte, obwohl ich der Meinung bin, dass an seiner demokratischen Gesinnung kein Zweifel bestand. Strauß gelang es nie mehr, den Makel dieser Affäre ganz loszuwerden. Dies und sein zuweilen ungezügeltes bayerisches Temperament waren die eigentlichen Ursachen für seine Niederlage als Kanzlerkandidat der Union im Jahr 1980. Die Wähler hatten wohl eingesehen, dass die Zeit für eine Abwahl der sozialliberalen Koalition gekommen war, aber manche, vor allem norddeutsche Wähler, vertrauten lieber dem kühlen hanseatischen Oberlehrer Helmut Schmidt als dem cholerischen Bajuwaren Strauß.

Franz Josef Strauß hat sich sein nationales Scheitern früher eingestanden, als er öffentlich zugeben wollte. Ein sicheres Indiz war, dass er sich bereits 1978 als bayerischer Ministerpräsident nach München zurückgezogen hat. Dies sei das schönste Amt der Welt, betonte Franz Josef Strauß oft. Doch zog es ihn immer wieder nach Bonn. Er wollte nicht wahrhaben, dass Helmut Kohl, dem er sich intellektuell und als Volkswirtschaftler turmhoch überlegen fühlte – und dies sicher auch war – statt seiner Deutschlands Geschicke als Kanzler bestimmen sollte. Indessen, Helmut Kohl war der kältere, konsequentere Machtpolitiker.

Am Freitag, den 7. Oktober war die bayerische Landeshauptstadt schwarz beflaggt. Der Staatsakt fand im Herkulessaal der Münchener Residenz statt. Der prächtige Raum war voller Menschen. Die Trauergäste saßen dicht gedrängt. Ich erkannte den Präsidenten des südafrikanischen Apartheid-Regimes Pik Botha, den türkischen Ministerpräsidenten Turgut Özal, Henry Kissinger, SED-Politbüromitglied Günter Mittag und unzählige andere. Max Streibl, der Strauß als Ministerpräsident nachfolgen sollte, hielt eine glorifizierende, doch würdige Rede, während Kohls Worte bemüht wirkten und blass blieben.

Am folgenden Montag besuchte ich in Saarbrücken den Kaufmann Dieter Holzer, dessen Wirkungsfeld internationale Kooperationen und Handel war. Außer in Europa machte Holzer seine Geschäfte vor allem im Nahen Osten, besonders mit dem Libanon und mit Syrien. Holzer erzählte mir, dass Franz Josef Strauß im Begriff gestanden hatte, mit dem Chef der PLO, Yassir Arafat, zusammenzutreffen. Hauptzweck ihrer Gespräche sollte die sofortige Beendigung der ersten Intifada sein, des Aufstandes der Palästinenser gegen die israelische Besatzungsmacht. Shimon Peres war damals Vorsitzender der israelischen Arbeitspartei.

EINE UNGEWÖHNLICHE FREUNDSCHAFT

Shimon Peres war seit den Fünfzigerjahren mit Strauß befreundet. Damals war Peres Generaldirektor, später Staatssekretär des israelischen Verteidigungsministeriums gewesen, Strauß Leiter des entsprechenden deutschen Ressorts. Beide Männer waren hochintelligent, effektiv und in fast jede politische Intrige verstrickt. Dies trug dazu bei, dass sie unzählige Feinde oder zumindest Gegner hatten. Sie waren auch die Architekten des geheimen Waffenhandels zwischen Deutschland und Israel. Seit Ende der Fünfzigerjahre lieferte die Bundesrepublik Waffen vorwiegend amerikanischer Produktion, hauptsächlich Panzer, geheim an den jüdischen Staat.

Mitte der Sechzigerjahre machte der ägyptische Geheimdienst die heimlichen Exporte deutschen Kriegsgeräts nach Israel publik, und der damalige Bundeskanzler Ludwig Erhard, der die nicht »koscheren« Waffenlieferungen von seinem ungeliebten Vorgänger Adenauer geerbt hatte, machte dem heimlichen Spiel ein Ende. Erhard ließ die Exporte der Kriegsgeräte nach Israel einstellen und nahm stattdessen offiziell völkerrechtliche Beziehungen zum jüdischen Staat auf. Die arabischen Staaten reagierten empört, obwohl sie inoffiziell längst über die deutschen Waffenexporte informiert waren – doch im Orient zählt das Wahren des Gesichts gelegentlich ebenso viel wie die schnöde Wirklichkeit –, und brachen, bis auf Jordanien, Libyen und Marokko, die diplomatischen Beziehungen zur Bundesrepublik ab, um die DDR anzuerkennen. Ostberlin genoss seine internationale Aufwertung und weidete sich an dem diplomatischen Fiasko der Bonner. Im Laufe der Jahre mussten die arabischen Staaten jedoch erkennen, dass die finanzielle Leistungsfähigkeit der DDR sehr begrenzt war, und so nahmen die orientalischen Länder nun ihrerseits diskret wieder völkerrechtliche Beziehungen mit der Bundesrepublik als der potentesten Wirtschaftsmacht Europas auf.

Der Freundschaft zwischen Shimon Peres und Franz Josef Strauß tat das Auf und Ab der internationalen Beziehungen sowie ihrer schwankenden innenpolitischen Beliebtheit keinen Abbruch. Dabei mag auch ihre gemeinsame Faszination zu Nuklearwaffen eine Rolle gespielt haben. Ich erwähnte bereits, dass Franz Josef Strauß Deutschlands erster und einziger ziviler »Atomminister« war. Die Mitte der Fünfzigerjahre gewonnenen Erkenntnisse weckten in Franz Josef Strauß eine Begehrlichkeit für Atomwaffen, die er nie ganz abgelegt hat. Glücklicherweise aber waren die politischen Konstellationen in der Bundesrepublik vor allem auf Grund der internationalen Gegebenheiten so, dass Strauß keine Möglichkeit hatte, seine kernwaffenpolitischen Ambitionen umzusetzen. Und die auswärtigen Staaten, vor allem die Nuklearmächte, selbst der von Strauß bewunderte Charles de Gaulle, dachten nicht im Traum daran, die Deutschen an atomaren Potenzialen wie der »Force de frappe« zu beteiligen.

Strauß' Freund Shimon Peres fand für seine nuklearen Ambitionen günstigere Bedingungen vor. Der kleine jüdische Staat sah sich von einem Ring feindseliger arabischer Länder umgeben, die drohten, Israel zu vernichten. Hinzu kam das Trauma des Holocaust. Da musste Shimon Peres als Generaldirektor des Verteidigungsministeriums keine schwere Überzeugungsarbeit leisten, um seinen Mentor, Israels Staatsgründer, langjährigen Ministerpräsidenten und Verteidigungsminister David Ben Gurion für sein Anliegen zu erwärmen. Der Premierminister gab dem »jungen Mann« freie Hand. Die internationale Situation war für Peres' Pläne günstig. Mitte der Fünfzigerjahre zeichnete sich für Frankreich nach dem Verlust seiner Kolonien in Indochina ein neuer Unabhängigkeitskrieg in Nordafrika ab, und dieser drohte für Paris unvergleichlich härter zu werden. Denn in den maghrebinischen Staaten lebten mehr als eine Million Franzosen, und die nördlichen Departements Algeriens waren integraler Bestandteil Frankreichs. Hier konnte Paris nicht ohne innere Kämpfe die Segel streichen. Zur ärgsten Herausforderung für Frankreich wurde, dass das nationalistische Revolutionsregime Gamal Abdel Nassers, das seit 1952 in Ägypten an der Macht war, offen erklärte, die Unabhängigkeitsbewegungen in Nordafrika zu unterstützen. Es blieb nicht bei leeren Worten, denn schon wurden algerische Freiheitskämpfer am Nil militärisch ausgebildet. Darüber hinaus drohte Nasser den Suezkanal zu verstaatlichen, der in französischem und britischem Besitz war.

In dieser Situation hatte Paris offene Ohren für das israelische Begehren nach militärischer Zusammenarbeit. Paris belieferte die israelische Armee mit modernsten Waffen, darunter Panzern und Düsenjägern. Im Gegenzug vermittelten israelische Anti-Guerilla-Kämpfer der französischen Armee gern ihre Erfahrungen. So zeigte Paris auch Verständnis für das Streben der Israelis nach nuklearer Zusammenarbeit – frei nach der orientalischen Devise: Der Feind meines Feindes ist mein Freund. So wurde der spätere Friedensnobelpreisträger Shimon Peres zum unheimlichen Vater der israelischen Atombombe. Erste einsatzfähige Sprengköpfe dürften Israel Mitte der Sechzigerjahre zur Verfügung gestanden haben. Experten schätzen, dass Jerusalem heute mehr als hundert einsatzfähige Nuklearwaffen besitzt. Doch Jerusalem hütet sich, diese offensichtliche Tatsache offiziell zu bestätigen. Israels ehemaliger Premier Yitzhak Rabin – auch er ein Friedensnobelpreisträger – drückte sich sybillinisch aus: »Israel wird nicht der erste Staat sein, der Kernwaffen in die Region einführt oder gar einsetzt. Aber wir können es uns nicht leisten, der zweite zu sein.«

Das Wissen um die potenzielle Nuklearmacht sollte die Gegenseite vor Angriffen, ja sogar vor der Entwicklung eigener Atomwaffen abschrecken.

Diese israelische Logik funktionierte so lange, bis das iranische Mullah-Regime die strategische Entscheidung fällte, einen geschlossenen Nuklearkreislauf zu entwickeln. Damit war neben friedlicher Kernkraft auch die Option zur Entwicklung von Atomwaffen gegeben.

In schwieriger Mission

Am 10. Oktober 1988 in Vorarlberg ging es in Dieter Holzers Haus um Profaneres, nämlich die Bitte von Shimon Peres, auf Arafat einzuwirken, die Intifada zu beenden. Nun, da Strauß unerwartet gestorben war, bat mich Holzer, an dessen Stelle die geheimen Gespräche mit Arafat zu führen. Ich sagte zu, aus Sentimentalität gegenüber dem Toten, vor allem aber, um dazu beizutragen, die Gewalt in Nahost einzudämmen.

Holzer verlor keine Zeit. Drei Tage später, am Donnerstag, den 13. Oktober, frühstückte ich mit dem israelischen Botschafter in dessen schwer bewachter Residenz am Rhein. Ben Ari war ein geborener Wiener, entsprechend charmant führte er das Gespräch. Doch im stets freundlich lächelnden Gesicht des kleingewachsenen Mannes leuchtete ein Paar flinke schwarze Augen, denen nichts entging. Ben Ari versprach, sich umgehend mit Peres in Verbindung zu setzen und die von Strauß aufgenommene Initiative zu einem Gespräch mit Arafat zu prüfen.

Der Botschafter musste vorsichtig taktieren. Zwar war Peres Außenminister und damit Ben Aris Vorgesetzter – und wie ich später erfuhr, auch dessen sozialdemokratischer Parteigenosse –, doch als Ministerpräsident amtierte Yitzhak Shamir. Dessen Likud-Partei lehnte Gespräche mit der PLO ab, die sie als »Terrororganisation« brandmarkte. Peres wiederum hoffte, die Aussichten der Arbeitspartei bei den bevorstehenden Parlamentswahlen am 1. November durch einen inoffiziellen Gewaltverzicht mit Arafat zu verbessern. Ich hatte keinen Zweifel, dass es dem klugen Ben Ari gelingen würde, die Klippen seiner schwierigen diplomatischen Vormission zu bewältigen.

So geschah es auch. Bereits vier Tage später suchte mich Ben Ari während einer CDU-Präsidiumssitzung in Bonn auf. Ben Ari und ich taten, als sei sein überraschender Besuch mitten in einer Sitzung die normalste Sache der Welt. Wir setzten uns in eine ruhige Ecke, und der Israeli erläuterte mir das Ergebnis seines persönlichen Gesprächs mit dem Außenminister und Parteichef. Peres ließ mir mitteilen, er wäre mir dankbar, wenn ich Arafat aufsuchen würde – selbstverständlich ohne öffentlich verlauten zu lassen, dass Peres in die Angelegenheit involviert war. Im Gespräch mit dem Palästinenser sollte ich jedoch durchaus deutlich machen, dass Peres es war, der Arafat dazu bewegen wollte, das Ende der Gewalt anzuordnen. Überflüssig zu sagen, dass die Arbeitspartei und Shimon Peres als der Rivale von Yitzhak Rabin – wem würden da nicht Franz Josef Strauß und Helmut Kohl in den Sinn kommen? – auf diese Weise ihre diplomatische Effizienz unter Beweis stellen wollten, sofern die Mission Erfolg hatte.

Ich bereitete mich auf das Treffen mit Arafat vor, so gut dies in der Kürze der Zeit möglich war. Dabei wurde mir deutlich, dass die meisten Angaben über den PLO-Chef umstritten waren. Selbst über sein Geburtsjahr, wahrscheinlich 1929, gingen die Informationen auseinander. Fraglich war auch der Geburtsort. Arafat selbst beharrte darauf, in Jerusalem geboren zu sein, während die Israelis und eine Reihe westlicher Wissenschaftler betonten, der PLO-Vorsitzende sei in Kairo zur Welt gekommen. Doch unumstritten war, dass Arafat die maßgebende politische und nationale Autorität seines Volkes war. Yassir Arafat hatte als Untergrundkämpfer, Volkstribun und Diplomat das nationale Selbstverständnis der Palästinenser geprägt.

Aus dieser Tatsache ergab sich eine logische Kette. Um den israelisch-arabischen Konflikt beizulegen, musste man dessen Kernauseinandersetzung entschärfen und schließlich beenden. Das war leicht gesagt, aber schwer getan. Die Feindschaft zwischen Israel und den arabischen Staaten konnte nicht so einfach nach dem üblichen Muster durch territorialen Ausgleich und politisch-wirtschaftliche Maßnahmen aufgehoben werden – etwa nach dem Muster des Jahrhunderte währenden deutsch-französischen Gegensatzes, dessen Erfolg mich dazu bewog, auch einen Ausgleich zwischen Deutschland und den Staaten Osteuropas nachhaltig zu befürworten.

Im Falle des isralisch-palästinensischen Konfliktes allerdings war die Patentformel eines Gebietskompromisses ungleich schwerer zu verwirklichen als zwischen dem jüdischen Staat und den arabischen Ländern, beispielsweise im ägyptisch-israelischen Friedensabkommen von 1979. Denn der jüdische Staat und die palästinensische Nationalbewegung erhoben Anspruch, einen monopolistischen Anspruch, auf das identische Territorium des ihnen – und auch uns Christen – heiligen Landes. Darüber hinaus ist dieses Gebiet auch noch winzig klein. Israel und die palästinensischen Gebiete haben zusammen eine Fläche von gerade 20 600 Quadratkilometern – so viel wie das Land Hessen. Dennoch, oder gerade auf Grund des ausschließlichen Anspruchs von Israelis und Palästinensern, musste eine Kompromissformel zu einem israelisch-palästinensischen Ausgleich gefunden und in zähen und langen Verhandlungen durchgesetzt werden. Der Umstand, dass Shimon Peres mich um eine vermittelnde Aussprache mit Arafat ersuchte, zeigte, dass man auch in Israel – selbst ein so machtbewusster Politiker wie Außenminister Peres – einzusehen begann, dass an einem politischen Ausgleich mit den Palästinensern unter Arafat kein Weg vorbeiführte. Die Möglichkeit, Vertrauen zwischen den verfeindeten Parteien zu schaffen und so bei der Beilegung dieses verbissenen und langwierigen Konfliktes mitzuwirken, stimmte mich zuversichtlich.

Eine Reise mit Umwegen

Ich hatte meine Teilnahme an einer wichtigen Konferenz in Toronto am 21. Oktober fest zugesagt. Offiziell beließ ich es dabei. Da ich Yassir Arafat an eben diesem Tag bei Dieter Holzer treffen sollte, ließ ich mir für den folgenden Tag einen Flug mit der Concorde von

London nach New York reservieren, von dort wollte ich nach Toronto weiterfliegen. Um die plötzliche Änderung meiner Reisetermine zu erklären, gab ich an, zu einer akuten Sondermission in die Türkei aufbrechen zu müssen.

Am Donnerstag, dem 21. flog ich nach Zürich. Am Flughafen Kloten empfing mich Dieter Holzers sehr freundliche libanesische Ehefrau und brachte mich, wie verabredet, in das Holzer'sche Domizil nach Vorarlberg. Dort wartete ich, wie vereinbart, auf das Erscheinen Yassir Arafats. Die Zeit zog sich hin. Dieter Holzer wollte den Palästinenser am Flughafen Innsbruck in Empfang nehmen und dann in sein Haus bringen. Gegen 18 Uhr erhielten wir einen Anruf, Arafat sei auf dem Flug nach Österreich in die marokkanische Hauptstadt Rabat umdirigiert worden, da König Hassan VI. ihn dringend in Vorbereitung eines arabischen Gipfels sprechen wolle. Holzer bat, ich möge mich unbedingt zu einem Gespräch für die gleiche Nacht in Marokko bereithalten. Holzer besaß ein eigenes Geschäftsflugzeug, eine Falcon 50. Die Maschine sollte uns am gleichen Abend von Friedrichshafen am Bodensee nach Marokko bringen. Gemeinsam mit Frau Holzer fuhr ich nach Friedrichshafen. Auf dem kleinen Flughafen wartete schon die Falcon auf uns. Wir bestiegen die Maschine. An Bord waren bereits Dieter Holzer und der PLO-Emissär aus Athen. Sobald wir uns angeschnallt hatten, startete das Flugzeug in Richtung Südwesten – Marokko. Den Flug und vor allem das folgende Geschehen habe ich in meinem Tagebuch festgehalten:

»Der PLO-Gesandte unterrichtet mich über die Lage. Es besteht eine Absicht der PLO und der arabischen Staaten, sich aktiv an die Wähler Israels zu wenden in der Hoffnung, dadurch eine Stärkung des friedens- und konferenzbereiten Flügels [Peres] zu bewirken! Man hat offensichtlich Angst vor einer Eskalation unter dem [nationalistischen] Ministerpräsidenten Shamir und sieht auch im Hinblick auf eine veränderte Haltung der Supermächte eine Chance für einen Frieden.

Als wir bei herrlichem Mondschein und klarer Nacht in Rabat landen, werden wir gebeten, nach Fes weiterzufliegen, wo sich Arafat auf sein Gespräch mit dem König morgen früh vorbereite und uns erwarte. Eine weitere halbe Stunde Flug bis Fes. Mit einer Autokavalkade in ein Hotel, wo wir gegen 23.30 Uhr in einem abgeschirmten Flügel des Hotels mit Arafat zusammentreffen. Wir reden auf Englisch fast drei Stunden. Allgemeine Lage und die Wahlen [in Israel] vom 1. November. Arafat macht einen anderen Eindruck auf mich als in den Medien. Äußerst freundliche Entschuldigung für die Umstände. Er spricht ein zögerndes Englisch, ab und zu müssen der PLO-Mann oder Frau Holzer helfen. Er verschweigt nicht, dass er Mühe hat, seinen Laden zusammenzuhalten, ja, dass er fürchten muss, dass die radikalen Kräfte die Oberhand gewinnen. Deshalb benötige er die Hilfe aller, auch Bonns, damit nach einer Wahl die israelische Verhandlungsbereitschaft durch die Freunde Israels gestärkt werde, für eine internationale Konferenz, wobei er bereit sei, beide UN-Sicherheitsratsresolutionen im Zusammenhang voll anzuerkennen!«

Die Beschlüsse 181 und 242 der Vollversammlung fordern einen Rückzug Israels »aus besetzten arabischen Gebieten«, dazu ein Rückkehrrecht der palästinensischen Flüchtlinge und die Schaffung einer nationalen Heimstätte, also die Vorstufe eines Staates, für das palästinensische Volk. Die Resolutionen fordern darüber hinaus das Recht »aller Staaten in der Region, in sicheren und anerkannten Grenzen zu leben«. Die Akzeptanz dieses UN-Beschlusses bedeutet nach arabischem Verständnis indirekt auch die Anerkennung Israels als eines Staates dieser Welt. Voraussetzung in den Augen der arabischen Regierungen und der PLO war allerdings der Rückzug Israels aus allen im Krieg von 1967 besetzten Territorien und die Schaffung einer nationalen Heimstätte für die Palästinenser.

Ich schrieb weiter: »Arafat wolle bis zur Wahl keinerlei gewaltsame Reaktionen auf Gewaltanwendung der israelischen Regierung zulassen, also eine Art einseitiger Waffenstillstand. Er erklärt sich

auch bereit, in einem Aufruf an die palästinensischen Wähler in Israel Männer und Frauen zur Wahl der friedenswilligen Parteien aufzurufen! Er erwartet als ›Gegenleistung‹ Verhandlungsbereitschaft der neuen Regierung nach der Wahl. Er hofft auch auf die diesbezügliche Einwirkung der Bundesregierung auf Israel! Ob diese Appelle der PLO Peres helfen, ist die große Frage!
Arafat erzählt von seinem Leben und seiner ständigen Reisetätigkeit. Er habe seit Jahren nicht mehr zwei Nächte nacheinander im gleichen Bett geschlafen!
Sehr freundliche Verabschiedung mit Fotografen, was mir nicht so lieb ist! Vorher erklärt er mir noch, man verstehe die Israelis natürlich besser als irgendjemand sonst, denn man sei ja gewissermaßen »first cousins«. [Der Kandidat des Likud, Yitzhak] Shamir habe auch als ›Terrorist‹ gearbeitet, gegen die Engländer und gegen die UNO und sei persönlich an der Ermordung [des Vermittlers der Vereinten Nationen, des Grafen Volker] Bernadottes beteiligt [1948 durch ein Kommando der nationalistischen Untergrundgruppe ›Stern‹], ebenso wie [Menachem] Begin bei dem Anschlag [von dessen Untergrundarmee Ezel] auf das King David Hotel mitgewirkt habe!
Gesamteindruck: Arafat setzt auf Verhandlungen als Chance angesichts einer veränderten Weltlage. Er ist zur Anerkennung Israels gemäß den Resolutionen des UN-Sicherheitsrats bereit, fürchtet aber, dass er die Kontrolle über seine PLO verliert, wenn es nicht bald zu Verhandlungen kommt!«
Erschöpft, aber zuversichtlich, dass Arafat sich prinzipiell zu einem politischen Ausgleich mit Israel bereit erklären würde und somit die Aussicht auf eine Beilegung des Nahostkonflikts bestand, ging ich gegen drei Uhr früh zu Bett. Ich schlief bis fünf Uhr. In meinem Tagebuch habe ich die dramatischen Ereignisse des nächsten Tages festgehalten:
»Freitag, 21. Oktober 1988. Fes. Herrlicher Sonnenaufgang über den Atlas-Bergen. Start gegen sieben Uhr. Funktelefon mit Ben Ari

wegen Arafat. Die [schiitische Untergrundmiliz] Hisbollah habe eine Autobombe im Südlibanon gezündet, Israelis getötet. Ben Ari hat mich um Übermittlung der Nachricht gebeten, dass die PLO nichts damit zu tun habe und dass israelische Vergeltung sich nicht gegen die PLO richten sollte. Leider stellt sich im Laufe des Tages heraus, dass die Israelis sowohl Angriffe auf Hisbollah- als auch auf PLO-Lager im Südlibanon fliegen!«

Am Ende kam die indirekte Absprache zwischen dem israelischen Außenminister und der von der israelischen Regierung nicht anerkannten PLO Arafats doch noch zu Stande. Die Al-Fatah-Verbände, die ebenfalls Arafat unterstanden, verzichteten auf militärische Aktionen gegen Israel. Dieser brüchige Waffenstillstand bewies, dass Abmachungen mit Arafat möglich waren. Dennoch votierte die Mehrheit der Israelis beim Urnengang am 1. November 1988 für den nationalistischen Likud. Shimon Peres wurde in der Koalitionsregierung Vizepremier. Fortan beeinflusste die Option einer politischen Übereinkunft mit Arafats PLO statt des nutzlosen Versuchs, den Konflikt mit den Palästinensern allein durch Gewalt zu lösen, das politische Denken und Handeln von Shimon Peres.

Peres konzentrierte sein Handeln zunehmend auf eine Politik, deren Ende eine diplomatische Übereinkunft zur Beilegung der israelisch-palästinensischen Auseinandersetzung sein sollte. Durch diese Zielsetzungen geriet Peres in Konflikt mit dem unflexiblen Likud-Vorsitzenden Shamir. Schließlich entließ der Premierminister Peres aus der Regierung. Als Oppositionsführer entwickelte sich der einstige Sicherheitsexperte Peres zum entschiedenen Friedenspolitiker – so sehr, dass dies der Mehrheitsströmung seiner Arbeiterpartei zu weit ging. Dies und die geringe Popularität von Peres waren der Grund, dass die Sozialdemokraten bei den Wahlen von 1992 nicht ihn, sondern den früheren Kriegshelden Yitzhak Rabin zu ihrem Spitzenkandidaten erkoren. Rabin gewann die Wahlen, wurde Regierungschef – und hatte die menschliche Größe und politi-

sche Weitsicht, seinen alten Rivalen Peres zum Außenminister zu machen.
Als Jerusalems Chefdiplomat war Peres der Motor einer politischen Einigung mit den Palästinensern. Ein erster Durchbruch gelang bei Geheimgesprächen in Norwegen unter Vermittlung des dortigen Außenministers Johan Holst. Schließlich einigten sich die Parteien. Kernpunkt des in Washington im Sommer 1993 unterzeichneten Abkommens war die gegenseitige Anerkennung von Israel und der PLO sowie eine Teilautonomie für die palästinensischen Gebiete mit dem Ziel eines unabhängigen palästinensischen Staates.
Diese Ziele bleiben bestehen, trotz der immer wieder aufflammenden Aufstände, der damit verbundenen Gewalt, Tausenden von Toten, Verletzten und Gefangenen. Das strategische Ziel eines friedlichen Nebeneinanders von Israelis und Palästinensern in unabhängigen Staaten wird von der Mehrheit in beiden Völkern mittlerweile anerkannt. Die Alternative zum Frieden wäre eine Eskalation der Gewalt. Daher muss alle Energie, auch auswärtiger Mächte, vor allem der Vereinigten Staaten und Europas, dafür eingesetzt werden, eine friedliche Einigung zu erzielen und deren Einhaltung zu gewährleisten.
Meine Mission des beiderseitigen Gewaltverzichtes war nur bedingt erfolgreich, doch sie war ein kleiner Baustein, um Vertrauen für eine politische Übereinkunft zu schaffen. Andere wie der mittlerweile verstorbene Außenminister Johan Holst oder Bill Clinton haben sich viel intensiver um eine friedliche Übereinkunft zwischen Israelis und Palästinensern gekümmert. Wir alle bleiben diesem großen Ziel verbunden.

»KRIEG« ZWISCHEN VW UND GENERAL MOTORS

Im März 1993 began José Ignacio López de Arriortúa seine Tätigkeit bei Volkswagen in Wolfsburg. Der Vorstandsvorsitzende der

VW AG, Ferdinand Piëch, hatte heftig um López geworben, da sich dieser in der Automobilbranche einen Ruf als radikaler Kostenreduzierer gemacht hatte. Die Geschäfte bei VW waren rückläufig. So war der Jahresüberschuss von 1,11 Milliarden Mark von 1991 ein Jahr später auf 147 Millionen geschmolzen.

López' Methode war so simpel wie effektiv. Er nahm vor allem die Zulieferer der Automobilhersteller unter die Lupe und drückte deren Preise bis jenseits der Schmerzgrenze. Wie man Kosten sparen konnte, führte er den Zulieferern auch gerne vor Ort vor, indem er Abläufe optimierte und Reibungsverluste minimierte. Nach Karrierestationen bei General Motors in Spanien und der GM-Tochter Opel in Deutschland, wo er sich den schönen Beinamen »der Würger von Rüsselsheim« erwarb, berief GM-Chef John F. Smith López in die Konzernzentrale nach Detroit. Karrieren gedeihen am besten, wenn man glaubwürdig macht, dass man seinem Chef zugetan ist. Bei einem offiziellen Abendessen fiel denn auch López »Jack« Smith um den Hals und rief aus: »Er ist mein Bruder, und ich liebe ihn!«

Innerhalb eines Jahres senkte López die Kosten von GM dramatisch. Er wurde damit zur Kultfigur im Unternehmen. Die Mitarbeiter in López' Stab bezeichneten einander gern als »Krieger« und ernährten sich mit gesundheitsbewusster »Kriegerkost«. Bei erfolgreichen Abschlüssen trommelten sie in Kriegermanier auf die Tische ein.

Derartige Ausbrüche waren bei VW-Chef Ferdinand Piëch schwer vorstellbar, doch er wusste, dass er in López den Mann gefunden hatte, den er in dieser Situation brauchte, und so machte er sich daran, den Spanier abzuwerben. López' große Ambition war es, ein Autowerk in seiner Heimat Amorebiete im Baskenland zu bauen. Anfangs hatte ihm GM eine entsprechende Zusage avisiert. Doch auf Grund der schlechten Absatzlage in der alten Welt beschied Lou Hughes, Europa-Chef von GM, ein solches Werk sei unrentabel. López warf GM Vertrauensbruch vor und wandte sich VW zu. Dessen Aufsichtsrat gegenüber begründete er seinen Wechsel als die Entscheidung eines Europäers für Europa. VW müsse sich gegen die amerikanische und japanische Konkurrenz behaupten, und da sei er mit Herzblut dabei.

Mit seinen bewährten Methoden ging López auch bei VW zu Werke. Man sollte meinen, dass ein solcher Mann auf Grund der »menschenfresserischen Attribute«, mit denen er häufig betitelt wurde, bei den VW-Mitarbeitern auf Ablehnung stoßen würde. Das Gegenteil trat ein. Ich habe einen Auftritt von López im VW-Werk Wolfsburg erlebt, bei dem die Arbeiter ihm zujubelten. Sie waren Feuer und Flamme für López, den Helden und Retter.

Mit López waren fünf seiner Mitarbeiter zu VW gekommen – und, so warf ihm GM vor, zwanzig Kisten mit vertraulichem Material. Von 4000 Seiten Unterlagen war die Rede, Listen von Zulieferer-firmen, Preisen, Konditionen, Lieferplänen. Sogar Pläne für neue Automodelle und eine Fabrik seien darunter. GM bezichtigte López der Industriespionage und strebte ein Gerichtsverfahren gegen ihn an. VW konterte, all dies sei eine Rufmordkampagne gegen López, dessen Abgang Detroit nicht habe verwinden können.

Was als Kampf zwischen zwei Autoherstellern begann, griff rasch auf die deutsch-amerikanischen Beziehungen über. Alte, bewährte Vorurteile wurden wieder ausgepackt. Den Deutschen wurde psychotische Bunkermentalität attestiert, während umgekehrt die Amerikaner des Industrieimperialismus geziehen wurden. Der Konflikt eskalierte, als US-Behörden 1994 die Bundesregierung um Rechtshilfe bei ihren Ermittlungen gegen López ersuchten. Schnell war von einem »Krieg« die Rede.

Mit dem Volkswagen-Konzern bin ich seit den Fünfzigerjahren verbunden, zunächst als Versicherer der Käferexporte nach Nordamerika. 1976, als Finanzminister in Niedersachsen, wurde ich automatisch in den Aufsichtsrat berufen. Dort habe ich bis 1997 gewirkt. Die Vorwürfe aus Detroit waren ungeheuerlich. Mein Kollege, Aufsichtsratsvorsitzender Klaus Liesen, bat mich, in den USA Erkundigungen einzuziehen, was denn an diesen Vorwürfen dran sein könnte. Dies war der Beginn einer dreijährigen Vermittlungstätigkeit als »Industriediplomat«.

Meine Kontakte in Amerika ließen erkennen, dass man dort fest an einen Spionageakt seitens López' glaubte. So einfach war die Sache also nicht aus der Welt zu schaffen. Ich traf mich mit Lou Hughes und fand in ihm einen Eiferer und Hardliner der uramerikanischsten Sorte. Er forderte, López müsse zurücktreten und Piëch gleich dazu, dann könne man weiterreden. Schadensersatz wäre aber auf alle Fälle zu leisten. Inzwischen wurden atemberaubende Zahlen kolportiert: GM wolle VW auf Schadensersatz in Milliardenhöhe verklagen. Hughes war ein richtiger Kreuzritter. Er betonte, dass es in seinen Augen hier nicht ums Geschäft ginge, vielmehr stünden ethische Werte auf dem Spiel.

Dies würde eine Klage nach sich ziehen, so viel war klar. VW wiederum würde eine Gegenklage wegen Verleumdung und Rufschädigung anstreben. Die ganze Angelegenheit würde ins Unendliche eskalieren. Wir mussten handeln, bevor noch mehr Porzellan zerschlagen wurde. Ich entsann mich meines alten Freundes Tom Wyman. Wir hatten jahrelang gemeinsam im Board von ICI (Imperial Chemical Industries) in London gesessen, und Tom war mittlerweile im Board von GM gelandet. Ich arrangierte ein Treffen. Hinter geschlossenen Türen würden wir vielleicht etwas erreichen können. Tom war zuversichtlich, er glaubte, dass ein sofortiges Ende der gerichtlichen Auseinandersetzungen möglich sei. Ein Entschuldigungsbrief von VW würde die Sache aus der Welt schaffen. Von Milliardenklagen könne keine Rede sein. Klaus Liesen, den ich gleich verständigte, war ebenso erleichtert wie ich.

Bei unserem nächsten Treffen hatte Wyman das Verhandlungsmandat von GM in der Tasche. In dieser Funktion forderte er den Kopf von López. Das war für VW inakzeptabel. Wenig später kamen Wyman und ich wieder in New York zusammen. Hier eröffnete mir Tom, der gerade von einem GM Board Meeting kam, dass die Staatsanwaltschaft Darmstadt nun Anklage gegen vier VW-Leute, darunter Piëch und López, erheben würde. Das hatte uns noch gefehlt! Zu allem Überfluss standen wir in Hannover kurz vor unserer jährlichen Hauptversammlung. Glücklicherweise stellte sich die Meldung am nächsten Tag als falsch heraus.

Tom Wyman und ich verhandelten hin und her. Schließlich sah es aus, als würde es uns gelingen, GM und VW ohne Vorbedingungen an einen Tisch zu bringen. Wir kamen überein, dass die beiden Konzernchefs Smith und Piëch dabei nicht anwesend sein sollten. Am 16. September 1996 war es so weit. Die »Friedensverhandlungen« konnten beginnen, doch sie verliefen stürmisch. Wyman und ich mussten immer wieder als Vermittler eingreifen. Später stieß auch Niedersachsens Ministerpräsident Gerhard Schröder dazu. Tom Wyman hatte mich gebeten, dafür zu sorgen, dass Schröder an dem Gespräch in London teilnehmen würde. Als ich fragte: »Wieso Schröder?«, meinte Tom trocken: »Dem gehört der VW-Laden doch, oder?«

Wegen einer für seine Partei ungünstig verlaufenen Kommunalwahl hatte Gerhard Schröder zunächst noch in Hannover die Wogen glätten müssen, doch dann eilte er nach London. Wir kamen tatsächlich zu einer Übereinkunft: Alle VW und GM betreffenden Verfahren sollten schnellstmöglich eingestellt und beendet werden, López solle VW verlassen, eine finanzielle Kompensation werde zwar seitens GM gefordert, könne aber vielleicht über den Ankauf von GM-Autoteilen durch VW geleistet werden.

Diese Übereinkünfte gerieten in den nächsten Monaten immer wieder ins Schwanken – unter anderem weil López unfähig war, seinen Mund zu halten. Auf der Pariser Autoausstellung war er zufällig einem Vertreter von GM über den Weg gelaufen. López erzählte diesem, er werde bei VW ausscheiden und freue sich darauf, als unabhängiger Berater auch wieder mit GM zusammenzuarbeiten. Kurz zuvor hatte das Detroiter Gericht einem Klageantrag gegen López stattgegeben.

Ende November musste López von seinem Vorstandsposten zurücktreten. Tom Wyman und ich verhandelten auf Hochtouren. Endlich hatten wir den Weg für eine Einigung zwischen Jack Smith und Klaus Liesen freigemacht. Am 9. Januar 1997 erhielt ich einen Anruf Liesens. Man habe die Sache unter Dach und Fach gebracht. VW hatte sich verpflichtet, 100 Millionen Dollar an GM zu zahlen. Zudem sollten die Wolfsburger langfristig von GM Autoteile über rund eine Milliarde Dollar beziehen. Dafür würde GM auf den Schadensersatzprozess, dem im November 1996 in Amerika stattgegeben worden war, verzichten. Darüber hinaus verlangte GM von VW einen Brief des Bedauerns, aber keine offizielle Entschuldigung.

Es war uns als zwei Einzelpersonen zwar nicht gelungen, den Zusammenprall zweier mächtiger Global Player abzuwenden, wohl aber diesen abzufedern und schlimmste Konsequenzen zu verhindern.

Nachspiel in Detroit

Meine Vermittlertätigkeit hatte eines Abends in Detroit noch ein kleines »Nachspiel«. Gerhard Schröder, Ministerpräsident von Niedersachsen, befand sich im Mai 1997 auf einer Rundreise durch die USA. Ich schlug ein Treffen mit Jack Smith vor. Schröder willigte gerne ein, und so marschierten wir beide zum abgemachten Zeitpunkt in den verabredeten Raum im Ritz Carlton. Wir warteten ein bisschen, unterhielten uns und begutachteten die Bilder an den Wänden des Konferenzraumes. Schließlich öffnete sich die Tür – und mir stockte für einen kurzen Augenblick der Atem: Jack Smith erschien in Begleitung von Lou Hughes! Diesen Hardliner hatte ich aus unseren Verhandlungen nur allzu gut in Erinnerung. Irgendwie musste ich das Eis brechen. Ein Kellner erschien und fragte uns nach unseren Getränkewünschen. Gerhard Schröder und ich bestellten, wonach uns nun wirklich der Sinn stand: ein Glas Wein, trocken, kalt, ein kalifornischer Chardonnay. Natürlich dachte ich, Smith und Hughes würden es uns gleich tun, doch weit gefehlt. »Water please«, lautete ihre Order. Der Eisblock schien zum Berg zu werden. Irgendwie gelang es mir, ein Gespräch in Gang zu bringen, die frostige Atmosphäre schien sich ein wenig zu erwärmen.

Die Gläser waren geleert, und der Kellner tauchte wieder auf. Schröder und ich bestellten gleich ein zweites Glas Chardonnay. Ich lächelte Jack Smith und Lou Hughes freundlich an: »Well, Chardonnay then«, orderte Smith, und Hughes musste sich wohl oder übel der Bestellung anschließen.

Nun war das Eis endgültig gebrochen. Wir verbrachten einen vergnügten und sehr interessanten Abend mit den »Gegnern von gestern«. Gerhard Schröder verschaffte sich übrigens zu späterer Stunde Achtung bei unseren amerikanischen Gesprächspartnern. Als es an seine Rede ging, sagte er: »My German friends tell me that my English is a bit better than that of Helmut Kohl. Unfortunately, it is not good enough for a speech. So I shall have to speak in German.« Damit war das Bild vom humorlosen Deutschen, der nicht über sich selbst lachen kann, zumindest in Detroit demontiert.

Die Atlantik-Brücke

ERIC M. WARBURG

Der geistige Vater der Atlantik-Brücke ist Eric M. Warburg, ein Kosmopolit durch Beruf und Lebensumstände, vor allem aber durch seine Einstellung. 1900 in Hamburg als Sohn einer renommierten Bankiersfamilie geboren, volontierte er bei New Yorker Banken. Nach der Machtergreifung der Nationalsozialisten war Eric Warburg als Jude gezwungen, Deutschland zu verlassen. Er fand eine neue Heimat in den Vereinigten Staaten. Hier pflegte er auch bald eine enge Freundschaft zu John J. McCloy. Als Berater von Präsident Roosevelt war McCloy – stark beeinflusst von Warburg – zu einem der schärfsten Kritiker des Morgenthau-Plans geworden, der Nachkriegsdeutschland auf einen Agrarstaat reduzieren sollte. 1949 berief Präsident Truman McCloy als Militärgouverneur nach Deutschland, ein Jahr später wurde er zum Hohen Kommissar ernannt. In dieser Funktion brachte er die Demokratie und Wirtschaft der jungen Bundesrepublik entscheidend voran.
Eric Warburg kehrte für immer nach Deutschland zurück. Die Katastrophe des Nationalsozialismus und des Völkermords, aber auch der Aufbau der neuen deutschen Demokratie überzeugten ihn davon, dass es in Deutschland einer Organisation bedurfte, die jenseits von offizieller Politik und Diplomatie und der Wirtschaftsverbände die für Deutschland so vitalen Verbindungen zu den Vereinigten Staaten pflegen und vertiefen sollte. Zusammen mit Gleichgesinnten, darunter die Herausgeberin der »Zeit«, Marion Gräfin Dönhoff, die Politiker Erik Blumenfeld und Erich Fried-

länder, gründete Eric Warburg 1952 in Hamburg das »Komitee Transozean Brücke«. Bald erhielt es seinen heutigen Namen: »Atlantik-Brücke«. In den USA hatte sich Eric Warburg auch an der Gründung des American Council on Germany im gleichen Jahr beteiligt.

Weniger als ein Dutzend Mitglieder machte sich mit großem Elan daran, die Brücke über den Atlantik zu konstruieren. Zunächst ging es darum, amerikanische Entscheidungsträger in Politik, Wirtschaft und Publizistik mit aktuellem Wissen über die Entwicklungen in Deutschland zu versorgen. Persönliche Kontakte der Mitglieder der Atlantik-Brücke trugen hierzu ebenso bei wie von ihnen verfasste Briefe und Beiträge in der US-Presse.

Beate Lindemann

Beate Lindemann trägt ein erhebliches Maß an Verantwortung dafür, dass ich mich entschied, den Vorsitz der Atlantik-Brücke zu übernehmen. Seit inzwischen über zwei Jahrzehnten wirkt Beate Lindemann als Programmdirektorin und Geschäftsführende Stellvertretende Vorsitzende für die Atlantik-Brücke. Durch ihre ausgezeichnete Ausbildung in Deutschland und den USA, u.a. an der Princeton University, und ihre umfassende Sach- und Personenkenntnis in den Vereinigten Staaten ist sie für das Funktionieren der Atlantik-Brücke völlig unersetzlich. Ihre menschliche Wärme, ihre Intelligenz, ihr vitaler Einfallsreichtum und nimmermüdes Engagement sind legendär. Jedes Mitglied der Atlantik-Brücke, jeder Mitarbeiter, jeder Student oder jeder andere, der bei Beate Lindemann um einen Rat nachfragt oder von dem sie erfährt, dass er Hilfe nötig hat, kann sicher sein, dass sie ihm mit feinfühligem Rat, konkreter Tat und ansteckender Zuversicht zur Seite steht.

Anfang der Achtzigerjahre beschloss Karl Klasen, Nachfolger von Hermann Josef Abs als Sprecher des Vorstandes der Deutschen

Bank, Präsident der Bundesbank und Atlantik-Brücke-Vorsitzender seit 1978, dass der transatlantische Steg eine Verjüngungskur nötig habe. Er beschied Beate Lindemann, die damals gerade ihre Arbeit bei der Atlantik-Brücke aufgenommen hatte: »Unser Verein droht zu einem Altherrenklub zu werden. Wir brauchen einen neuen Vorsitzenden und einen neuen Vorstand. Frau Lindemann, die Zukunft gehört Ihnen, Sie entscheiden, wer das zu sein hat.«

Beate rief daraufhin Horst Teltschik an, mit dem sie zusammen am Otto-Suhr-Institut gearbeitet hatte und der mittlerweile außen- und sicherheitspolitischer Berater von Bundeskanzler Kohl geworden war. Er versprach, sich Gedanken zu machen. Kurz darauf meldete sich Teltschik zurück und teilte ihr die Früchte seiner Überlegungen mit: Walther Leisler Kiep – auch eine Empfehlung des Bundeskanzlers.

Als Beate mir ihr Anliegen vortrug, war ich spontan begeistert. Transatlantische Beziehungen sind etwas, worin ich mich sehr gut auskenne. Brückenbauer bin ich aus Leidenschaft. Meine vielen Verbindungen in die USA würden die Arbeit der Atlantik-Brücke maßgeblich befördern können. Meine politische Karriere stagnierte zu dieser Zeit, denn ich wollte kein politisches Amt übernehmen, solange nicht alle gegen mich erhobenen Vorwürfe im Zusammenhang mit meiner Tätigkeit als Schatzmeister der CDU rückhaltlos aus der Welt geschafft waren. Ich war nun bald sechzig Jahre alt und empfand mich somit als sicher und erfahren genug, die wichtige Mission der Atlantik-Brücke voranzutreiben.

Ein wichtiges Zeichen

Natürlich war mir auch eine Anzeigenaktion der Atlantik-Brücke noch gut im Gedächtnis, die 1982 anlässlich des Besuches von US-Präsident Ronald Reagan in der Bundesrepublik erschienen war.

Die Atmosphäre dieser Visite war außerordentlich aufgeheizt. Eine riesige Friedensdemonstration fand statt, in Berlin kam es zu Krawallen. Auf Transparenten wurde der US-Präsident in übler Art und Weise beleidigt und verunglimpft. Vizepräsident George Bush wurde in Krefeld mit Steinen beworfen – ein beschämendes Bild bei einem Staatsbesuch.

Die Atlantik-Brücke startete eine bundesweite Aktion mit der zweisprachigen Anzeige: »Freundschaft mit dem amerikanischen Volk«. Darin hieß es: »Die Bundesrepublik Deutschland und Berlin sind frei, weil Amerikaner seit über drei Jahrzehnten mit ihrem Leben für unsere Sicherheit bürgen. In einem Bündnis freier Staaten sind Meinungsverschiedenheiten normal und natürlich. Sie sind Ausdruck der schöpferischen Vielfalt und der Vitalität, die die Stärke der westlichen Demokratie ausmachen … Unsere Kritik darf sich aber nicht in Krawall und Gewalt äußern. Vorurteile und Anfeindungen ersetzen keine Argumente … Mit der überwältigenden Mehrheit der Deutschen … glauben wir: Die Gemeinsamkeit unserer Werte, die enge Verflechtung unserer Gesellschaften und die vertrauensvolle Zusammenarbeit im westlichen Bündnis verbürgen Frieden und Freiheit in Europa.«

Diese Worte waren bitter nötig, um die hässlichen Untertöne, die sich schon seit einiger Zeit in das deutsch-amerikanische Verhältnis eingeschlichen hatten, zu konterkarieren. Mir hatte diese offene und gerade Art sehr imponiert, mit der die Atlantik-Brücke die Probleme ansprach.

Doch bevor ich mich endgültig entschied, wollte ich gern die Atlantik-Brücke ein wenig genauer kennen lernen. So besuchte ich auf Anraten von Beate Lindemann eine Mitgliederversammlung in Bonn. Über das, was ich dort erlebte, war ich gelinde gesagt erstaunt. Anstatt sich mit deutsch-amerikanischen Beziehungen zu befassen und vorhandene Probleme zu diskutieren, beschäftigte man sich mit Satzungsstreitigkeiten, wobei einige Juristen sich ganz besonders hervortaten. Beate bemerkte natürlich sofort meine Verwunderung. »Alles halb so schlimm«, wiegelte sie die offenkundigen Spannungen ab.

Ihre Beschwichtigungsversuche hatten Erfolg. Am 2. Juli 1984 wurde ich im Bonner Rheinhotel Dreesen ohne Gegenstimmen und ohne Enthaltungen zum Vorsitzenden der Atlantik-Brücke gewählt. Ich sollte dieses Amt 16 Jahre behalten.

Neue Wege

Nach ersten Arbeitssitzungen und intensivem Gedankenaustausch mit Beate Lindemann und ihrer Minicrew in der Bonner Adenauerallee war mir klar: An guten Ideen, wie wir die Arbeit der Atlantik-Brücke befördern, erweitern und vertiefen konnten, mangelte es uns nicht. Ebenso deutlich war, dass wir für die Umsetzung unserer Ideen der tatkräftigen Hilfe unserer Mitglieder bedurften. Hier waren so viel geballtes Know-how, so viel Erfahrung, Wissen, Einfluss vorhanden – diese Schätze durften wir nicht brachliegen lassen.

Als ersten Schritt mussten wir all diese Ressourcen, sprich unsere Mitglieder mobilisieren. Besser als in endlosen Sitzungen und abstrakten Konzepten konnte dies durch unmittelbare Ansprache, persönliche Begegnungen, die Fähigkeit, andere für unsere Arbeit zu begeistern, und ansteckende Tatkraft geschehen.

Bei Antritt meines Amtes als Vorsitzender der Atlantik-Brücke lag das Ende des Vietnamkrieges zehn Jahre zurück. Das Trauma, das dieser Krieg auch in der amerikanischen Gesellschaft hinterließ, kann gar nicht ernst genug eingeschätzt werden. Die Bilder der letzten Soldaten und Zivilisten, die mit Hubschraubern aus Saigon ausgeflogen wurden, waren eine tiefe Demütigung für die Supermacht. Im Innern war die Nation gespalten. Präsident Reagan verstand es, den Amerikanern neues Selbstbewusstsein einzuflößen, doch während seine harte Linie im Inland gut ankam, löste sein strikter, selbstbewusster Anti-Kommunismus im Ausland Befremden aus – gerade und besonders in Deutschland.

In der ersten Hälfte der Achtzigerjahre wurde das politische Geschehen hierzulande deutlich geprägt von dem von Helmut Schmidt maßgeblich initiierten NATO-Doppelbeschluss, fälschlicherweise als Nachrüstungsbeschluss tituliert. Die Sowjetunion wurde vor die Wahl gestellt, entweder ihre neuen SS20-Raketen zu demontieren oder sich mit einer umfangreichen Nachrüstung der NATO mit Stationierung der Waffen in Westeuropa konfrontiert zu sehen. Auf dem Weg zu diesem Ziel kam Helmut Schmidt seine SPD abhanden. Der neue Kanzler Helmut Kohl setzte den Doppelbeschluss mit unerschöpflicher Energie durch. Im Lande herrschten bürgerkriegsähnliche Zustände.

Hier musste die Atlantik-Brücke eingreifen. Es galt Missverständnisse auszuräumen, um Vertrauen und gegenseitiges Verständnis zu werben. Wie sehr wir das transatlantische Bündnis damals brauchten, erscheint uns im Rückblick vielleicht klarer als zur damaligen Zeit. Die Bundesrepublik profitierte in ganz erheblichem Maß von den durch den Doppelbeschluss erzwungenen Abrüstungsverhandlungen. Schließlich waren wir das Land, das im Ernstfall mit der Zerstörung seines Territoriums zu rechnen hatte. Und 1988/89 war es schließlich noch keineswegs ausgemacht, dass Gorbatschow und seine Perestroika sich durchsetzen würden.

Wandel

Naturgemäß brachte die deutsche Vereinigung einen Wandel in den transatlantischen Beziehungen. Deutschland war gut beraten, auch in dem neuen Abschnitt seiner Geschichte anzuerkennen, dass die Partnerschaft mit den USA eine der Grundfesten unserer Existenz ist. Ohne diese Partnerschaft, ohne die über 40 Jahre währende – auch militärische – Präsenz der Vereinigten Staaten wären das Ende des Kalten Krieges und die Vereinigung Deutschlands nicht möglich gewesen. Präsident Bush sen. war zudem ein Motor der 2-plus-4-Verhandlungen, welche die Voraussetzungen für die Souveränität des vereinten Deutschlands schufen.

Doch der Jubel und die Dankbarkeit gegenüber Washington fanden ein rasches Ende, als die Besetzung Kuwaits durch den Irak im Sommer 1990 den Ersten Golfkrieg in den frühen Tagen des Jahres 1991 unvermeidbar machten. Während die Partner Kanada, Großbritannien und Frankreich Seite an Seite mit den Vereinigten Staaten standen, zeichnete sich die deutsche Öffentlichkeit durch vollständige Sprachlosigkeit aus. Die Linke ließ ihren antiamerikanischen und antiimperialistischen Gefühlen freien Lauf.

Die Atlantik-Brücke musste ein deutliches Zeichen setzen, dass es auch andere Stimmen in Deutschland gab, Stimmen nämlich, die es zu würdigen wussten, dass die USA nach einer Aggression dem Völkerrecht wieder zu Geltung verhalfen. Mit einer Anzeige am 29. Januar 1991 in nahezu allen maßgeblichen Zeitungen Deutschlands, aber auch mit Interviews im deutschen sowie im US-Fernsehen appellierten wir an die Solidarität unserer Landsleute. Die Atlantik-Brücke beließ es nicht bei leeren Worten. Wir wollten tatkräftige Unterstützung mobilisieren. So riefen wir alle Bürgerinnen und Bürger auf, den in Deutschland lebenden Familien der im Golf stationierten Soldaten mit Rat und Tat zur Seite zu stehen. Über die Atlantik-Brücke in Bonn wurden rasch die nötigen Verbindungen hergestellt. Auch baten wir um Spenden für diese Familien, besonders für deren Kinder. Als wohl prominentesten Unterstützer im In- und Ausland gewannen wir Willy Brandt. Die Resonanz war überwältigend: Über 400 000 Mark kamen in Kürze zusammen. Dieser Solidaritätsbeweis wurde von den Vereinigten Staaten und deren Bündnispartnern sehr wohl dankbar vermerkt.

Vom Erfolg der Anzeigenaktion beflügelt, weiteten wir sie noch aus: Beate Lindemann und ihr kleines Team schwärmten aus, und schon bald prangte unser Aufruf in zahllosen Bonner Schaufensterauslagen. Die Spenden reichten aus, um in Zusammenarbeit mit der Army Emergency Relief Agency mehreren amerikanischen Kindern, die ein Elternteil in den Kampfhandlungen verloren hatten und damals in Deutschland lebten, in späteren Jahren – und zwar bis heute – eine Ausbildung oder ein Studium zu finanzieren.

Der »Aufruf zur Solidarität« hatte noch ein Nachspiel. Bei einem meiner nächsten Besuche in Washington traf ich mit General Norman Schwarzkopf zusammen, dem Oberbefehlshaber und Leiter der Operation »Desert Storm«. Wir kamen auf den Aufruf der Atlantik-Brücke zu sprechen, und ich fragte Schwarzkopf, was denn das amerikanische Oberkommando getan hätte, wenn die Bundesrepublik ihm eine Panzerdivision der Bundeswehr zur Verfügung gestellt hätte. Schwarzkopf antwortete mit verschmitztem Lächeln: »We would have found a safe place for them!«

Neue Ufer

Im Jahr nach der Wende kam Beate Lindemann eine zündende Idee. Wir gründeten eine Stiftung, um jungen Menschen aus Ostdeutschland so schnell und so umfangreich wie möglich mit Stipendien für ein Jahr in die USA zu schicken. In den neuen Bundesländern bestand besonderer Nachholbedarf, was das Kennen- und Verstehenlernen unseres transatlantischen Partners anbelangte, hatte man doch dort kaum Erfahrung damit, was es heißt, als Bürger mit allen Rechten und Pflichten in einem demokratischen Staat zu leben. Und umgekehrt war es gerade auch für weniger gut gestellte amerikanische High-School-Studenten überaus wichtig, ihnen eine Reise zu ermöglichen, die sie sonst nicht hätten antreten können.

Würden wir aber die notwendigen Mittel für unsere »Youth for Understanding«-Stiftung mobilisieren können? Wir entschieden uns für einen sehr amerikanischen Weg: Ein Galadinner, ein schönes

Abendprogramm, ein guter Zweck sollten die geladenen Gäste dazu bewegen, ihre Portemonnaies zu öffnen. Eines wussten wir sofort: Ein festlicher Weihnachtsabend in New York war der ideale Rahmen. Unser »Enchanted Holiday Evening« war geboren. Wir tüftelten an der Gästeliste und hatten plötzlich eine Eingebung. Wir würden einen Mann, der ursprünglich aus dem Osten Deutschlands stammte und es in den Vereinigten Staaten zu beträchtlichem Wohlstand gebracht hatte, an unseren Tisch bitten.

John W. Kluge wurde 1914 in Chemnitz geboren. Als kleiner Junge wanderte er mit seiner Mutter nach Amerika aus. Dort war er später als Geschäftsmann außerordentlich erfolgreich und galt sogar lange Zeit als reichster Mann der Welt. Beate Lindemann gelang es, über den ihr bekannten damaligen Gouverneur von Virginia, Douglas Wilder, an Kluges Privatadresse auf der Marven Farm in der Nähe von Charlottesville heranzukommen. Wir waren hocherfreut, als John Kluge zusagte, an unserem Fundraising Dinner teilzunehmen. Seine damalige Lebenspartnerin und spätere Frau, Maria Tussi aus München, hatte glücklicherweise unseren Brief gelesen und war von dem Spendenvorhaben sofort angetan. Es gelang uns auch, John Kluge davon zu überzeugen, denn am Ende des Abends sagte er uns eine Spende von einer Million Dollar zu – zweckgebunden für Schüler aus seiner Heimat Sachsen. Wir waren überglücklich, und mit uns sind es mittlerweile mehr als 400 junge Sachsen, »John W. Kluge Fellows«, denen es die Großzügigkeit des einstigen Chemnitzers ermöglicht hat, ein Jahr in den USA zu leben und zu lernen. Manchmal werden Märchen eben doch wahr! Zu seinem 90. Geburtstag konnten Beate Lindemann und ich John Kluge ein Dankeschön überreichen. Unter dem Titel »John W. Kluge. The Man who Touched Lives« hatten wir ein Buch zusammengestellt. Darin beschreiben die jungen Stipendiaten in sehr persönlicher Weise das Erlebnis ihres Auslandsjahres. Mit »open hearts and open minds« erinnern sie sich an die Gedanken, die ihnen durch den Kopf gingen, als sie erfuhren, dass sie für das USA-

Stipendium ausgewählt worden waren. Von Euphorie und Reisefieber, Neugierde und Bedenken ist da die Rede und dann ganz rasch von den ersten, überwältigenden Eindrücken in der Neuen Welt. Was mich in dieser Anthologie besonders berührt, ist die herzliche Weise, in der die jungen Menschen ihre Gastfamilien schildern. Hier sind Verbindungen entstanden, die ein Leben lang halten. Auch ehren die jungen Leute in bewegender Art ihren Wohltäter. John Kluge hat geholfen, ihrem Leben eine neue, weltoffene Richtung zu geben.

Am Abend des 13. Dezember 2004 feierten wir im weihnachtlich geschmückten Metropolitan Club an Manhattans East Side unseren 13. »Enchanted Holiday Evening«. Chairmen der Gala waren Günter Blobel, Träger des Nobelpreises für Medizin, und Wolfgang Ischinger, der deutsche Botschafter in Washington. Grußworte des amerikanischen Präsidenten und des Bundeskanzlers waren verlesen worden. Wir hatten köstlich gespeist, und der Harlem Boys Choir hatte die Gäste in »Stille Nacht, heilige Nacht – Silent night, holy night« einstimmen lassen. Die festliche Stimmung war perfekt.

Eine Benefizveranstaltung wie viele andere? Eben nicht! Den Unterschied machten zwei Reden: Es sprachen eine junge Frau aus Grapevine, Texas – seit 1995 finanzieren wir auch Deutschlandaufenthalte für amerikanische Minderheitenschüler – und ein junger Mann aus Jena, Thüringen. Sie hatten jeweils ein Jahr in Marbach und in Falls City, Nebraska, verbracht. Fröhlich, aufgeregt und nachdenklich zugleich berichteten sie von ihren Erfahrungen im Gastland. Dabei wurde deutlich, dass beide ihr Leben lang an dieses Jahr denken und davon profitieren würden. Beide hatten eine Chance erhalten und sie genutzt. Und genau darum geht es bei dem jährlichen New Yorker Weihnachtsabend: jungen Menschen, die aus weniger privilegierten Elternhäusern kommen, die Möglichkeit zu geben, über den Atlantik zu reisen und dort ein Jahr lang in einer Gastfamilie zu leben. Die jungen Menschen von heute sind die

Gestalter, die Brückenbauer von morgen. Und für sie, das ist der eigentliche, schöne Anlass für einen solch bewegenden Abend, sammeln die Atlantik-Brücke und die Stiftung Youth for Understanding Spenden.

Bei der täglichen Arbeit der Atlantik-Brücke geht es freilich keineswegs um Träume und Märchen, wie bei unseren Austauschschülern. »Bridges don't just appear – they need to be artfully designed, carefully built, and constantly maintained«, beschrieb der frühere US-Präsident George H. W. Bush anlässlich unseres 50-jährigen Jubiläums im Jahre 2002 die Arbeit unserer transatlantischen Brücke treffend.

Erste Annäherungen

Bis hierhin war es ein weiter Weg. In den Sechzigerjahren bestand nicht nur in Übersee, sondern auch zu Hause in Deutschland Informationsbedarf. Für die in Deutschland stationierten amerikanischen Truppen schrieb die Atlantik-Brücke bereits ein Jahr nach ihrer Gründung das Büchlein »Meet Germany«. 1963 folgte, sozusagen für Fortgeschrittene, »These Strange German Ways«. Von beiden Büchern sind jeweils circa 600 000 Exemplare erschienen. Die dadurch zu Kennern gewordenen GIs konnten ihr Wissen noch mit »German Holiday and Folk Customs« oder »A Short History of German Place Names« vertiefen.

Auch auf dem Zeitungsmarkt war die Atlantik-Brücke präsent: Seit 1957 erstellte sie mit »The Bridge« eine wöchentliche Beilage mit allen relevanten Informationen über das Leben in Deutschland, die den US-Zeitungen für ihre hier stationierten Truppen beigefügt war.

Menschen zusammenbringen, vermitteln, Netzwerke knüpfen, voneinander lernen, weitergeben – das sind die Aufgaben der Atlantik-Brücke. Seit 1959 finden alle zwei Jahre abwechselnd in

Deutschland und den Vereinigten Staaten die »German-American Biennial Conferences« statt. Die Atlantik-Brücke organisierte diese Veranstaltungen für 100 führende Persönlichkeiten aus Politik, Wirtschaft, Wissenschaft und Publizistik bis 2003 mit dem American Council on Germany. Die Konferenz 2003 nach dem Ende des Irakkriegs stand unter dem Eindruck der Turbulenzen, die dieser Waffengang auch in die europäisch-amerikanischen Beziehungen gebracht hatte. »Transatlantic Relations after Iraq: Fissions and Frictions of War« lautete denn auch das Motto. Und der Untertitel war Programm: »Repairing, Rebuilding, Rethinking«.
Nach jeder Biennial publiziert die Atlantik-Brücke einen umfassenden Tagungsband.
Mitte der Sechzigerjahre begann die Atlantik-Brücke, Seminare für Offiziere der US-Truppen durchzuführen. Oft vermittelten auch Mitglieder der Bundeswehr Experteninformation aus erster Hand. Schnell wurde aus diesen ersten Begegnungen ein reguläres Seminarprogramm in Zusammenarbeit mit dem Hamburger Internationalen Institut für Politik und Wirtschaft, Haus Rissen. Über die Jahre haben mehr als 10 000 US-Offiziere diese Veranstaltungen besucht, und wir sind stolz darauf, dass alle früheren US-Oberbefehlshaber der alliierten Streitkräfte in Europa Absolventen unserer Seminare sind.
Ebenfalls Mitte der Sechzigerjahre entwickelte die Atlantik-Brücke ein Seminarprogramm für in Deutschland stationierte Lehrer, die an den »Department of Defense Dependents Schools« den Nachwuchs der amerikanischen Soldaten unterrichteten. Mit Abzug der US-Truppen entfiel dieser sehr erfolgreiche Arbeitsbereich der Atlantik-Brücke.
Brücken bauen und erhalten heißt immer auch in die Zukunft blicken. Dazu hat die Atlantik-Brücke Anfang der Siebzigerjahre ihre »Young Leaders«-Programme ins Leben gerufen. Ganz abgesehen davon, dass die vielseitigen »Young Leaders«-Aktivitäten – Konferenzen, Gespräche, Alumni-Wochenenden – jungen Füh-

rungskräften eine gute Chance zum Ausbau ihrer Karriere bieten, senken die »Young Leaders« auch den Altersdurchschnitt der Atlantik-Brücke auf erfreuliche und notwendige Weise. Es ist uns »Atlantikern« immer eine große Freude zu sehen, wie unsere »Young Leaders« erfolgreich ihren beruflichen Weg beschreiten, sei es in der Politik, in den Medien, der Wirtschaft, der Medizin, der Justiz oder in den freien Berufen und als Firmengründer. Wir sind stolz darauf, dass wir zu ihrem Werdegang Impulse liefern konnten.

Der Arbeitskreis UAS bringt seit Mitte der Achtzigerjahre deutsche USA-Experten zusammen, die sich dreimal im Jahr über Entwicklungen in den USA sowie die transatlantischen Beziehungen austauschen.

Die »Study Trips« wiederum ermöglichen amerikanischen Journalisten, ihr Deutschlandbild und damit ihre Berichterstattung zu überprüfen – und die vielen, hoffentlich guten, gewonnenen Eindrücke in Zukunft in ihre Arbeit einfließen zu lassen.

Seit 1986 haben wir der »German-American« auch eine »German-Canadian Conference« hinzugefügt. In den vergangenen Jahren sind die Kontakte zu Kanada erheblich intensiviert worden.

Im Jahre 1989 riefen wir ein neues Programm für Lehrer ins Leben, die Sozialkunde an amerikanischen Schulen unterrichten. Es geht uns darum, dass die Schüler ein differenziertes Deutschlandbild vermittelt bekommen und zudem eines, das sich nicht auf die zwölf Jahre des Nazi-Regimes, die Unterdrückung und Grausamkeit und den Völkermord beschränkt. All dies müssen die jungen Amerikaner wissen, aber eben auch, dass Deutschland seither zu einer stabilen Demokratie in all ihrer Vielfalt und zu einem zuverlässigen Partner geworden ist. Am besten geeignet für die Übermittlung derartiger Informationen und Eindrücke erscheinen uns Lehrer, die die heranwachsende Generation unterrichten. Als ideale Multiplikatoren geben sie das Deutschlandbild weiter, das sie vor Ort gewonnen und vertieft haben. Der Erfolg unseres Lehrer-Programms hat sich mittlerweile auch in den Vereinigten Staaten her-

umgesprochen: Aus fast allen Bundesstaaten erreichen uns Anfragen von den Erziehungsministern, die ihre Sozialkundelehrer an künftigen Programmen teilnehmen lassen möchten.
Vortragsreihen und Publikationen gehören ebenso zum Programm der Atlantik-Brücke wie Ehrungen und Preisverleihungen. Seit 1987 findet jeden Herbst in Frankfurt am Main die Arthur F. Burns Memorial Lecture statt. Sie ist dem früheren Botschafter der Vereinigten Staaten in Bonn gewidmet. Burns vertrat von 1981 bis 1985 die USA in der Bundesrepublik. Mit der jährlichen Karl-Heinz-Beckurts-Gedächtnisrede, die immer im März im Rahmen der Hannover-Messe stattfindet, gedenken wir unseres langjährigen Vorstandsmitglieds, des Physikers und Wissenschaftsmanagers, der 1986 in Straßlach einem Bombenattentat zum Opfer fiel.

Herausforderungen

Frieden und Freiheit sind nicht so selbstverständlich, wie wir Europäer mittlerweile zu glauben scheinen. Dies führte uns auf bittere Art und Weise in den Neunzigerjahren der Krieg im ehemaligen Jugoslawien vor Augen. Auch wurde hier die Unfähigkeit der Europäer offenkundig, durch ein gemeinsames geschlossenes Auftreten die Lösung eines Konfliktes herbeizuführen. Die Bemühungen der USA im Rahmen der UNO und der NATO scheiterten am Unvermögen der Europäer, sich auf eine Linie zu einigen und diese dann zu vertreten. Welche Lehren sollten wir daraus ziehen? Zunächst, dass das Nordatlantische Bündnis und hierin besonders der Partner USA erhalten und gestärkt werden muss, hat sich doch zunehmend herausgestellt, dass auch Länder des ehemaligen Ostblocks in der NATO eine aussichtsreiche Möglichkeit für Sicherheit und Integration sehen.
In den deutsch-amerikanischen Workshops der Atlantik-Brücke wie auch während unserer Biennial Conference in Baltimore 1995

machten wir genau diese aktuellen Fragestellungen zum Thema: Welche Rolle sollte Deutschland bei internationalen Bemühungen um den Frieden spielen, und welche Aufgaben erwuchsen der Bundesrepublik im Rahmen des Nordatlantischen Bündnisses und der Vereinten Nationen? Als besonders positiv wurde in Amerika aufgenommen, dass deutsche Einsatzkräfte willens waren, bei der Überwachung der Flugverbotszone über Bosnien aktiv mitzuhelfen. Wenige Jahre später würde im Rahmen der KFOR-Truppen die Bundeswehr im ehemaligen Jugoslawien die Einhaltung des Friedensabkommens von Dayton überwachen.

Das Jahr 1996 brachte die Wiederwahl von US-Präsident Bill Clinton. Nun war es die vordringlichste Aufgabe für uns, die neue Generation von Senatoren und Kongressabgeordneten in Washington für Deutschland und Europa zu interessieren. Bei unseren vielen Gesprächen, Workshops und Tagungen kristallisierten sich die Erwartungen der Amerikaner an uns Deutsche heraus. Zunächst galten wir als der wichtigste Partner Amerikas in Europa, dann zählte man auf Deutschland als Motor der europäischen Einigung, und last but not least kam Deutschland eine Brückenfunktion zu, erstens als Bindeglied zu Osteuropa, wo NATO-Erweiterung und Beitritt zur EU aktuelle Themen waren, und zweitens als Brücke zu Russland.

Diskussionsabendessen, Podiumsdebatten und verschiedene andere Aktivitäten runden das Programm der Atlantik-Brücke ab. Man sollte meinen, ein umfangreicher Stab sei damit beschäftigt, diese Fülle von Engagements und Veranstaltungen zu koordinieren, organisieren, umzusetzen. Dem ist aber keineswegs so: In den Berliner »Headquarters« im historischen Magnus-Haus vis-à-vis des Pergamonmuseums arbeiten, aber dies fast rund um die Uhr, die Geschäftsführende Stellvertretende Vorsitzende Beate Lindemann, ihre langjährige Sekretärin Jutta Heimberger, ein Assistent und ein Buchhalter sowie zwei Praktikanten. Sie werden tatkräftig unterstützt von engagierten Mitgliedern, Freunden und »Young Leaders« der Atlantik-Brücke.

Gute Investitionen

Eine ungeheuer wichtige Rolle in den transatlantischen Beziehungen spielt natürlich die Wirtschaft. Es wird oft übersehen, dass Investitionen ein enorm kräftiger Wirtschaftsmotor sind. Eine große Zahl deutscher Unternehmen investiert in Standorte in Nordamerika, in den Vereinigten Staaten wie in Kanada. Diese Direktinvestitionen schaffen Arbeitsplätze und sorgen damit für Stabilität und Kontinuität in den transatlantischen Wirtschaftsbeziehungen. Seit 1997 leite ich die jährlichen Reisen der »Investitions-Brücke«, zu denen die Atlantik-Brücke Bundestagsabgeordnete aller Fraktionen sowie Vertreter des Bundeswirtschaftsministeriums einlädt. In den einzelnen amerikanischen Bundesstaaten treffen wir mit US-Senatoren und Mitgliedern des US-Repräsentantenhauses zu Gesprächen zusammen, die Politiker besuchen gemeinsam die deutschen Unternehmen und ihre amerikanischen Tochterfirmen und beteiligen sich dort an Diskussionen mit der jeweiligen Geschäftsleitung und Vertretern der amerikanischen Wirtschaft. Ein weiterer Beitrag zum deutsch-amerikanischen Netzwerk, in dem Parlamentarier und Wirtschaftsvertreter beider Staaten vertreten sind, wird auf diese Weise geleistet.

Freiberger Gespräche

Naturgemäß hat sich in den Jahren seit der Wende das Programm der Atlantik-Brücke stark erweitert. Wir müssen dafür sorgen, dass auch die neuen Bundesländer zu einer festen Größe im nordamerikanischen Bewusstsein werden. Kurz nach dem Mauerfall erhielten wir ein Schreiben der Bergakademie Freiberg. Freiberg galt lange als einer der renommiertesten Bergbau-Universitäten Deutschlands. Als traditionsreiche Einrichtung, 1765 gegründet, lockte Freiberg vor dem Zweiten Weltkrieg Ingenieurstudenten aus aller Welt nach Sachsen, vor allem aus Nordamerika. Die DDR knüpfte später intensive Beziehungen zu Hochschulen in Osteuropa.

Um Freiberg wieder auf der internationalen Bühne zu präsentieren, haben wir die mehrmals jährlich stattfindenden Freiberger Gespräche initiiert. In 2004 war u.a. der Botschafter der USA, Daniel R. Coats, unser Gast. Doch nicht nur transatlantische Beziehungen sollen dort wieder gepflegt werden. Im Mai 1996 gelang es mir, eine japanische Delegation nach Freiberg zu bringen. Vertreter großer Konzerne, Wissenschaftler und Journalisten trafen mit ihren deutschen Partnern zusammen. Mit dazugeladen hatte ich amerikanische Sicherheitsexperten und Wirtschaftsfachleute. Drei Tage lang debattierten wir über internationale Wirtschaftspolitik und Sicherheitsfragen.

Nach der Wende mussten auch die Publikationen der Atlantik-Brücke umgeschrieben oder ergänzt werden. Bereits 1991 brachten wir »Meet United Germany« heraus, das mittlerweile die stolze Auflage von 45 000 Exemplaren aufweisen kann. 1993 folgte »Off the Wall – a Wacky History of Germany since 1989« und 1994 »Speaking Out. Jewish Voices from United Germany«.

Patenkinder des 9/11 und »Bridge of Hope«

Die Atlantik-Brücke hilft auch spontan Menschen, die in Bedrängnis geraten sind. So unterstützen wir vier »Patenkinder«, deren Väter am 11. September 2001 in den Trümmern des World Trade Center den Tod fanden, und im Rahmen von »Children of 9/11« lädt die Atlantik-Brücke zusammen mit der Prinzessin-Kira-von-Preußen-Stiftung jährlich bis zu 16 Kinder, die von den Attentaten betroffen waren, zu Ferien auf die Burg Hohenzollern ein. Einen »real prince« in Gestalt von Georg Friedrich von Preußen zu treffen, ließ natürlich die Herzen besonders der jungen Damen aus

New York höher schlagen. Ein großes Benefizkonzert unmittelbar nach dem schrecklichen Ereignis am Ground Zero half, akute Not schnell zu lindern.
Ein weiteres Beispiel aus dem Sommer 2005 war die spontane Entscheidung der Atlantik-Brücke, angesichts der Hurrikan-Katastrophe von New Orleans eine umfassende Hilfsaktion mit dem Namen »Bridge of Hope – New Orleans/North Dakota« zu initiieren. Dieses schreckliche Naturereignis hatte uns bei unserer »Young Leaders«-Konferenz in North Dakota überrascht. Sowohl der Gouverneur von North Dakota, John Hoeven, als auch der deutsche Botschafter in Washington, Wolfgang Ischinger, haben uns dabei maßgeblich unterstützt: Familien aus dem Katastrophengebiet wurden nach North Dakota umgesiedelt, Menschen erhielten vor Ort finanzielle Hilfe, und ein Kindergarten wurde wieder aufgebaut. Unsere Hilfsaktion galt vor allem der schwarzen Bevölkerung, die besonders hart getroffen war.

Ehrungen

Regelmäßig ehrt die Atlantik-Brücke Persönlichkeiten, die sich in besonderer Weise um die deutsch-amerikanischen Beziehungen verdient gemacht haben. So verleihen wir jährlich den Vernon A. Walters Award, der des früheren US-Botschafters in Deutschland zwischen 1989 und 1991 gedenkt. Im Jahr 2005 hat Michael Otto, Vorstandsvorsitzender der Otto Handelsgruppe, diese Auszeichnung erhalten. Er reiht sich damit in die Reihe der Preisträger seit 1993 ein, darunter Jürgen E. Schrempp, Rolf-E. Breuer, Thomas Middelhoff, Henning Schulte-Noelle und Wolfgang Mayrhuber. Der Vernon A. Walters Award wird in New York vergeben. Mit dieser Galaveranstaltung verbinden wir das »Fundraising«, mit dessen Erlös wir den amerikanischen Sozialkundelehrern ihren Studienaufenthalt in Deutschland finanzieren.

Unserem Gründer Eric M. Warburg zu Ehren vergeben wir alle zwei Jahre einen Preis in seinem Namen. Der erste Preisträger war Eric M. Warburg selbst. Der Preis wurde ihm in seinem Haus in Hamburg in meiner Gegenwart vom damaligen Bundespräsidenten Richard von Weizsäcker überreicht, den mit Eric Warburg eine freundschaftliche Beziehung verband. Ihm folgten unter anderem Henry Kissinger, Veteranen der Berliner Luftbrücke und der frühere US-Präsident George H. W. Bush.

Die Eric-M.-Warburg-Preisverleihung anlässlich des 50. Jahrestags der Berliner Luftbrücke 1998 war ein ganz unvergessliches Ereignis. Veteranen nicht nur aus den USA und Großbritannien, sondern auch aus den anderen beteiligten Ländern wie Neuseeland, Australien, Kanada und Südafrika waren unsere Gäste im Konzerthaus am Gendarmenmarkt und bei dem anschließenden Konzert, als Tausende von Berlinern sie feierten.

Eine weitere Verleihung des Warburg-Preises ist mir auch besonders im Gedächtnis geblieben. In meinen Augen war es eine der bedeutendsten Leistungen Helmut Kohls, dass er mit enormem Mut, ungeheurer Willens- und Überzeugungskraft den NATO-Doppelbeschluss realisierte. Er hatte dieses Problem, das die Republik in zwei Lager spaltete, zum Thema der vorgezogenen Bundestagswahl 1983 gemacht und unter turbulenten Zuständen die Zustimmung der Bürger in der Bundesrepublik für diese Maßnahme erzielt. Damit hat Kohl Entscheidendes für das transatlantische Bündnis getan und, ohne dass dies damals bereits absehbar war, einen maßgeblichen Beitrag für die deutsche Vereinigung und das Ende des Kalten Krieges geleistet. Somit gebührte Helmut Kohl der Eric-M.-Warburg-Preis.

Atlantischer Alltag

Netzwerke knüpfen, sie pflegen und ausweiten, ist harte Arbeit und gehört zu unserem täglichen Geschäft. Auf zahlreichen Reisen entwickle ich Kontakte und pflege bereits vorhandene Beziehungen zu Führungskräften aus Politik, Wissenschaft, Medien und Kultur, damit wir gemeinsam mit neuen Ideen die alten Werte der transatlantischen Freundschaft stärken können.

Die Atlantik-Brücke finanziert sich aus Beiträgen unserer etwa 500 Mitglieder sowie aus Zuwendungen von Freunden und Stiftungen. Sie gibt zu jeder Mitgliederversammlung einen umfassenden Jahresbericht heraus. Unsere Veröffentlichungen sind jedem Interessierten zugänglich – Diskretion darf nicht mit Heimlichtuerei verwechselt werden. Vielleicht haben wir uns in unserer Arbeit bei der Atlantik-Brücke ein wenig auch eine Maxime Konrad Adenauers zu Eigen gemacht, der sagte, bei wichtigen Dingen könne man oft viel mehr bewegen, wenn man nicht ständig in der Öffentlichkeit darüber spräche.

A Message from Germany

Trotz der fröhlichen Stimmung, die beim Neujahrsempfang der mehr als 100 »Young Leaders« der Atlantik-Brücke am 24. Januar 2003 im Berliner Magnus-Haus herrschte, bereitete ein Thema allen Anwesenden sichtbar Sorgen: Mit dem Irakkrieg hatten die deutsch-amerikanischen Beziehungen einen absoluten Tiefpunkt in ihrer Geschichte seit Ende des Zweiten Weltkrieges erreicht. Die Ergebnisse jahrzehntelanger Arbeit, auch die der Atlantik-Brücke, an der Verständigung, der Kommunikation und des Miteinanders von Partnern, die die gleichen Werte teilen, drohten zunichte zu werden. Von dem lebensnotwendigen Engagement der USA in Deutschland während des Kriegs und nach 1945 hörte man so gut wie gar nichts

mehr. Vergessen schienen auch das Mitgefühl und die Solidarität Abertausender Deutscher mit den Opfern des 11. September.
Was konnten wir von der Atlantik-Brücke dieser Strömung entgegensetzen? Wie konnten wir den Amerikanern vermitteln, dass wir trotz aller Meinungsverschiedenheiten über den Irakkrieg unverbrüchlich an der deutsch-amerikanischen Freundschaft festhielten? Die »Young Leaders« und Beate Lindemann kamen auf die Idee, an prominenter Stelle eine Anzeige zu schalten. Gesagt – getan. Am 11. Februar 2003 starteten wir unsere groß angelegte Aktion. Nun brauchten wir jede helfende Hand. Ein Text musste geschrieben, deutliche Worte sollten gefunden werden, die jedoch das Gesetz der Unparteilichkeit der Atlantik-Brücke unangetastet ließen, ein Layout besorgt, ein Platz in der Zeitung gekauft werden. Am Sonntag, den 16. Februar 2003 sollte eine ganzseitige Anzeige in der »New York Times« erscheinen. Dazu galt es zunächst vor allem Unterschriften von Mitgliedern, Freunden und Förderern der Atlantik-Brücke zu sammeln. Deren Reaktion war überwältigend: Fast jeder, den wir ansprachen, wollte mittun, schlug noch weitere Namen vor, und wo der Chef gerade nicht erreichbar war, nahm die Sekretärin sein Engagement auf die eigene Kappe.
Im Organisieren und Durchführen von Konferenzen, Workshops oder auch Anzeigeaktionen sind Beate Lindemann und ihr Team wahrhaft sturmerprobt. Nun aber liefen Telefon und Fax im Magnus-Haus heiß. Jeder packte an und half, das Unterfangen aufs Beste zu befördern. Vorstandsmitglied der Atlantik-Brücke und Chefredakteur Kai Dieckmann legte das Layout in die professionellen Hände seiner »Bild«-Gestalter und sorgte für den wasserdichten Wortlaut des Textes. Unser bewährter Praktikant klebte am Telefon nach New York, um einen möglichst günstigen Preis für die ganzseitige Anzeige »A Message from Germany« auszuhandeln, während andere unermüdlich Unterschriften sammelten.
Am 12. Februar bekam die deutsche Presse Wind von unserem Vorhaben. Anfragen von »Tagesthemen« bis »BBC World Service«

gingen ein, eine Pressemeldung musste verfasst werden. Der Vorsitzende Arend Oetker, Beate Lindemann und ich schwärmten aus, um Interviewtermine wahrzunehmen.

Während wir unter dem Termindruck und der Papierflut fast zusammenbrachen, kam etwas Unerwartetes hinzu: Große deutsche Zeitungen wie »Die Welt«, »Welt am Sonntag«, »Frankfurter Allgemeine Zeitung«, »Frankfurter Allgemeine Sonntagszeitung« und die »Financial Times Deutschland« wollten Platz für die Anzeige in deutscher Übersetzung zur Verfügung stellen – kostenfrei! Nun musste auch noch eine Übersetzung her.

Am Sonntag, den 16. Februar 2003 prangte unsere Anzeige ganzseitig in der »New York Times«. Den Zeitpunkt hatten wir keineswegs zufällig gewählt; denn an diesem Wochenende fanden die ersten weltweiten Friedensdemonstrationen statt, unter die sich viele vehement anti-amerikanische Töne mischten.

Dem hielten wir entgegen: »The partnership between Germany and the United States forms the backbone of modern Germany. A democratic, united Germany within a unifying Europe at peace with itself and its neighbours embodies that partnership … Three generations of Americans and Germans have joined hands to ensure that our countries may live in peace, freedom, prosperity and security. For the overwhelming majority of Germans, the relationship with the United States remains of vital importance. Current differences of opinion between governments over the question of Iraq must not be allowed to server that bond. We … will do our utmost to preserve that bond for future generations.«
Dann folgten die Unterschriften. Sechshundert Männer und Frauen aus allen Bereichen der deutschen Gesellschaft, denen die transatlantischen Beziehungen ein Herzensanliegen sind, hatten unterzeichnet, darunter ein früherer Bundespräsident, Bundeskanzler und -minister, Parlamentarier aller Parteien, Persönlichkeiten aus dem Finanzwesen, der Parteipolitik, der Kultur, den Wissenschaften und Gewerkschaften.

Die Resonanz auf unsere »Message from Germany« war überwältigend – nahezu 1000 Emails, Faxe und Briefe aus Amerika und Deutschland erreichten das Büro der Atlantik-Brücke, ganz spontane Leser griffen auch zum Telefon. Wir ernteten reichen Dank für unsere Worte in schwieriger Zeit – aber auch Fragen, warum die deutsche Regierung trotz der proklamierten »uneingeschränketen Solidarität« nach 9/11 nun den USA den Rücken zukehre.

In den vergangenen Jahren ist unsere Arbeit schwerer geworden. Das transatlantische Verhältnis ist deutlich abgekühlt. Trotz offensiven Händeschüttelns ist der Umgang zwischen Präsident George W. Bush und Bundeskanzler Gerhard Schröder eher unterkühlt. Der Staatsbesuch im Februar und Gerhards Schröder Gegenvisite im Weißen Haus im Juni 2005 haben diese Einschätzung eher bestätigt denn widerlegt.

Der Anti-Amerikanismus in Europa und der übrigen Welt hat durch den Irakkrieg und seine Folgen eine neue Dimension bekommen. Trotz der Ablehnung des Krieges müssen wir alles in unserer Macht Stehende tun, um den Konflikt, der inzwischen auch zu unserem Problem geworden ist, zu beenden. Schadenfreude gegenüber den USA kann die Welt sich nicht leisten. Unglückselige Vergleiche, wie der von der früheren Justizministerin Däubler-Gmelin, sind weder treffend noch geschickt oder gar zuträglich. Hertha Däubler-Gmelin hatte damals erklärt, Bush wolle mit dem Irakkrieg von innenpolitischen Problemen ablenken. Dies sei seit Adolf Hitler eine beliebte Methode. Die Justizministerin musste aus diesem Grund ihren Sessel räumen.

Doch auch in den USA liegt einiges im Argen. Die Rechte und Ideale von Freiheit, Menschenwürde und Demokratie, die uns einst zu Freunden machten, sind dort mitunter in den Hintergrund gerückt, von machtpolitischem Kalkül verdrängt worden. Doch es sind gerade diese Ideale, für die die Atlantik-Brücke eintritt und die sie verteidigt.

Die Atlantik-Brücke kann keinen direkten politischen Einfluss nehmen und strebt dies auch gar nicht an. Doch wir können mit den uns zur Verfügung stehenden Mitteln Stellung beziehen, unbequeme ebenso wie angenehme Tatsachen zu Gehör bringen und den Austausch darüber fördern. Die Atlantik-Brücke vertritt offensiv die Werte, die das transatlantische Miteinander ausmachen. Von den Idealen, die Amerikaner und Deutsche erst zu Verbündeten und dann zu Freunden gemacht haben, dürfen wir kein Jota preisgeben. Die Atlantik-Brücke ist ein Anwalt, der sich dafür einsetzt, dass diese Ideale und Wertvorstellungen nicht geopfert oder auch nur eingeschränkt werden, selbst wenn tagespolitische Ereignisse dies zu fordern scheinen. Beziehungen und Kontakte müssen gepflegt, vertieft, erweitert werden, auch und gerade in Zeiten des Dissens. Besonders in solchen Phasen gilt es, sich auf Gemeinsames zu besinnen.

Der Schaden, den das deutsch-amerikanische Verhältnis gerade in den vergangenen Jahren genommen hat, ist ernst, aber ich bin überzeugt, er wird reparabel sein. Dazu bedarf es der Bemühungen aller Seiten. »Europe meets America« – damit dies auch in Zukunft von beiden Seiten unbefangen, engagiert und frohen Herzens geschieht, auch dafür arbeitet die Atlantik-Brücke. Denn dies, »Europe meets America«, ist schließlich auch der Titel unserer transatlantischen Hymne, die im Sommer 2004 uraufgeführt wurde – Motto, Verpflichtung, Aufgabe und Freude zugleich.

Am 9. Juni 2004 wählte mich die Mitgliederversammlung zum Ehrenvorsitzenden der Atlantik-Brücke. Ich bin stolz und glücklich über diese Auszeichnung für meine nunmehr fast zwanzig Jahre währende Arbeit als atlantischer Brückenbauer. Am 15. Juni 2005 legte Arend Oetker den Vorsitz der Atlantik-Brücke nieder, da er eine für ihn unabweisbare andere Verpflichtung wahrnehmen musste. Sein Nachfolger, Thomas Enders, übernahm den Vorsitz und leitete damit den Generationswechsel ein – als erster Vorsitzender der Atlantik-Brücke, der jünger ist als die Organisation selbst.

Tätiges Verantwortungsbewusstsein

REFORMEN UND BÜRGERENGAGEMENT GEFRAGT

Die neue deutsche Demokratie geht in ihr 56. Jahr. Ein Traum ist Wirklichkeit geworden: Mit Hilfe unserer amerikanischen Freunde wurde uns eine zweite Chance gegeben. Die deutsche Demokratie ist mittlerweile in der Gemeinschaft der Völker als aktiver und zuverlässiger Partner anerkannt.
Dennoch mache ich mir Sorgen um das Verhältnis unserer Bürger zur politischen Klasse. Hier sind in den vergangenen Jahren ein Vertrauensverlust und eine Distanz entstanden, die auch im jüngsten Wahlkampf spürbar wurden. Die Rolle der Parteien in unserem System der repräsentativen Demokratie wird im Grundgesetz als »Mitwirkung bei der Willensbildung des Volkes« umrissen. Dabei haben die Parteien ihren Einfluss und ihre Macht in den nahezu sechs Jahrzehnten unserer neuen Demokratie stark erweitert. Zwar finden in großem Umfang, wie in der Verfassung vorgesehen, Wahlen auf verschiedenen Ebenen statt. Gleichzeitig sind aber tiefe Einschnitte und gravierende Veränderungen zu konstatieren, die im Wesentlichen ohne Wahlen auf Bundes-, Landes- und Ortsebene stattfinden. Die Entwicklungen der letzten Jahre, die deutsche Vereinigung, die Ausweitungen der Zuständigkeiten der Europäischen Union, der Nordatlantischen Allianz, die Verabschiedung einer europäischen Verfassung und nicht zuletzt die Einführung einer europäischen Währung anstelle der D-Mark haben die reale Welt unserer Bürger dramatisch verändert. Die Wahlen, die in diesem Zeitraum stattfanden, haben weder auf Bundestagsebene noch

darunter den Bürgern eine spürbare Mitwirkung bei diesen Entscheidungen ermöglicht.
Gleichzeitig aber haben die Parteien ihren Einfluss auf die Lebensumstände der Bürger verstärkt. Dies geschah durch vermehrten Einfluss auf die Meinungsbildung durch staatliche Medien und durch die Beibehaltung der Zuständigkeiten der Bundes-, Länder- und gemeindlichen Entscheidungsspielräume auf alle Lebensbereiche.
Wer sich objektiv mit dem Einfluss der politischen Parteien auf der einen Seite und der Mitwirkungsmöglichkeit der Bürger bei der Gestaltung der Veränderungen auf den verschiedenen öffentlichen Ebenen andererseits befasst, stellt fest, dass die Macht der Parteien erheblich zugenommen hat und die Bereitschaft der Bürger fehlt, durch eigene Betätigung oder verstärkte Mitwirkung über Mitgliedschaft in politischen Parteien ihren Einfluss zu intensivieren.
Forderungen nach einer Verstärkung des unmittelbaren Einflusses der Bürger durch direkte Wahlen von Verfassungsorganen wie den Bundespräsidenten werden gelegentlich diskutiert. Auf der kommunalen Ebene hat es hingegen durch die Direktwahl von Bürgermeistern, Landräten und regionalen Organisationen durchaus Verbesserungen gegeben.
Von der Möglichkeit, wichtige, notwendige, ja teilweise schicksalhafte politische Entscheidungen zum Gegenstand von Wahlkämpfen zu machen, indem die Parteien ihre Vorstellungen im Sinne eines Ideenwettbewerbs in den Wahlkampf einbringen, wird kaum Gebrauch gemacht. Zum letzten Mal habe ich dies 1983 bei der vorgezogenen Bundestagswahl erlebt, in der Helmut Kohl mutig den NATO-Doppelbeschluss, also die Drohung einer Stationierung amerikanischer Mittelstreckenwaffen, falls die Sowjetunion nicht zur Abrüstung bereit wäre, zum Thema einer Wahl machte. Seitdem sind zumindest unsere Bundestagswahlen Veranstaltungen, die durch einen Mangel an sachlicher Diskussion über notwendige Maßnahmen oder gar Alternativen gekennzeichnet

sind. Das Wahlen zu einem Ideenwettbewerb um Problemlösungen werden, ist äußerst selten. Auch die Wahlkämpfe selbst könnten der Demokratie neues Leben einhauchen und eine größere Beteiligung der Bürger bewirken, wenn diese z. B. die Möglichkeit hätten, bereits vor der Wahl zum Bundestag und zu den Landtagen aus mehreren Bewerbern einer Partei den Kandidaten zu küren. Dieses Verfahren wird bei den amerikanischen Vorwahlen, den so genannten »primaries«, mit großem Engagement betrieben.

Ein anderes Beispiel ist die Wahl des Bundespräsidenten. Die überwiegende Mehrzahl der Bürger möchte unser Staatsoberhaupt direkt wählen. Die Bevölkerung sähe es auch gern, wenn der Bundespräsident einen größeren Bewegungsspielraum besäße. Die bewusste Beschränkung der politischen Rolle des Staatsoberhauptes war jedoch ein Anliegen der Väter unseres Grundgesetzes, das wiederum aus den Erfahrungen der Weimarer Republik resultierte. Die Machtfülle des Reichspräsidenten, insbesondere der so genannte Notverordnungsparagraf und dessen Missbrauch durch Paul von Hindenburg, der Adolf Hitler am 30. Januar 1933 zum Reichskanzler ernannte und dessen Kabinett er nach dem Reichstagsbrand einen knappen Monat später mit der Notverordnungsregelung die Gesetzgebungsvollmacht übertrug, stand der Verfassunggebenden Versammlung als Menetekel vor Augen. Aus ähnlichen Erwägungen, der Gleichschaltungspolitik der Nazis im Frühjahr 1933, wurden die Rechte der Länder gegenüber dem Bund im Grundgesetz gestärkt.

Wir Deutsche haben in knapp sechs Jahrzehnten demokratische Reife bewiesen. Eines der Glanzlichter dabei war der gewaltlose Sturz der SED-Diktatur in der DDR 1989 und die friedliche Vereinigung knapp ein Jahr später. Nunmehr ist es Zeit, Verbesserungen an der Effizienz unseres demokratischen Systems vorzunehmen. Dazu gehören schnellere Entscheidungsfindung und -durchsetzung. Sorgfältige Debatten sind notwendig, föderale Gegebenheiten müssen ebenso berücksichtigt werden wie die Interessen gesellschaftlicher Gruppen, zum Beispiel der Tarifparteien, des Mittelstandes, der Handwerker, der Wirtschaft, der Kirchen etc. Doch diese Aussprachen und das Abwägen der widerstreitenden Interessen müssen zielgerichtet und rasch zu klaren Ergebnissen führen. In einem zusammenwachsenden Europa und einer globalisierten Welt ist effizientes Handeln unumgänglich. Auch Deutschland wird den Weg der Effizienz in Politik, Wirtschaft und Gesellschaft einschlagen müssen, um seinen Wohlstand zu bewahren. Dabei kommen wir um Reformen nicht herum, die auch lieb gewordene und verdiente Besitzstände berühren. Wir haben keine Alternative.

Appell an die Eigenverantwortung

Die hohe Arbeitslosigkeit, die scheinbar wie ein Schicksal über uns gekommen ist, darf nicht zu Resignation, Lähmung oder gar Selbstaufgabe führen. Die Rahmenbedingungen für zusätzliche Arbeitsplätze, die Vermittlung solcher Arbeitsstellen und die Schaffung von Ausbildungsplätzen sind die großen Aufgaben unserer Gegenwart, wobei ohne Zweifel erste Schritte in die richtige Richtung getan wurden.
Unsere Gesellschaft muss Vollbeschäftigung anstreben. Dies ist ein ehrgeiziges Ziel, und es erfordert erhebliche Reformen im Denken und Handeln der Menschen – in Wirtschaft und Gesellschaft. Über die Unumgänglichkeit von Strukturveränderungen besteht Einigkeit zwischen den großen Parteien und gesellschaftlichen Gruppen. Differenzen über die Frage des Wie dürfen nicht länger lähmend wirken. Diese Notwendigkeit hob der ehemalige Ministerpräsident Singapurs Lee Kuan Jew in einem Interview mit einem deutschen Nachrichtenmagazin hervor. Auf die Frage, wie man am besten den Herausforderungen der Gegenwart begegnet, meinte er: »Helmut Kohl hat es versucht. Auf halber Strecke musste er eine

Pause einlegen. Dann hat Gerhard Schröder es versucht ... Demnächst wird Angela Merkel weitermachen, und man wird auf sie einprügeln, bevor sie ihre Aufgabe erledigt hat. Aber jedes Mal geht es einen kleinen Schritt weiter auf dem Weg zu einem Umbau ... Der Prozess ist doch so schmerzhaft, weil er so langsam abläuft.« Aus den Worten des erfahrenen Staatsmannes spricht Zuversicht über das Gelingen der deutschen Reformen und zugleich die Mahnung, den Prozess möglichst zügig zu bewältigen.

Entscheidend für das Gelingen aller Reformen ist die Einsicht breiter Schichten der Bevölkerung in ihre Notwendigkeit und die Bereitschaft der Menschen, nicht nur egoistisch ihre eigenen Interessen zu verfolgen, sondern auch das Wohl der Gemeinschaft im Auge zu haben. Die Angelsachsen nennen diese Tugend, auf der die demokratische Gesellschaft aufbaut, »common sense«. Der unvergessliche John F. Kennedy hat dieses Prinzip in die Formel gekleidet: »Frage nicht, was dein Land für dich tun soll, sondern was du für dein Land tun kannst.« Wenn sich diese Haltung bei uns durchsetzt, wenn tätiges Verantwortungsbewusstsein vorherrscht, dann ist mir nicht bange um unsere Zukunft.

Wichtig erscheint mir, dass niemand den Mut verliert und aufgibt und dass alle, die aktiv im Wirtschaftsleben stehen, sich als Mitverantwortliche für eine Verbesserung der uns alle angehenden Probleme empfinden. Gerade auch die Älteren unter uns, zu denen ich mich zähle, sollten aktiv mithelfen, wenn es um die Frage eines Ausbildungsplatzes oder um die Besetzung einer Praktikantenstelle geht. Wir dürfen uns weder von der gewaltigen Anzahl der Menschen, die hauptamtlich bei der Bundesagentur für Arbeit tätig sind, beruhigen lassen noch in Hoffnungslosigkeit verfallen.

In meinem Leben habe ich die Erfahrung gemacht, dass es in schwierigen Situationen darauf ankommt, den Mut zur eigenen Entscheidung und zum eigenen Handeln auch dann zu finden, wenn die Lage zunächst hoffnungslos aussieht. Um ein Bild zu gebrauchen: Man muss bereit sein, sein Herz über die Hürde zu werfen, und sich damit selbst dem Zwang unterziehen, ihm zu folgen und es wiederzugewinnen. Für den älteren Menschen erscheint es mir ganz besonders wichtig, die Neugier und das Interesse an den Mitmenschen und deren Schicksalen nicht zu verlieren.

Damit verbindet sich auch die Bereitschaft, auf Menschen zuzugehen. Das gilt ganz besonders für junge Menschen, die angesichts der Problemberge, vor denen sie stehen, Rat und Ansprache brauchen.

Dies ist eine Arbeit, mit der ich mich besonders auch hinsichtlich des Austauschs zwischen verschiedenen Ländern befasse, seien es junge Schüler aus den neuen Bundesländern, die Amerika kennen lernen, oder amerikanische Minderheitenschüler, deren Horizont durch das Kennenlernen von Europa erweitert wird.

An meinen eigenen Enkeln sehe ich die Bemühungen unserer Kinder, uns diese neue, globalisierte Welt mit all ihren Herausforderungen nahe zu bringen.

Die Wahl vom 18. September 2005 war für die beiden großen Parteien CDU und SPD eine schockartige Ernüchterung. Die Bildung einer großen Koalition ist gelungen. Die neue Regierung, die sich aus den beiden Wahlverlierern zusammensetzt, hat die wichtige Aufgabe, das Vertrauen der Bürger im Land wiederzugewinnen und sich ihre Unterstützung für das gewaltige Reformwerk, was vor ihr liegt, zu sichern. Es sollte vielleicht auch Anlass zur Ermutigung für uns alle sein, dass die große Koalition von Angela Merkel und Matthias Platzeck geführt wird, die beide aus dem Osten stammen.

Dank

Mein erster Dank gilt meiner Frau Charlotte, die mir in unserer 55-jährigen Gemeinsamkeit die Grundlage für meine Arbeit in Politik und Wirtschaft ermöglicht hat und damit auch dieses Buch mit geschaffen hat.

Die Hilfe und Unterstützung von Christina Dähler und meiner Tochter Christiane waren für mich unersetzlich.

Des Weiteren danke ich Elisabeth und Rafael Seligmann für die wichtige Mitarbeit und den großen Einsatz.

Personenregister

A

Abs, Herman Josef 64–69, 299
Adalbert, Prinz von Preußen 15
Adenauer, Konrad 41, 49, 58–65, 68–73, 86, 104, 108, 190, 217, 279, 281, 317
Agnelli, Gianni 150
Agnew, Spiro 234
Ahlers, Konrad 106
Albrecht, Ernst 115–118, 120ff., 127–130, 172, 191ff., 197, 199, 201, 218f.
Altenberg, Peter 65, 76
Arafat, Yassir 280, 284–290
Ari, Ben 284, 289f.
Atatürk, Kemal 18f., 139, 158
Augstein, Rudolf 59, 279

B

Bahr, Egon 89, 99f., 178
Bahro, Rudolf 175
Barzel, Rainer 53, 72–75, 104–110, 113f., 128, 190, 203, 215f., 239
Bauer, Fritz 35
Baum, Gerhart 214
Baumeister, Brigitte 222
Becker, Jakob 13
Beckurts, Karl Heinz 311
Begin, Menachem 196, 289
Behrendt, Heinz 173
Beil, Gerhard 177
Beitz, Berthold 182
Ben Gurion, David 63f., 282
Berg, Fritz 70, 216
Bernadotte, Volker 289
Biao, Lin 77
Biedenkopf, Kurt 129, 165, 201
Bismarck, Otto von 13f.
Blobel, Günter 307
Blüm, Norbert 112
Blumenfeld, Erik 298
Blumenstein, Dieter 127
Bollinger, Lee 256
Bondarenko, Alexander 170
Botha, Pik 280
Brandt, Willy 49, 52, 75, 83, 86f., 95, 98f., 103–107, 109, 120, 185, 238, 243f., 263, 304
Bräutigam, Hans-Otto 164, 177
Bredow, Ferdinand von 10
Brenner, Alexander 167
Brenner, Otto 71
Breschnew, Leonid 168, 190
Breuer, Rolf-E. 315
Bronsart von Schellendorf, Fritz 156
Brzezinski, Zbigniew 146, 186, 197
Burns, Arthur F. 311
Bush, Barbara 248
Bush, George H. W. 243–247, 250, 301, 304, 308, 316
Bush, George W. 232, 243, 251, 253–257, 320

C

Caetano, Marcello 135
Callaghan, James 132, 134

Canaris, Wilhelm 25
Carstens, Karl 84, 101, 119, 267
Carter, Jimmy 132ff., 146, 186ff., 197
Carvallo, Othelo 135
Castro, Fidel 85
Ceaucescu, Nicolae 195
Christopher, Warren 145
Chruschtschow, Nikita 85
Churchill, Winston 257
Clay, Lucius D. 36
Clinton, Hillary 250
Clinton, William J. 248–251, 255, 291, 312
Coats, Daniel R. 314
Coutinho, Antonio Rosa 135
Cyrankiewicz, Józef 103
Czaja, Herbert 180

D

d'Estaing, Valéry Giscard 132, 134, 188
Dähler, Christina 328
Däubler-Gmelin, Hertha 320
Dahrendorf, Ralf 166, 168
de Gaulle, Charles 60–64, 71, 282
Demirel, Suleyman 141, 147
Deng Xiaoping 78f., 272f.
Dieckmann, Kai 318
Diemand, John A. 229
Dingwort-Nusseck, Julia 166

Dini, Lamberto 150
Dobrozielski, Marian 119, 121
Dohnanyi, Klaus von 206, 208–212
Dollinger, Alfred 203
Dönhoff, Marion Gräfin 298
Dregger, Alfred 114, 202, 204
Dröscher, Wilhelm 218
Dulles, Allen 63
Dutschke, Rudi 81

E

Ebban, Abba 63
Ecevit, Bülent 139ff., 143f., 146ff., 151, 159
Edward, Prince of Wales 11
Ehrenberg, Herbert 166ff.
Einstein, Albert 24f.
Eisenhower, Dwight D. 239
El Baradei, Mohammed 258
Elvers, Adolf 127
Enders, Thomas 321
Enlai, Zhou 268
Erdogan, Recep Tayyip 157f.
Erhard, Ludwig 50, 52, 69–75, 82f., 96, 281
Erler, Fritz 52, 71
Ertl, Josef 214
Evren, Kenan 147

F

Falin, Valentin 261ff.
Fertsch-Röver, Dieter 47
Feuchtwanger, Lion 24
Fischer, Emil 42
Fischer, Joschka 247
Ford, Gerald 234
Ford, Henry II. 39
Franco, Francisco 135
Freisler, Roland 26
Friderichs, Hans 171ff.
Friedländer, Erich 298
Frings, Joseph Kardinal 33, 64
Fulbright, John W. 113

G

Gaus, Günter 121, 163f., 166, 172ff.
Geißler, Heiner 197, 201f.
Genscher, Hans-Dietrich 120f., 127, 172, 187, 213f.
Gerstenmaier, Eugen 52, 63, 71, 74f.
Gierek, Edward 119, 121f.
Globke, Hans 62
Goerdeler, Carl Friedrich 26
Goldmann, Nachum 66, 68
Goldwater, Barry 232
Goltz, Colmar Frhr. von der 156
Gomulka, Wladyslav 83
Goppel, Alfons 123
Gorbatschow, Michail 168, 242, 303
Göring, Hermann 124

Gradmann, Erich 48
Grass, Günter 76
Gromyko, Andrei 84, 99, 263
Groth, Claus 123f.
Grunert, Horst 164
Grynzspan, Herschel 21
Gscheidle, Kurt 49, 52
Guillaume, Günter 174, 185

H

Häber, Herbert 160–164, 166, 173ff., 177–181
Hahn, Carl Horst 115, 176ff., 182, 274
Haig, Alexander 138
Hallstein, Walter 74, 108
Hamid, Sultan Abdul 15
Harriman, Averell 16f., 231f.
Hassan VI., König von Marokko 287
Hasselmann, Wilfried 204
Havemann, Robert 175
Heimberger, Jutta 312
Heinemann, Gustav 91
Helms, Wilhelm 105
Heubl, Franz 193
Heuss, Theodor 41
Heye, Helmut 28
Heyl, Wolfgang 164
Himmler, Heinrich 11
Hindenburg, Paul von 58f., 80, 324
Hitler, Adolf 10f., 19, 24, 30, 38, 58f., 67, 74, 79, 278, 320, 324
Höcherl, Hermann 76

Hoeven, John 315
Holler, Christian 43, 48
Holst, Johan 291
Holzer, Dieter 280, 284, 286f.
Honecker, Erich 161, 163, 175, 179f., 182f.
Hornhues, Karl-Heinz 112
Hughes, Louis R. 292, 294, 296f.
Humphrey, Hubert H. 236f., 241f.
Hundhammer, Alois 279
Hupka, Herbert 103, 180
Hussein, Saddam 186

I

Ischinger, Wolfgang 307, 315
Isomura, Hisanori 21f.

J

Jedrychowski, Stefan 103
Jew, Lee Kuan 325
Jinfu, Zhang 265
Johnson, Lyndon B. 63f., 85, 232, 242
Juan Carlos, König von Spanien 135

K

Kaneko, Yoko 143
Karry, Heinz Herbert 218
Katzer, Hans 72, 122
Kaufmann, Karl 10
Kennedy, Edward 113
Kennedy, John F. 54, 85, 231, 326

Kennedy, Robert 77, 240
Kenyatta, Jomo 56
Kerry, John F. 232
Kiep vom Rath, Eugenie 10, 12ff., 18f., 21ff., 42
Kiep, Charlotte (Tochter) 43
Kiep, Christiane 43, 277, 328
Kiep, Claus 23, 28
Kiep, Erica 11
Kiep, Hanna 26, 74
Kiep, Herthamarie 31
Kiep, Jürgen 23, 28, 31, 42, 261, 263
Kiep, Louis 14ff., 22f., 28
Kiep, Michael 7f., 43
Kiep, Nikolaus Johannes 14
Kiep, Otto Carl 23ff., 28, 74, 166, 214
Kiep, Walther (Sohn) 43
Kiesinger, Kurt Georg 63, 74–77, 82ff., 87, 95ff., 108, 238
King, Martin Luther 77
Kipfmüller, Emil 12
Kissinger, Henry A. 235ff., 280, 316
Klasen, Karl 235, 299
Klaus, Josef 63
Klein, Josef 112
Klose, Hans-Ulrich 209
Kluge, John W. 306f.
Knapp, Edmund 32, 43
Knapp, Wilhelm 30, 32
Kohl, Helmut 60, 101, 114, 116f., 119, 151, 164f., 169, 172, 178ff., 190, 192f., 197, 201,

203, 207f., 212, 214f., 218, 220ff., 226, 243, 247, 280, 285, 297, 303, 316, 323, 325
Kohl, Michael 173
Köhler, Horst 260
Kohlmann, Günter 221, 224
Kossygin, Alexei 99
Kracht, Adolf 123
Kubrick, Stanley 85
Kunz, Josef 12

L
Lambsdorff, Otto Graf 130, 136, 214, 219
Larosière, Jacques de 140
Le May, Curtis 85
Leber, Georg 76, 96
Lee, Wenpo 277
Leisler, Jacob 228f.
Lenin, Wladimir 106
Lennep, Emile van 140
Liang-Lee, Yeajen 277
Liebermann, Max 24
Liesen, Klaus 293f., 296
Lindemann, Beate 235, 245, 248, 299–302, 304ff., 312, 318f.
Lloyd Wright, Frank 230
López, José Ignacio 291–296
Lorenz, Peter 181
Lübke, Heinrich 63f.
Lüthje, Uwe 218–221
Lutze, Renate 174
Lützenkirchen, Ralf 164, 201

M
Ma, Yi 246, 264
Maier, Hans 202
Mann, Golo 207
Mao Zedong 77f., 169, 190, 261, 272f.
Martin, Berthold 46
Marx, Werner 101f., 112
Matthöfer, Hans 136
May, Karl 17
Mayrhuber, Wolfgang 315
McCarthy, Joseph R. 241, 256
McCloy, John J. 63, 242, 298
McMillan, Harold 63
McNamara, Robert 137
Meister, Carl F. W. 12
Meister, Maximiliane 12
Mende, Erich 47, 103
Merkel, Angela 326f.
Mettke, Jörg 171
Michels, Wilhelm 33f.
Middelhoff, Thomas 315
Mielke, Erich 161
Mittag, Günter 179, 280
Moro, Aldo 63
Muezzinoglu, Ziya 140
Müller, Josef 279
Müller, Winfried 111f.
Mulroney, Brian 223

N
Nasser, Gamal Abdel 283
Naumann, Konrad 160
Nenni, Pietro 134

Neumann, Johnny von 230
Neurath, Konstantin von 25
Nixon, Richard 93, 97, 233f., 236–240, 242, 268

O
Oetker, Arend 319, 321
Ohira, Masayoshi 143
Oliveira Salazar, António de 135
Otto, Michael 315
Özal, Turgut 280

P
Pahlevi, Schah Reza 185
Pascha, Enver 156
Pascha, Talaat 156
Pearlstine, Norman 100
Peres, Shimon 260, 280–286, 289ff.
Pferdmenges, Robert 65f., 217
Phouma, Prinz Souvannah 57f.
Piatkowski, Waclaw 120ff.
Piëch, Ferdinand 292, 295
Pierer, Heinrich von 223
Pieroth, Elmar 128
Platzeck, Matthias 327
Popper, Karl 38
Poullain, Ludwig 123
Preußen, Georg Friedrich Prinz von 314
Prittwitz, Friedrich von 24

Q
Qing, Jian 78

R
Rabin, Yitzhak 283, 285, 290
Radunski, Peter 106, 201
Raeder, Erich 15
Rath, Ernst vom 21
Rath, Walter vom 12f., 21
Reagan, Ronald 234, 239, 242f., 262, 300, 302
Rice, Condoleezza 258
Riefstahl, Hermann 18, 20
Rockefeller, Happy 233f.
Rockefeller, John D. 233f.
Rockefeller, Nelson A. 233–236
Röder, Franz-Josef 120
Rogers, William P. 113
Röhm, Ernst 10f.
Rohwedder, Detlev Karsten 172f.
Roosevelt, Franklin D. 298
Rottenburg, Charlotte von 14f.
Rottenburg, Franz von 14
Rumsfeld, Donald 232, 254

S
Sagladin, Vadim 167–170
Sahm, Ulrich 167
Schalck-Golodkowski, Alexander 174
Scharping, Rudolf 247
Schäuble, Wolfgang 181, 226
Scheel, Walter 55, 70, 95, 99, 103, 107, 238
Schiller, Karl 76, 82, 95, 279
Schily, Otto 81, 247
Schleicher, Kurt von 10
Schmid, Carlo 76
Schmidt, Helmut 119, 127, 132ff., 136, 142, 148, 172, 174f., 185, 187f., 202f., 205, 210, 214, 238, 279, 303
Schmitt, Matthias 48
Schreiber, Karl-Heinz 222–226
Schrempp, Jürgen 315
Schröder, Gerhard (CDU-Politiker, † 1989) 62, 71, 74f., 105
Schröder, Gerhard (ehem. Bundeskanzler) 148, 247, 295ff., 320, 326
Schröder-Köpf, Doris 247
Schuler, Manfred 136
Schulte-Noelle, Henning 315
Schumacher, Kurt 47
Schumann, Robert 60
Schwarzkopf, Norman 305
Schwarz-Schilling, Christian 51
Seidel, Karl 164, 172
Sethe, Paul 59
Shamir, Yitzhak 284, 287, 289f.
Smith, John F. 292, 296f.
Solf, Hanna 26
Sölle, Horst 173
Sommer, Theo 166f.
Sonoda, Sunao 142
Spilker, Karl Heinz 218
Springer, Axel C. 100
Stalin, Josef 59
Stanton, Arthur 231
Staratzke, Hans-Werner 49, 52
Stein, Gustav 217
Steiner, Julius 107f.
Stoiber, Edmund 193, 195, 203
Stoltenberg, Gerhard 76, 201, 203
Stoph, Willi 83
Strauß, Franz Josef 71–74, 76, 82, 84, 86, 95, 101, 122f., 126, 136, 169f., 189–204, 223, 278–282, 284f.
Streibl, Max 280
Stroh, Kurt 48
Stüdnitz, Heinz von 30
Süssmuth, Rita 235
Suharto, Hadji Mohamed 57
Sukarno, Achmed 57

T
Teltschik, Horst 300
ter Meer, Charlotte 31f., 40ff., 65, 116, 328
ter Meer, Fritz 42f.
Thadden, Elisabeth von 26
Thälmann, Ernst 9f.
Tian, Yinong 265
Truman, Harry S. 298

Tschernenko, Konstantin 161, 163
Tucholsky, Kurt 24
Tussi, Maria 306

U
Ustinow, Dmitri 161, 182

V
Vance, Cyrus 186, 196
Victoria, Königin von England 15

W
Walker, Peter 49
Walters, Vernon A. 315
Warburg, Eric M. 235, 298f., 316
Warburg, Max 150
Weck, Anton 31
Wehner, Herbert 52, 71, 76, 107f., 185
Weizsäcker, Carl-Friedrich von 166
Weizsäcker, Richard von 101, 181, 316
Wessel, Gerhard 89
Westmoreland, William 232
Wex, Helga 202
Weyrauch, Horst 219f., 223–226
Whittome, Sir Alan 143f., 146
Wienand, Karl 108
Wilder, Douglas 306
Wilhelm II., deutscher Kaiser 13, 86
Wolfowitz, Paul 137
Wörner, Manfred 202
Wrangel, Olaf von 101, 105, 181
Wyman, Tom 294–297

X
Xuelian 276f.

Z
Zhao, Ziyang 274
Zhu, Rongji 246, 271
Zimmermann, Friedrich 202
Zweig, Stefan 34

Claus Jacobi
Der Verleger Axel Springer

Eine Biographie aus der Nähe

Sein Maß war das Übermaß, in Luxus, Leiden und Leistung, als Liebhaber, Unternehmer und Patriot. Claus Jacobi, der Axel Springer Jahrzehnte kannte, schreibt die Biographie dieses faszinierenden Charakters und findet dabei Antworten auf die Widersprüche eines Lebens im Brennpunkt des öffentlichen Interesses.

Axel Springer war Vorbild und Feindbild. Sein Gespür für Geschäfte, Geschichte und Gefühle lag im Grenzbereich des Genialen. Er stritt für die deutsche Wiedervereinigung und für die Aussöhnung mit Israel, war fünf Mal verheiratet und verlor seinen ältesten Sohn durch Selbstmord. Im Frühling seines Lebens genoss er die Freuden des Daseins, im Sommer eroberte er Ruhm und Reichtum. Im Herbst wurde er zum bestgehassten Mann der Republik und fand im Alter Frieden in Gott.

352 Seiten mit 70 Fotos, ISBN 3-7766-2440-X
Herbig

BUCHVERLAGE
LANGENMÜLLER HERBIG NYMPHENBURGER
WWW.HERBIG.NET

Carl H. Hahn
Meine Jahre mit Volkswagen

50 Jahre Volkswagen-Geschichte aus der Sicht eines Insiders

Carl H. Hahn hat ein halbes Jahrhundert lang die Entwicklung von Volkswagen mitgestaltet und legte viele der Fundamente, auf denen VW heute steht. Unter ihm wuchs das Unternehmen zum größten Automobilkonzern Europas, global aufgestellt für die Welt des 21. Jahrhunderts. Dabei gehört Carl H. Hahn zu jener Unternehmergeneration, die ihre politische und ethische Verantwortung stets gelebt hat.

Nicht Opportunismus und Materialismus standen für ihn im Vordergrund, sondern Loyalität, Idealismus und das Schicksal der ihm anvertrauten Menschen. Jetzt hat Carl H. Hahn seine Erinnerungen festgehalten – ein spannender Blick hinter die Kulissen des Wolfsburger Konzerns.

320 Seiten mit zahlr. Fotos, ISBN 3-7766-8000-8
Signum

Lesetipp

BUCHVERLAGE
LANGENMÜLLER HERBIG NYMPHENBURGER
WWW.HERBIG.NET